TEXTBOOK SERIES FOR THE CULTIVATION OF GRADUATE INNOVATIVE TALENTS
研究生创新人才培养系列教材

系统辨识

SYSTEM IDENTIFICATION

于海涛 主 编
刘 晨 王 江 邓 斌 副主编

天津大学出版社
TIANJIN UNIVERSITY PRESS

内容简介

本书系统介绍了有关系统辨识的理论、方法及应用。全书共8章,包括绪论、系统辨识的输入信号、动态系统数学模型、非参数模型辨识、最小二乘参数辨识、其他参数估计方法、神经网络辨识和飞机系统辨识。

本书从基本概念出发,深入浅出地阐述了系统辨识的理论和方法,同时配有大量的辨识算法和应用实例,并且附有主要方法的仿真程序,以便读者参考和应用测试。同时,各章后配有习题,以便教师教学使用。

本书可作为自动化类和非自动化类专业的本科生及研究生的教材,也可作为有关工程领域学者和技术人员的参考书。

图书在版编目(CIP)数据

系统辨识 / 于海涛主编 ; 刘晨, 王江, 邓斌副主编. 天津 : 天津大学出版社, 2024. 9. -- (研究生创新人才培养系列教材). -- ISBN 978-7-5618-7806-4

Ⅰ. N945.14

中国国家版本馆CIP数据核字第2024A2J239号

XITONG BIANSHI

出版发行 天津大学出版社
地　　址 天津市卫津路92号天津大学内(邮编:300072)
电　　话 发行部:022-27403647
网　　址 www.tjupress.com.cn
印　　刷 廊坊市瑞德印刷有限公司
经　　销 全国各地新华书店
开　　本 787mm×1092mm　1/16
印　　张 16.75
字　　数 403千
版　　次 2024年9月第1版
印　　次 2024年9月第1次
定　　价 45.00元

前　言

系统辨识是利用先验知识和输入-输出数据建立系统数学模型的科学，目前已经发展为一个较为成熟的研究领域，在辨识方法、理论基础和实际应用等诸多方面取得了丰富的研究成果。传统的系统辨识以控制为导向，在随机框架下利用含噪声的观测数据对系统未知参数进行建模优化，形成了一系列经典的辨识方法，并与反馈控制相结合形成了自适应控制技术，成为现代控制理论的一个重要分支，广泛应用于工业自动化和航天航空工程等领域。

近年来，新学科、新研究领域不断涌现，机器人、物联网和数字孪生等先进技术广泛应用，推动了系统辨识的跨学科发展。系统辨识已从单一过程的辨识扩展到复杂的网络系统辨识，从只专注于系统控制领域推广到交叉学科研究领域，如无人系统、生物医学、智能电网、水利水电等，这些系统均包含高维度、时变、随机、非线性等因素。此外，随着现代信息技术的发展及其与多模态传感器相互融合，产生了海量的多源异构数据，需要对这些含有信息的大数据进行专业化处理。系统辨识作为数据处理和信息挖掘的重要手段，在大数据时代被赋予了新的定位：以数据为基础，以信息为手段，以模型为载体，以减少系统、信号、环境不确定性为目标的学科。系统辨识本质上是一个数据驱动建模问题，将其与机器学习和神经网络等人工智能技术相融合，将推动系统辨识走向一个新的发展时期，并得到更为广泛的应用。

系统辨识理论的应用范围广泛，不仅为自动化专业技术人员提供了建模和控制方法，同时吸引了非自动化专业人员探索辨识理论及应用技术。为了满足不同学科背景读者的需求，本书对系统辨识相关知识进行了内容整合和总结归纳，具有以下几方面的特色。①突出基本概念和方法：以系统辨识的基本概念、原理和方法为核心，降低了对自动化领域基础知识的需求，有利于非自动化学生准确掌握相关知识，力求概念清晰、方法明确，夯实理论基础。②注重理论与应用相结合：从新工科角度出发，将系统辨识的理论和方法应用于自动化、机械和生物等多个学科领域，提高学生跨学科思维和实践应用能力。③融入先进的理论和方法：在传统的系统辨识方法基础上，引入人工智能系统辨识方法，讨论如何利用机器学习提高模型辨识精度和泛化能力，探索神经网络模型与传统辨识模型相结合的建模方法，形成更强大且灵活的系统辨识框架。④加强算法设计与程序示范：通过详细的算法设计加深学生对系统辨识知识的理解和应用，并利用 MATLAB 等软件实现相关算法，强化学生的程序设计能力，且能举一反三。

本书共 8 章，从系统辨识的基本概念出发，详细论述系统辨识的输入信号、数学模型、经典辨识方法、现代辨识方法、智能辨识方法和系统辨识应用等。

第 1 章讨论了系统辨识的一些基本概念，包括系统和模型、系统辨识的定义、基本原理、辨识的内容与步骤、辨识方法及应用等。

第 2 章讨论了系统辨识的输入信号，包括输入信号设计准则、最优输入信号、随机过程与随机信号、白噪声信号和伪随机序列等，为系统辨识提供合适的输入信号。

第 3 章讨论了动态系统数学模型，包括动态系统的定义、连续系统数学模型、离散系统数学模型、动态系统近似模型和随机过程数学模型等，为系统辨识提供模型基础。

第 4 章讨论了非参数模型辨识，包括阶跃响应曲线法、脉冲响应曲线法、频率响应曲线法、相关分析法和谱分析法等，提供了系统辨识的非参数方法。

第 5 章讨论了最小二乘参数辨识，包括基本最小二乘法、加权最小二乘法、递推最小二乘法、增广最小二乘法、广义最小二乘法、辅助变量法、偏差校正法、随机逼近法、多变量系统最小二乘法等，提供了最基本的模型参数辨识方法。

第 6 章讨论了系统辨识的其他参数估计方法，包括卡尔曼滤波器、贝叶斯估计和极大似然估计等，提供了常用的非线性系统模型辨识方法。

第 7 章讨论了神经网络辨识，包括神经网络辨识原理、逆向传播（BP）神经网络辨识、径向基函数（RBF）神经网络辨识、循环神经网络辨识、强化学习辨识和混合模型辨识等，提供了基于神经网络的复杂系统辨识方法。

第 8 章讨论了系统辨识方法在复杂飞机系统建模中的应用，分析了不同辨识方法的参数估计性能。

参加本书编写工作的有：于海涛（第 1、2、3、4、5 章）、刘晨（第 6 章）、王江（第 7 章）、邓斌（第 8 章）。本书由于海涛任主编，刘晨、王江、邓斌任副主编。本书的出版得到天津大学研究生创新人才培养项目（YCX2023028）的支持，在此向所有的合作者和支持方表示衷心的感谢。

由于编者的水平和学识有限，书中不足之处在所难免，敬请专家学者和广大读者批评指正。

编者

2024 年 4 月

目录 CONTENTS

093

第 5 章 最小二乘参数辨识

153

第 6 章 其他参数估计方法

185

第 7 章 神经网络辨识

229

第 8 章 飞机系统辨识

256

符号表

Chapter 1

第 1 章
绪论

1.1 引言

系统辨识是现代控制理论的一个重要分支,它利用先验知识和输入输出数据建立描述系统行为的数学模型。目前,系统辨识技术广泛应用于机械系统、电气系统、化工系统、生物系统、经济系统、生态系统等许多工程和非工程领域。在分析系统动态行为,理解系统运动规律,预测系统演变,诊断系统故障和设计控制器时,通常需要系统的数学模型。但是,在多数情况下系统的数学模型是未知的。由于系统复杂性,难以通过机理分析推导出准确的数学模型。因此,利用实验数据确定数学模型和估计参数成为一种可行方法。系统辨识正是利用数据科学构建动态系统的数学模型的一种理论和方法,它通过测取系统在输入信号作用下的输出响应,经过数据处理和数学计算,估计系统模型的结构和参数。模型的准确性取决于系统的先验知识、数据性质以及辨识方法等多种因素。

本章主要介绍系统辨识的一些基本概念,包括系统和模型、系统辨识的定义、系统辨识的内容与步骤、系统辨识的分类、系统辨识的方系统辨识的法和应用等基本知识。

1.2 系统和模型

1.2.1 系统

系统是一个比较广泛的概念,自然界中各种不同的对象和过程都可以用系统来描述,如工程系统、生物学系统、工业过程系统等。具体而言,系统是对象、现象、事务、过程或某种因果关系的一种表征,其属性必须具有对应的输入输出关系和不同类型、相互作用、并能产生可观测信号的变量(包括输入变量、输出变量、可观测干扰变量)和不可观测的干扰变量等基本要素[1]。图 1-1 是一般系统的示意图,它描述了系统的输入和输出变量、干扰变量之间的关系。

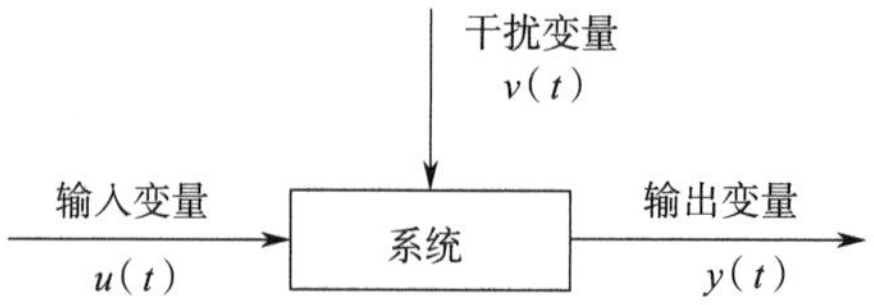

图 1-1 系统示意

系统是由若干相互作用和相互依存的要素组成一个整体,且受环境因素影响和干扰，它具有很强的普遍性，这使辨识具有广泛的应用领域。下面介绍几个典型的系统实例，说明辨识的重要性。

【**例 1.1**】搅拌槽系统。图 1-2 所示为一个混合两种流体的搅拌槽，每种流体的浓度均可变化。流量 F_1 和 F_2 可以由阀门控制。信号 $F_1(t)$ 和 $F_2(t)$ 是系统的输入变量。搅拌槽输出流量 $F(t)$ 和罐内浓度 $c(t)$ 是系统的输出变量。由于输入浓度 $c_1(t)$ 和 $c_2(t)$ 无法控制，可以被视为干扰。假设需要设计一个调节器，根据 $F(t)$ 和 $c(t)$ 的测量值，调节 $F_1(t)$ 和 $F_2(t)$。调节器的目的是在输入浓度 $c_1(t)$ 和 $c_2(t)$ 变化很大的情况下，确保 $F(t)$ 和 $c(t)$ 保持恒定。对于这样的系统，需要某种形式的数学模型描述其输入变量、输出变量和干扰之间的关系。

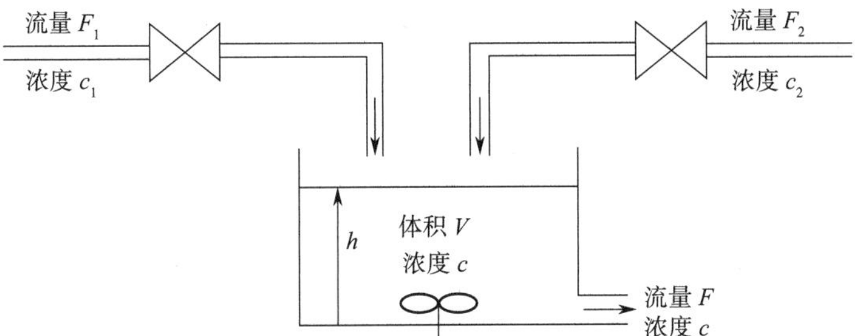

图 1-2　搅拌槽系统示意

【**例 1.2**】飞机系统。图 1-3 所示为一架喷气式飞机，它可以看作是一个复杂的动态系统。如果考虑飞机动力学问题，则飞机的高度和速度是输出变量，副翼位置和发动机推力是输入变量。此外，飞机的性能还受到载荷和大气条件的影响，这些变量可以视为干扰。为了设计一个保持恒定速度和航向的自动驾驶仪，需要构建一个模型，分析飞机的行为是如何受到输入和干扰的影响的。飞机的动态特性变化很大，比如速度和高度，因此辨识方法需要跟踪这些变化。

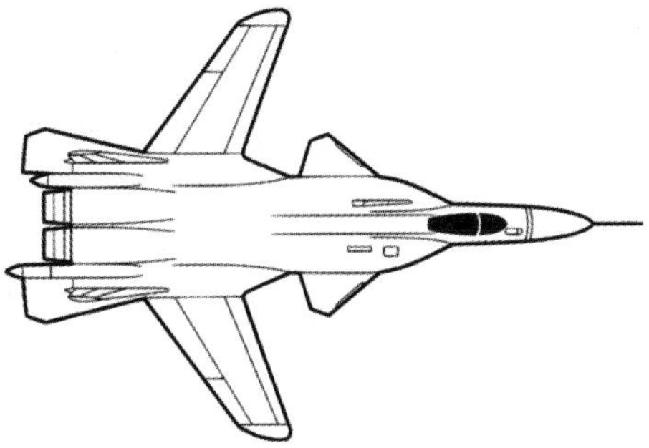

图 1-3　喷气式飞机

【**例 1.3**】神经系统。图 1-4 所示为一个生物神经元的基本结构，主要由胞体、树突和轴突三部分构成。神经元拥有大量树突，能够接收外部输入信号 $I(t)$，经过整合和处理后，在胞体产生膜电位信号 $V(t)$，并通过其轴突进行传递，整个过程受到环境噪声等多种因素的干扰。为了分析神经元膜电位的动力学特性，需要建立其数学模型以描述输入信号、输出信号和干扰之间的关系。

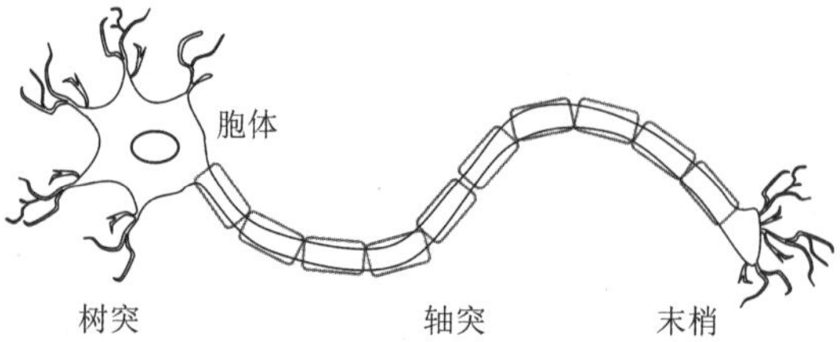

图 1-4　神经元基本结构

辨识的目的是研究如何建立系统的数学模型，以便更好地分析系统性能，设计合理的控制系统等。众所周知，许多系统的机理是非常复杂的，建立它们的数学模型是比较困难的。但是，如果只关注系统外特性或系统的输入输出关系，则可以把系统看成“黑箱”。只要系统的行为特性表现在系统的输入和输出数据中，则根据系统表现出来的输入输出信息就可以建立与系统外特性等价的模型，如图 1-5 所示。这种处理问题的思想正是系统辨识的基本出发点[2]。

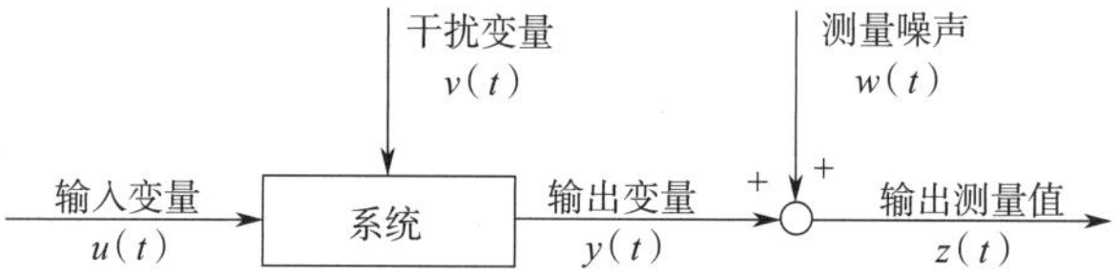

图 1-5　单变量系统框图

1.2.2　模型

所谓模型就是把系统本质信息简化为有用的描述形式，用来描述系统的变化规律[3]。模型是系统行为特性的一种客观写照或缩影，是分析系统和预报、控制系统行为的有力工具。但是，实际系统中到底哪部分是本质的，哪部分是非本质的，这主要取决于所研究的问题。例如，工业生产过程的动态信息对于生产计划模型来说是非本质的。但是，为了优化生产工艺或者控制生产过程，模型就必须反映生产过程状态特性，此时生产过程动态信息就变成本质的了。由此可见，模型所反映的本质信息会根据使用目的不同而不同。

对于实际系统来说，模型不能考虑所有因素，它一般是按照使用目的对系统所作的一种近似描述。如果模型的输出和实际系统输出完全一致，那么所建立的模型是令人满意的。但是，如果要求模型越精确，模型就会变得越复杂。相反，如果适当降低模型的精度要求，只考虑主要因素而忽略次要因素，模型就可以变得相对简单。也就是说，系统模型的精确性和复杂性是一对矛盾，根据模型使用目的找到两者的折中解决方案是建立实际系统模型的关键。

模型是描述系统的主要工具，是对系统特性行为规律的一种假设性抽象。不同类型的模型具有不同的特点，但它们均有一个基本的属性，即它们与系统的观测数据密切相关且能反映系统的动态规律。

下面介绍几种常见的模型表现形式。

（1）直觉模型

系统的行为特性以非解析的形式存储于人脑中，靠人的直觉控制系统的行为。例如，司机靠直觉模型控制汽车的方向盘。

（2）物理模型

物理模型是根据相似原理，按照一定比例把实际系统缩小复制形成的模型，它是系统的物理模拟。例如，风动、水力学模型，电力系统动态模型等均为物理模型。

（3）图表模型

图表模型以图形或表格的形式表现系统的行为特性，如阶跃响应、脉冲响应和频率响应等，也称为非参数模型。

（4）数学模型

数学模型利用数学表达式的形式描述系统的行为特性，即数学模拟。常用的数学模型有代数方程模型、微分方程模型、差分方程模型和状态空间模型等。

辨识的目标是建立系统的数学模型，即根据实验数据对动态系统进行建模。一般来说，系统可以分为集中参数系统和分布参数系统。集中参数系统的状态集中到单点处理，不需要考虑空间分布情况，其动态特性可以用常微分方程（Ordinary Differential Equation, ODE）描述；分布参数系统的状态取决于时间和空间，其动态特性可以用偏微分方程（Partial Differential Equation, PDE）描述。此外，系统的行为特性还有线性与非线性、连续与离散、动态与静态、定常与时变、确定性与随机性之分，所以系统的数学模型也存在多种类型。本书研究的模型主要是集中参数模型、离散模型、定常模型、线性动态随机模型。

1.2.3　建模

建立一个合适模型的全过程称为建模。对动态系统数学模型的推导，通常可以分为理论建模和实验建模，基本流程如图1-6所示。下面分别介绍这两种不同建模的基本方法。

1. 理论建模

理论建模，也称为机理建模，主要通过分析系统的运动规律，根据已知的定律、定理和原理，利用微积分运算推导数学方程。为了数学处理方便，通常需要提出合理的假设，对系统过程进行简化。常见的数学方程类型如下。

平衡方程：物质、能量、动量的平衡。

状态方程：用于描述可逆事件的本构方程，如感应定律。

唯象方程:用于描述不可逆事件,如摩擦和热交换。

联立方程:如基尔霍夫节点和回路方程、力矩平衡方程等。

应用这些方程可以得到常微分方程组和偏微分方程组,如果所有方程都可以显式求解,最终可以求得一个具有特定结构和明确参数的理论模型。因此,理论建模得到的数学模型通常被称为白箱模型。在一些情况下,理论建模得到的模型结构比较复杂、参数多,需要进行简化使用。

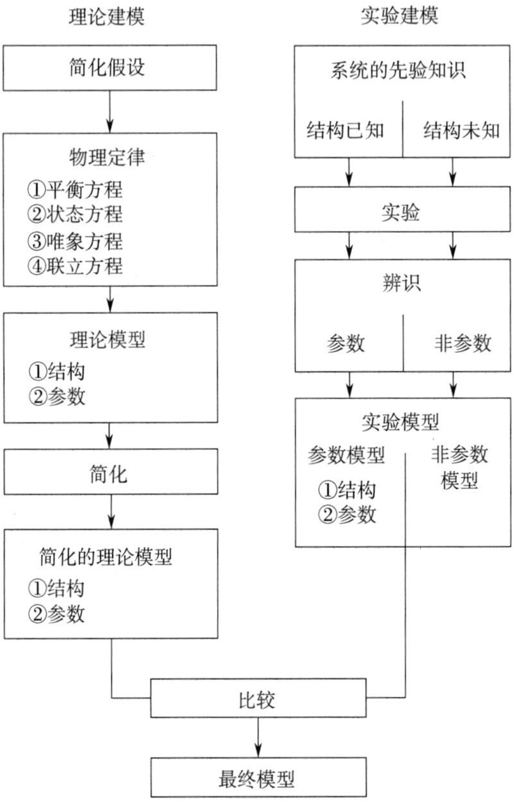

图 1-6 系统分析的基本流程

【**例 1.4**】考虑一个能够垂直起飞、垂直着陆的具有 3 个空间自由度的飞行器系统。图 1-7 所示为 X-Y 平面上的飞行器受力。由于只考起飞过程,因此只考虑横向 X 轴和竖向 Y 轴,忽略了前后运动(Z 方向)。X-Y 为惯性坐标系,X_b-Y_b 为飞行器的机体坐标系。

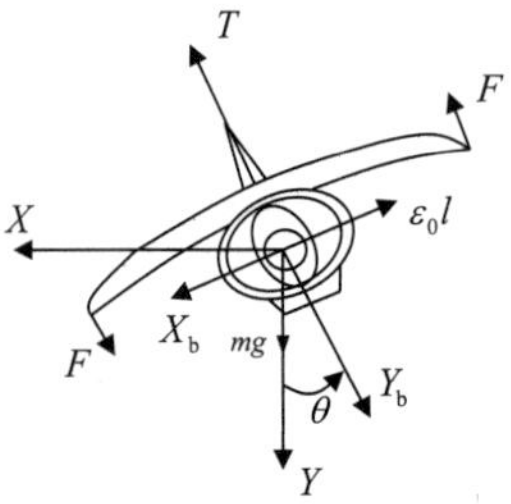

图 1-7 飞行器受力

设状态变量是飞行器质心位置 (X,Y) 和滚转角 θ，相应的速度为 $\mathrm{d}X/\mathrm{d}t$，$\mathrm{d}Y/\mathrm{d}t$ 和 $\mathrm{d}\theta/\mathrm{d}t$，控制输入 T、l 分别是推力（直接从飞行器的底部推动）力矩和滚动力矩。利用牛顿定理，飞行器的动力学模型为

$$-m\ddot{X}=-T\sin\theta+\varepsilon_0 l\cos\theta \tag{1.2.1}$$

$$-m\ddot{Y}=T\cos\theta+\varepsilon_0 l\sin\theta-mg \tag{1.2.2}$$

$$I_x\ddot{\theta}=l \tag{1.2.3}$$

式中：g 是重力加速度，ε_0 是刻画滚动力矩和横向加速度关系的系数。

进一步简化动态方程，并定义 $x=X/g$，$y=-Y/g$，$u\ =T/mg$，$u_2=l/I_x$，$\varepsilon=\varepsilon_0 l/mg$，系统简化为

$$\ddot{x}=-u_1\sin\theta+\varepsilon u_2\cos\theta \tag{1.2.4}$$

$$\ddot{y}=u_1\cos\theta+\varepsilon u_2\sin\theta-g \tag{1.2.5}$$

$$\ddot{\theta}=u_2 \tag{1.2.6}$$

虽然飞行器的数学模型可以根据力学原理较准确地推导出来，但要想获得精确的模型参数 ε_0、I_x、m，需要进行辨识。

【例 1.5】图 1-8 所示为一个由电阻 R_1、R_2 和电容 C 构成的无源网络。

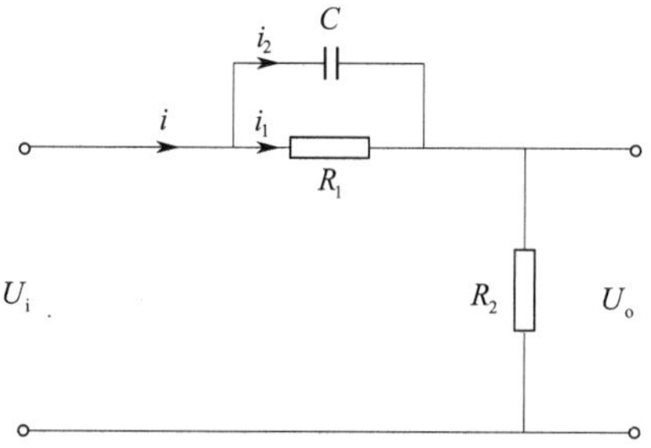

图 1-8　*RC* 电路

根据电压平衡可得：

$$\begin{cases} R_1 i_1=\dfrac{1}{C}\displaystyle\int i_2\mathrm{d}t \\ U_\mathrm{o}=R_2 i=R_2(i_1+i_2) \\ U_\mathrm{i}=R_1 i_1+U_\mathrm{o} \end{cases} \tag{1.2.7}$$

式中：i 为电流。

解得：$U_\mathrm{o}=R_2 i=R_2\left[\dfrac{U_\mathrm{i}-U_\mathrm{o}}{R_1}+R_1 C\dfrac{1}{R_1}\dfrac{\mathrm{d}(U_\mathrm{i}-U_\mathrm{o})}{\mathrm{d}t}\right]$

整理可得无源网络模型为

$$R_1R_2C\dot{U}_\mathrm{o}+(R_1+R_2)U_\mathrm{o}=R_1R_2C\dot{U}_\mathrm{i}+R_2U_\mathrm{i} \tag{1.2.8}$$

理论建模需要清楚了解系统的机理，一般只适用于对简单系统建模。对于比较复杂的实际系统，这种建模方法存在很大的局限性。因为，机理建模必须对系统提出

合理的简化假设，然而这些假设条件不一定符合实际情况，这将导致模型不够精确。另外，有些实际系统的机理并非完全可知，甚至可知的机理特性也无法进行准确的数学描述。因此，机理建模方法不一定适用于所有系统。

2. 实验建模

实验建模，也称为系统辨识，主要利用实验获得的输入输出数据建立系统的数学模型，通常与特定的先验知识相关[4]。先验知识可以通过理论分析得到，也可以通过实验获取。基于实验数据，采用系统辨识方法建立一个数学模型描述系统输入输出关系，这种模型不能反映系统机理，因此通常被称为“黑箱”模型。实验中选用的输入信号可以是正常运行情况下系统输入信号一部分，也可以是人为设定的具有特定性质的测试信号，如脉冲信号和阶跃信号等。

与理论建模相比，实验建模不需要深入了解系统的内在机理，但是需要设计一个合理的实验获取建模所需的大量数据，而实验设计是困难的。因此，在实际建模过程中，往往将理论建模与实验建模方法相结合，得到所谓的“灰箱”模型。在这种模型中，机理已知的部分采用理论建模，机理未知的部分采用实验建模，从而充分发挥两种建模方法的优点。

【例 1.6】通过实验确定一个热敏电阻的电阻 R 和温度 t 的关系。为此，在不同的温度下，对电阻 R 进行多次测量获得一组测量数据 (t_i, R_i)。由于在每次测量中，不可避免地引入随机误差，因此想寻找一个函数 $R = f(t)$ 真实地表达电阻 R 和温度 t 之间的关系。

假设模型结构为

$$R = a + bt \tag{1.2.9}$$

式中：a 和 b 为待估计参数。

如果测量没有误差，只需要两个不同加热时间及温度，便可以解出 a 和 b。但是由于每次测量中总存在随机误差，即

$$y_i = R_i + v_i \text{ 或 } y_i = a + bt + v_i \tag{1.2.10}$$

式中：y_i 为测量数据；R_i 为电阻的真值；v_i 为随机误差。

显然，将每次测量误差相加，可构成总误差

$$\sum_{i=1}^{N} v_i = v_1 + v_2 + \cdots + v_N \tag{1.2.11}$$

如何使测量的总误差最小，选择不同的评判准则会获得不同的方法。当采用每次测量误差的平方和最小作为评判准则时，表达式为

$$J_{\min} = \sum_{i=1}^{N} v_i^2 = \sum_{i=1}^{N} [R_i - (a + bt_i)]^2 \tag{1.2.12}$$

由于式（1.2.12）中的平方运算又称为“二乘”，而且是按照 $J_{\min}$ 最小来估计 a 和 b 的，因此这种估计方法被称为最小二乘估计算法，简称最小二乘法，它是一种最基本的系统辨识方法。

对于任意复杂的系统，实验建模都能够根据输入输出数据，建立相应系统的数学模型。然而，利用系统辨识方法建立的数学模型只能反映系统的输入输出特性，不能

准确描述系统的内部结构。尽管如此，在过去的几十年中，实验建模广泛应用于许多领域，形成了一系列有效的系统辨识理论和方法。

在许多情况下，理论建模和实验建模可以互为补充。理论模型包含系统物理性质与参数之间的功能依赖性，如果在系统构建之前需要对其时域特性进行仿真，通常需要理论模型。实验模型只包含系统参数，它们与过程特性的函数关系是未知的。但是，这种模型可以更好地描述系统的实际动态特性，比较容易获得。如果两种建模方法都可以采用，则可对分别建立的理论模型和实验模型进行比较，根据模型偏差的特征和大小，更正理论建模或实验建模的相应步骤，如图 1-6 所示。最终建模方法取决于所得模型的用途。

1.3　系统辨识的基本概念

1.3.1　系统辨识的定义

系统辨识是通过实验确定过程或系统的数学模型，即根据被辨识系统的输入输出数据推断出模型的结构和参数。扎德（Zadeh）定义辨识就是在输入和输出数据的基础上，从一组给定的模型类中，确定一个与所测系统等价的模型[5]。永格（Ljung）提出系统辨识的三要素：输入和输出数据、模型类和等价准则[6]。其中，数据是系统辨识的基础，准则是辨识的优化目标，模型类是寻找模型的范围。系统辨识的本质就是根据实验测得数据，按照某种准则，从一组模型中寻找一个能够最好地拟合系统动态特性的数学模型。

考虑一个待辨识的系统，如图 1-9 所示。其中，$y(k)$ 是系统输出，$u(k)$ 是系统输入，$w(k)$ 是不可观测的系统噪声。如果系统输入和输出之间的关系是唯一确定的，并且输入和输出均可准确测量。系统辨识的任务就是根据可测的输入和输出，以及其他可选的被测信号，寻找用于描述过程行为特性的数学模型。

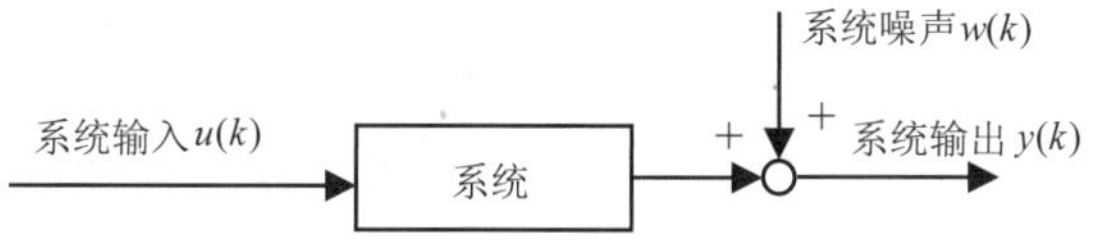

图 1-9　待辨识系统

1.3.2　系统辨识的基本原理

系统辨识的目的就是根据系统输入和输出数据，在某种准则意义下，估计出模型的未知参数，其基本原理如图 1-10 所示。

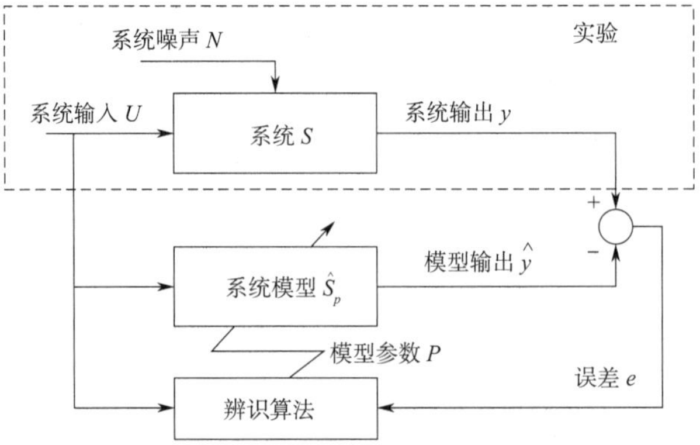

图 1-10　系统辨识的基本原理

为了估计得到系统模型参数 θ，通常采用逐步逼近的方法。在 k 时刻，根据前一时刻的模型参数估计值 $\hat{\theta}(k-1)$，计算出该时刻的模型输出 $\hat{y}(k)$，也就是系统输出的预测值。通过比较系统输出 $y(k)$ 与模型输出 $\hat{y}(k)$，得到输出误差

$$e(k)=y(k)-\hat{y}(k) \tag{1.3.1}$$

该误差是由模型误差和系统噪声综合生成的，如果模型参数估计值 $\hat{\theta}(k)$ 是渐近无偏的，随着时间的推移，模型误差将逐渐趋于零，因此误差 e 的统计特性应该趋于系统的噪声特性。然后，将误差 e 反馈给辨识算法，在某种准则条件下，计算出 k 时刻的模型参数估计值 $\hat{\theta}(k)$，以此更新系统模型。这样不断反馈迭代，直至对应的准则函数达到最小值。这时，模型输出 $\hat{y}(k)$ 在该准则意义下最好地逼近系统输出 $y(k)$，便获得所需的系统模型。

综上所述，系统辨识的基本原理就是以系统为参考，利用误差反馈和辨识算法，不断修正系统模型，使模型输出逐渐逼近系统输出，直至获得某种准则意义下的最佳模型。

1.3.3　系统辨识的三要素

根据系统辨识的基本原理，辨识过程包含三个要素：输入和输出数据、模型类和等价准则。其中，数据是模型辨识的基础，等价准则是辨识的优化目标，模型类是寻找模型的范围。系统辨识的本质就是根据实验测得的输入输出数据，按照某种准则，从一组系统模型中寻找一个能够最好地拟合系统动态特性的数学模型。

（1）数据集

数据集的性质将直接影响辨识的结果，包括可辨识性和辨识模型的质量。定义辨识所用的数据集为 D，其产生方式一般可表示为 $D=\{[u(i),y(i)],i<L,i\in\mathbf{N}^*\}$。其中 $u(i)$ 和 $y(i)$ 分别是输入和输出数据，L 为数据长度。

（2）模型类

模型类是辨识的第二要素。在辨识系统模型的过程中，需要考虑以下因素。

1）辨识系统要具有可辨识性。辨识模型仅能描述可控和可观的状态，不可控和

不可观的状态是不可辨识的，因为利用系统的外部观测信号无法确定不可控和不可观状态的未知参数。另外，如果系统模型采用非规范型结构，即使是可控、可观的系统，也可能是不可辨识的。

2）灵活性与简单性的折中。一方面，辨识模型的参数个数及其在模型中的出现形式会影响模型的灵活性，模型参数越多，模型越灵活。另一方面，为了方便系统分析和控制，模型要尽可能简单，尽量用较少参数的模型来描述待辨识的系统。因此，模型类的选择需要综合考虑其灵活性和简单性。

3）辨识算法的复杂性。模型的参数个数和模型的结构会影响辨识算法的复杂性。为了降低算法的复杂性，就要尽可能用少的模型参数和尽可能简单的模型结构。

（3）等价准则

等价准则（或称准则函数，也称损失函数）一般被用来评价不同模型对输入输出数据的描述能力。这种描述能力可以用残差来衡量。残差（或称模型误差）是指系统与模型之间的误差，包括输出误差、输入误差和广义误差三种类型，如图 1-11 所示。

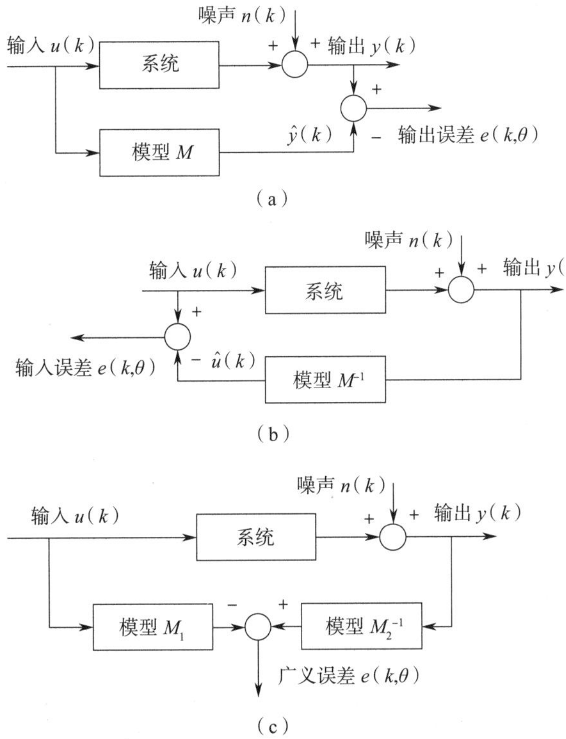

图 1-11　模型误差分类

输出误差可用于从系统输出端描述模型的准确性。当系统和模型输出分别为 $y(k)$ 和 $\hat{y}(k)$ 时，则输出误差可以定义为

$$e(k,\theta)=y(k)-\hat{y}(k)=y(k)-M[u(k)] \tag{1.3.2}$$

式中：$M[u(k)]$ 是当输入为 $u(k)$ 时模型的输出。

如果扰动是作用在系统输出端的白噪声，那么将输出误差作为等价准则是合理的。但是,这时输出误差 $e(k,\theta)$ 通常是模型参数 θ 的非线性函数,这可能导致辨识问题变成复杂的非线性优化问题。因此,在实际应用过程中,是否将输出误差作为准则函数要视情况而定。

输入误差可用于从系统输入端描述模型的准确性。当系统和模型输入分别为 $u(k)$ 和 $\hat{u}(k)$ 时,则输入误差可以定义为

$$e(k,\theta)=u(k)-\hat{u}(k)=u(k)-M^{-1}[y(k)] \tag{1.3.3}$$

式中:$M^{-1}[y(k)]$ 表示产生输出 $y(k)$ 时模型的输入。

如果扰动是作用在系统输入端的白噪声,那么将输入误差作为等价准则是合理的。但是,这时输入误差 $e(k,\theta)$ 也是模型参数 θ 的非线性函数,将导致辨识算法变得复杂。因此,在实际应用过程中,一般不将输入误差作为准则函数。

广义误差也称为方程误差,一般可以定义为

$$e(k,\theta)=M_2^{-1}[y(k)]-M_1[u(k)] \tag{1.3.4}$$

式中:M_1 和 M_2^{-1} 均为广义模型,且 M_2 是可逆的。

如果准则函数选取为 $k=1$ 到 L 的误差平方和,则损失函数 $J(\theta)$ 关于模型参数是线性的,求解比较简单,因此许多辨识算法使用广义误差。

等价准则一般是关于残差的函数。等价准则的选取影响辨识算法的收敛性,某些准则函数可能导致辨识算法非全局收敛。常用的准则函数有两种。

第一种准则函数是残差 $e(k,\theta)$ 的标量模,也称为损失函数,通常用残差 $e(k,\theta)$ 的泛函表示,一般记作

$$J(\theta)=\sum_{k=1}^{L}f[e(k,\theta)] \tag{1.3.5}$$

式中:$f[e(k,\theta)]$ 是定义在数据区间 $(1,L)$ 上的残差 $e(k,\theta)$ 的函数。

准则函数关于模型参数的敏感性与准则函数的鲁棒性密切相关,准则函数的鲁棒性越高模型参数的辨识越稳定。通常选用二次模 $J(\theta)=\sum_{k=1}^{L}e^2(k,\theta)$ 作为准则函数。

第二种准则函数设法使残差 e 与给定的数据序列不相关,也就是使残差 $e(k,\theta)$ 在数据所张成的空间上的投影为“零”,即

$$\frac{1}{L}\sum_{k=1}^{L}\eta(k)g[e(k,\theta)]=0 \tag{1.3.6}$$

式中:$\{\eta(k)\}$ 为过去数据集 D^{k-1} 引申得到的有限长度的数据集;$g[e(k,\theta)]$ 是关于残差 $e(k,\theta)$ 的变换函数。

求解式(1.3.6)可以得到模型参数 θ 的估计值 $\hat{\theta}$。为了简化求解过程,可以将式(1.3.6)变换为

$$\begin{cases}\hat{\theta}=\underset{\theta\in D^{k-1}}{\arg\min}\|f(\theta)\|^2\\ f(\theta)=\dfrac{1}{L}\sum_{k=1}^{L}\eta(k)g[e(k,\theta)]\end{cases} \tag{1.3.7}$$

式中:变换函数可以选用 $g[e(k,\theta)]=e(k,\theta)$ 的形式;$\eta(k)$ 通常称为辅助向量。

以磁盘电机系统为例，可以具体地理解系统辨识的原理。图 1-12 所示的磁盘电机是一种直流他励电动机，其工作实质是将输入的电能转化为机械能，也就是由输入的电枢电压 $v(t)$ 在电枢回路中产生电枢电流 $i_a(t)$，再由电枢电流与励磁磁通相互作用，产生电磁转矩 $M_m(t)$，从而拖动负载转动一定的角度 $\phi(t)$。磁盘电机系统的辨识就是基于磁盘电机系统 S 的测试数据集，包括电枢电压 $U=\{v(t),t\}$ 与负载转动角度 $Y=\{\theta(t),t\}$，从各种数学模型中，确定一个能够最好拟合电枢电压 $v(t)$ 与负载转动角度 $\phi(t)$ 关系的系统模型 $\hat{S}$。

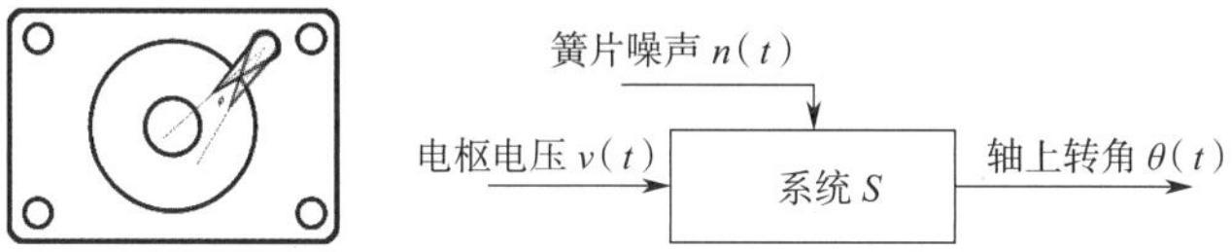

图 1-12　磁盘电机及系统框图

基于磁盘电机输入输出的数据集 D，利用带参数 θ 的线性模型 $\hat{S}_\theta$ 和二次模准则函数辨识磁盘电机系统 S。在参数 $\theta(k)$ 条件下，对于数据集 D 中的第 i 条样本的系统输入 v_i 有 $y_\mathrm{i}=\{(\phi(t),t)\}$，其中 $\phi(t)=\hat{S}_{\theta(k)}[v(t)]$。则 $\theta(k)$ 条件下评价 $\hat{S}_\theta$ 的二次模准则函数的输出 $J[\theta(k)]=\sum_i\sum_t[\phi(t)-\hat{\phi}(t)]^2$。辨识算法将按照 $J[\theta(k+1)]$ 的数学期望减小的目标，根据 $J[\theta(k)]$ 调整参数 $\theta(k)$ 为 $\theta(k+1)$。重复以上步骤，直到 $J[\theta(k+n)]$ 为 0。

1.4　系统辨识的内容与步骤

系统辨识就是从观测到的含有噪声的输入输出数据中提取数学模型的方法。系统辨识的内容包括四个方面：实验设计、模型结构辨识、模型参数辨识、模型检验。一般遵循以下步骤（图 1-13）。

（1）明确辨识目的

它决定了模型的类型、精度要求和所采用的辨识方法。另外，这些问题的确定还会受到资源和需要消耗时间的影响。

（2）收集先验知识

先验知识对模型类的选择和实验设计具有重要的指导作用，它包括待辨识过程所有容易获得的可用信息，比如：

①观测到的系统过程特性；

②过程特性遵循的物理定律；

③先前实验得到的粗糙模型；

④系统的非线性度、线性或非线性、时变或时不变、比例或积分特性；

⑤过渡过程时间；

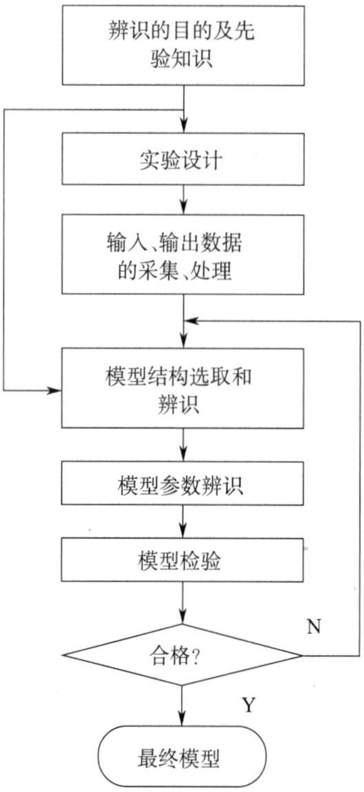

图 1-13　辨识的一般步骤

⑥延迟时间;

⑦噪声的幅值和频谱特性;

⑧操作条件等。

(3)辨识实验设计

根据辨识的目的和可用的先验知识,设计实验方案,主要确定的内容包括:

①输入信号(形状、幅值和频带等);

②采样时间;

③闭环或开环辨识;

④在线或离线辨识;

⑤辨识时间和数据长度;

⑥消除噪声的滤波方法等。

确定上述问题后,就可以开展系统辨识实验,包括输入信号生成和记录输入输出数据。

(4)数据预处理

输入输出数据可能含有直流或低频成分,它们对辨识的精度有影响,数据的高频成分对辨识也是不利的。因此,一般要对输入输出数据进行零均值化,并采用滤波等方法消除测量信号中的低频或高频干扰。

(5)模型结构辨识

在假定模型结构前提下,利用辨识方法确定模型结构参数,如系统阶次、纯延时等。

(6)模型参数辨识

确定模型结构后，利用测量数据，估计模型中的未知参数。

(7)模型检验

这是系统辨识过程中非常重要的一步，也就是通过比较模型输出和系统输出，或者比较实验建立的模型和理论分析推导出的模型，对辨识模型进行验证。模型检验的常用方法如下。

①利用在不同时间段采集的实验数据，分别建立模型，通过比较模型的特性，分析模型的可靠性。如果模型特性基本相似，则模型是可靠的。

②利用多组不同的数据，独立辨识模型，分别计算损失函数，并进行交叉验证。如果损失函数的性能没有过明显变化，则模型是可靠的。

③增加辨识数据长度，根据损失函数的变化趋势，检验模型的可靠性。如果损失函数没有显著下降，则模型是可靠的。

④通过检验残差序列的白色性，判断模型的可靠性。如果残差序列可以视为零均值的白噪声序列，则模型是可靠的。

1.5 系统辨识的分类

系统辨识的分类方法有很多种，如线性系统辨识、非线性系统辨识、集中参数系统辨识和分布式参数系统辨识等[7-8]。由于系统参数在辨识中起主导作用，所以最重要的就是先按模型类型分类进行辨识，包括非参数模型辨识和参数模型辨识。

非参数模型利用表格或者曲线的形式，描述系统输入与响应之间的对应关系，如脉冲响应、阶跃响应和频率响应。这些响应中隐含着系统参数。如果将系统响应的函数值视为参数，则需要无限个参数才能完全描述过程的动态特性。因此，一般认为非参数模型是无限维的。非参数模型辨识主要包括频率响应测量、傅里叶分析、相关分析和谱分析等。利用周期性输入信号进行频率响应测量，可以直接确定线性过程在离散点上的频率特性，准确率较高，但是测量时间长。傅里叶分析可以根据阶跃响应或脉冲响应辨识线性过程的频率响应，计算量小且测量时间短，一般适用于信噪比较高的过程。相关分析是一种时域分析方法，输入信号可以是随机信号和周期信号，该方法可以用于信噪比较低的过程，得到的模型一般是自相关或互相关函数。由于非参数模型辨识不需要假设模型结构，因此适用于任意复杂的集中参数系统和分布式参数系统。

参数模型就是一组代数形式表示的数学方程，它们显式地包含过程参数，常用的有微分方程模型、传递函数模型、差分方程模型和状态空间模型等。参数模型中参数是有限的。参数模型辨识必须假定合适的模型结构，才能获得比较准确的辨识结果。常用的参数模型辨识方法有最小二乘估计、卡尔曼滤波器、最大似然法和神经网络等。

当利用计算机进行系统辨识时，根据辨识对象与计算机之间的连接关系可以分为离线辨识和在线辨识。离线辨识是先将实验获取的测量数据存储起来，然后传递给计算机按照一定的辨识算法进行集中数据处理，优点是没有计算时间限制，辨识精度较高，但是需要较大的数据存储空间且计算量大。在线辨识是与实验并行进行的，计算机和辨识对象连接在一起，一旦获得数据就立即进行辨识操作，即计算机获得新的输入输出数据后，立即采用辨识方法在线估计新的模型参数。在线辨识不需要存储历史数据，通过递推运算不断修正数学模型，这就要求计算机在一个采样周期内完成一次递推运算，适用于实时控制系统。与离线辨识相比，在线辨识的精度较低，对计算速度的要求较高。

1.6 系统辨识的方法

1.6.1 经典辨识方法

经典的系统辨识方法比较成熟和完善，包括阶跃响应曲线法、脉冲响应曲线法、相关分析法、谱分析法、最小二乘法等。其中，最小二乘法是最基本的辨识方法，应用最为广泛。为了克服最小二乘法的缺陷，研究者提出了一系列以最小二乘法为基础的系统辨识方法，包括广义最小二乘法、加权最小二乘法、递推最小二乘法、增广最小二乘法、辅助变量法和随机逼近法等。最小二乘类系统辨识方法一般要求输入信号已知，并且具有较为丰富的变化。然而，在某些动态系统中，输入难以获得，因此最小二乘法无法用于复杂系统辨识。

1.6.2 现代辨识方法

随着系统的复杂性和对模型精确度要求的提高，系统辨识已经从线性建模逐步发展为非线性建模。传统的系统辨识方法对于线性系统的辨识具有很好的效果，但对于非线性系统往往不能得到满意的辨识效果。由于非线性系统本身的复杂性，难以开发出普遍适用的非线性建模方法，因此研究者针对不同的应用条件提出了一系列个性化辨识方法，如卡尔曼滤波器、贝叶斯法、极大似然法、粒子群算法和遗传算法等[9-10]。这些方法大多通过搜索最优参数值，辨识非线性系统模型，能够快速有效地搜索高度非线性和多维参数空间，在辨识系统参数方面具有独特的优越性。

1.6.3 智能辨识方法

随着人工智能技术发展,机器学习和深度学习理论不断成熟,已经在各个领域得到了广泛应用,包括目标检测和模式识别等。尤其是神经网络具有良好的非线性映射能力、自适应学习能力和并行信息处理能力,为现代系统辨识提供了新思路。常用的神经网络有卷积神经网络和循环神经网络等。针对任意复杂的非线性系统,利用神经网络所具有的任意逼近能力拟合实际系统的输入-输出关系,同时发挥其高效的自适应学习能力,通过学习训练可以得到系统模型。目前,神经网络已经被广泛应用于非线性动态系统辨识[11],从本质上讲它通过调节神经元之间的连接权值,使网络输出逐步逼近系统实际输出。与传统的模型辨识方法相比,神经网络不要求建立实际系统的辨识模型,不需要系统的先验知识,辨识速度仅取决于网络自身特性和所采用的学习算法。因此,神经网络是一种典型的"黑箱"模型,在非线性系统辨识中具有广阔的应用前景[12]。

1.7 系统辨识的应用

数学模型是动态系统分析与设计的基础,系统辨识方法不仅适用于线性系统和时不变的单输入单输出系统,还适用于非线性系统和时变的多变量系统。辨识模型的应用决定了模型类型、精度要求和辨识方法。下面简要介绍一些典型的应用领域。

(1)系统分析与设计

对于复杂系统,如锅炉、生物反应器和化工系统,由于缺乏对过程机理的详细认识,通过理论建模难以确定系统的稳态和动态特性。利用系统辨识方法建立系统的数学模型,并利用软件进行数字仿真,分析系统的动力学特性以及系统参数对其动力学特性的影响,可以为系统优化设计提供借鉴。利用模型仿真还可以预测操作效果,为操作员提供技术指导。辨识模型通常具有较好的准确度,因此还可以用于验证已经建立的理论模型。如对于一个由传递函数形式给出的模型,测量系统的频率响应是验证其理论模型的有效手段。

(2)过程控制

模型是控制系统设计的基础。以辨识模型为基础,设计合理的反馈控制系统,可以抑制或消除干扰因素的影响,改善系统工作性能。对于简单控制系统来说,如果采用比例-积分-微分(PID)控制器,其参数整定并不需要详细的过程模型。然而,对于基于模型的控制算法设计,如内模控制或预测控制等,则需要比较准确的过程系统模型。对于参数缓慢变化的时变过程,如果采用数字自适应控制器[13-14],利用参数化的离散时间模型会带来很大的便利,利用递推参数估计方法可以确定合适的模型,再通过标准化控制器设计方法,很容易确定控制器的参数。

(3)故障诊断

对于许多复杂的系统，如电力系统和机械系统等，要求通过在线监测，分析系统动态特性的演化，判断可能出现的故障，这就需要不断收集数据，利用参数估计方法连续确定模型参数[15]。过程参数的变化可以用来推断过程是否有故障发生，对变化过程的进一步分析，还可以确定故障类型、故障时间、故障大小和故障位置等，并推断不同类型故障的产生原因，以便及时排除故障。

(4)数字孪生

采用数字孪生技术，通过对运行数据进行连续采集和智能分析，可以模拟系统运行态势，预测维护工作的最佳时间点，也可以提供维护周期的参考依据。数字孪生体也可以提供故障点和故障概率的参考。采用参数估计方法辨识非线性系统的动态模型，再通过迭代优化技术找到最优工作点，并利用数字孪生系统进行验证，进而投入实际系统运行，实现过程优化调控。

习题

1.1　举例说明系统模型的重要性。

1.2　简述理论建模和实验建模方法，其优缺点分别是什么？

1.3　什么是系统辨识？系统辨识的原理是什么？

1.4　系统辨识的三要素包括哪些？

1.5　非参数模型和参数模型之间的区别是什么？举例说明。

1.6　系统辨识中常用的误差准则有哪几种？

1.7　离线辨识和在线辨识有何区别？

1.8　系统辨识主要有哪些步骤？

1.9　结合工程实例说明系统辨识的应用。

参考文献

[1] 萧德云. 系统辨识理论及应用[M]. 北京：清华大学出版社，2014.

[2] 方崇智，萧德云. 过程辨识[M]. 北京：清华大学出版社，1988.

[3] EYKHOFF P. System identification parameter and state estimation[M]. England: Wiley, 1974.

[4] ISERMANN R, MÜNCHHOF M. Identification of dynamic systems: an introduction with applications [M]. Heidelberg: Springer, 2011.

[5] ZADEH L A. From circuit theory to system theory[J]. Proceedings of the

IRE, 1962, 50(5): 856-865.
[6] LJUNG L. System identification: theory for the user [M]. Upper Saddle River: Prentice-Hall, 1987.
[7] BILLINGS S A. Identification of nonlinear systems: a survey[J]. IEEE proceedings D: control theory and applications, 1980, 127(6): 272-285.
[8] SJOBERG J, ZHANG Q H, LJUNG L, et al. Nonlinear black-box modeling in system identification: a unified overview[J]. Automatica, 1995, 31(12): 1691-1724.
[9] KENNEDY J, EBERHART R. Particle swarm optimization [C]. Proceedings of the IEEE International Conference on Neural Networks. New York: IEEE Service Center, 1995, 4: 1942-1948.
[10] HOLLAND J H. Adaptation in natural and artificial Systems [M]. Chicago: The University of Michigan Press, 1975.
[11] NARENDRA K S, PARTHASARATHY K. Identification and control of dynamical systems using neural networks [J]. IEEE Transactions on Neural Networks, 1990, 1(1): 4-27.
[12] 刘金琨. 系统辨识理论及 MATLAB 仿真 [M]. 2 版. 北京: 电子工业出版社, 2020.
[13] 庞中华. 系统辨识与自适应控制 MATLAB 仿真(修订版)[M]. 北京: 北京航空航天出版社, 2013.
[14] CROWE J, CHEN G R, FERDOUS R, et al. PID control: new identification and design methods[M]. London: Springer-Verlag, 2005.
[15] ISERMANN R. Fault-diagnosis systems: an introduction from fault detection to fault tolerance[M]. New York: Springer Science & Business Media, 2005.

Chapter 2

第2章
系统辨识的输入信号

系统辨识的准确度和复杂程度与输入信号密切相关,合理选择输入信号是决定能否获得较好辨识结果的关键因素[1-3]。本章主要讨论系统辨识过程中输入信号的选取准则和最优设计等问题,分析随机过程的数学描述,并介绍白噪声、伪随机序列和M序列等常用的输入信号。

2.1 输入信号设计准则

为了使系统是可辨识的,输入信号必须满足一定的条件,其最低要求是在辨识时间内系统的动态必须被输入信号持续激励。所谓持续激励,即输入信号能够充分激励被辨识系统的所有模态。为了满足持续激励条件,一般要求输入信号相对被辨识系统具有足够宽的频带,至少能覆盖被辨识系统的通频带,这是系统辨识对输入信号的基本要求。以连续系统的非参数模型辨识为例,如果系统的通频带为 $\omega_{\min} \leqslant \omega \leqslant \omega_{\max}$,则持续激励条件要求输入信号的功率谱密度在 $[\omega_{\min}, \omega_{\max}]$ 范围内不等于零[4]。

在具体工程应用中,选择输入信号时应该考虑以下因素[5]:

1)所选用的输入信号要能充分激励被辨识过程的模态;

2)输入信号的功率或幅度不宜过大,以免影响生产或使系统工作在非线性区,但也不应过小,以致信噪比太小,直接影响辨识精度;

3)输入信号对系统的“净扰动”要小,即应使正负向扰动机会几乎均等;

4)工程上要便于实现,成本低,且不易出错。

2.2 最优输入信号

若考虑输入信号必须具有较好的“优良性”,则要求输入信号能使给定系统的辨识精度达到最高,这就会引出最优输入信号的设计问题,包括信号类型的选择、信号幅值和带宽等参数的设置。

2.2.1 最优输入信号条件

最优输入信号是使费舍尔(Fisher)信息矩阵逆的某标量函数达到最小值的输入信号。该标量函数可以作为评价模型辨识精度的度量函数,常用的形式有以下两种:

A-最优准则: $J = \mathrm{tr}(\boldsymbol{M}^{-1})$ 或 $J = \mathrm{tr}(\boldsymbol{W}\boldsymbol{M}^{-1})$

D-最优准则: $J = \det(\boldsymbol{M}^{-1})$ 或 $J = \log[\det(\boldsymbol{M}^{-1})]$

式中:$\boldsymbol{M}$ 为Fisher信息矩阵。

$$M = E\left\{\left(\frac{\partial \log p(z_L \mid \theta)}{\partial \theta}\right)^{\mathrm{T}}\left(\frac{\partial \log p(z_L \mid \theta)}{\partial \theta}\right)\right\} \tag{2.2.1}$$

结合被辨识系统，确定最优输入信号准则后，就可以进行最优输入信号设计。如果选择 D-最优准则 $J_{\mathrm{D}} = \det(M^{-1})$，且系统的输出是独立同分布的高斯序列，则输入功率限制为

$$\frac{1}{N}\sum_{k=1}^{N} u^2(k-i) = 1, i = 1, 2, \cdots, n \tag{2.2.2}$$

式中：n 为模型阶次；N 为数据长度。

使 D-最优准则取得最小值的输入信号称为 D-最优输入信号。

对于 D-最优准则，有如下结论：如果模型结构是正确的，且参数估计值是无偏最小方差估计，则参数估计值的精度通过 Fisher 信息矩阵依赖于输入信号。最优输入信号应满足：

$$\frac{1}{N}\sum_{k=1}^{N} u(k-i)u(k-j) = \begin{cases} 1, & i = j \\ 0, & i \neq j \end{cases} \tag{2.2.3}$$

即如果被辨识系统输出为独立同分布正态序列，则符合 D-最优准则的辨识输入信号是具有脉冲式自相关函数的信号。当 N 较大时，白噪声或 M 序列可近似满足这一要求；当 N 较小时，并非所有 N 都能找到满足要求的最优输入信号。

2.2.2　典型输入信号

工程中令人满意的输入信号通常需要满足以下条件[6-7]：

1）无论是利用还是不利用信号发生器生成的测试信号都必须是简单、可复现的；

2）对于相应的辨识方法，信号及其性质的数学描述要简单；

3）利用给定的执行器可以实现；

4）可以施加于系统过程；

5）对感兴趣的系统动态特性具有较好的激励作用。

下面介绍控制理论中常用的几种典型输入信号，其波形如图 2-1 所示。

阶跃信号，表达式为　$r(t) = \begin{cases} A, & t \geqslant 0 \\ 0, & t \leqslant 0 \end{cases}$

斜坡信号，表达式为　$r(t) = \begin{cases} At, & t \geqslant 0 \\ 0, & t \leqslant 0 \end{cases}$

抛物线信号，表达式为　$r(t) = \begin{cases} At^2, & t \geqslant 0 \\ 0, & t \leqslant 0 \end{cases}$

脉冲信号，表达式为　$r(t) = \begin{cases} 1/\varepsilon, & 0<t<\varepsilon \\ 0, & t < 0 \text{及} t > \varepsilon \end{cases}$

正弦信号，表达式为　$r(t) = \begin{cases} A\sin\omega t, & \omega = \dfrac{2\pi}{T} \text{且} t \geqslant 0 \\ 0, & t \leqslant 0 \end{cases}$

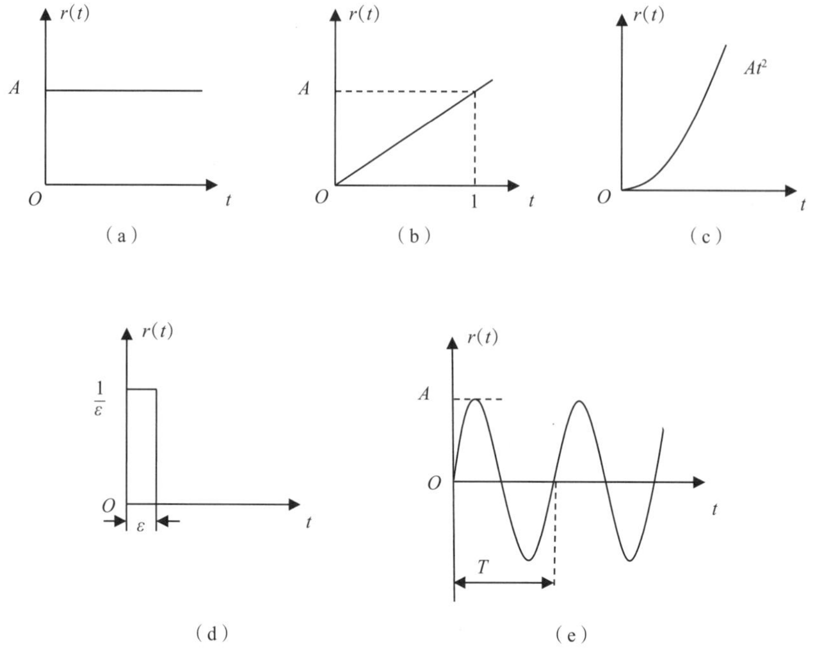

图 2-1　典型输入信号

(a)阶跃信号;(b)斜坡信号;(c)抛物线信号;(d)脉冲信号;(e)正弦信号

上述信号常用于低阶系统的辨识,然而对于某些系统,以上信号并不适用。例如,阶跃信号可能会导致系统不稳定,可能使具有非线性动态特性的系统产生振荡或失稳等。另外,这些信号无法覆盖整个频率范围,无法模拟实际应用中输入信号的频率特性。系统辨识常用的输入信号有白噪声信号或伪随机信号的 M 序列,它们都属于随机信号,具有随机过程的行为特点。

2.3　随机过程与随机信号

随机信号的行为本质上具有随机性,因此不能准确描述。然而,利用随机方法、概率运算以及求平均等方法,随机信号的特性是可以描述的。在一般情况下,可测量随机信号不完全是随机的,而是具有某些内部相干性,这些特性可以体现在信号的数学模型中。下面简要介绍随机过程与随机信号的基本概念及其数学描述。

2.3.1　随机过程

对于动态系统而言,有些变化过程具有明确的规律性,如自由落体运动、电容充电过程等,这些称为确定性过程。此外,还有些过程具有偶然性,如电子放大器的零点漂移、河流的水流量变化等,这类过程难以预测,被称为随机过程。对于随机过程，可以在完全相同的条件下进行多次测试，获得尽可能多的样本，尽管它们的变化过程互不相同，但是它们总体却往往具有统计学意义上的规律性。

所谓“随机过程”就是指大量样本 $\{x_i(t)\}$ 所构成的总体，如图 2-2 所示。由于具有随机行为特点，随机信号不会以唯一的某个实现 $x_1(t)$ 存在，而会构成随机时间信号的一个总体，即 $\{x_1(t), x_2(t), \cdots, x_n(t)\}$，这些信号的总体称作随机过程，单一的某个实现 $x_i(t)$ 称作样本函数。

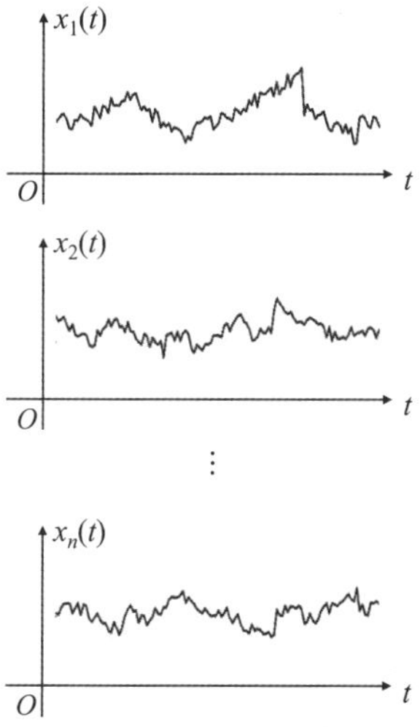

图 2-2　随机过程

为了对随机过程 $x(t)$ 进行数学描述，应该注意以下几点[8]。

1）对于每一个孤立的时间点，$x(t)$ 的取值是随机的，即 $x(t)$ 是一个随机变量。因此，$x(t)$ 可以用描述一维随机变量的方法进行描述，这就是随机过程的一维概率密度 $p_1(x,t)$。

2）沿着时间坐标轴看，$x(t)$ 是 x 的取值随时间变化的过程。为了完整地描述一个随机过程，还需要反映不同时刻 x 取值之间的关系。二维概率密度 $p_2(x_1,x_2;t_1,t_2)$ 代表 x 在 t_1 时刻取值为 x_1、在 t_2 时刻取值为 x_2 的概率密度。

3）从严格意义上说，为了真正完整地描述 $x(t)$，除了一维、二维概率密度之外，还需要三维、四维甚至更高维的概率密度，显然这是难以实现的。因此，通常利用某些数字特征近似地刻画一个随机过程。

2.3.2　随机过程的数字特征

在实际应用中，可以利用一些最基本的数字特征描述随机过程 $x(t)$，即与 $p_1(x,t)$ 和 $p_2(x_1,x_2;t_1,t_2)$ 相关的两类数字特征。

与一维概率密度 $p_1(x,t)$ 相关的数字特征量包括均值 $\mu_x(t)$、均方值 $\psi_x^2(t)$ 和方差

$\sigma_x^2(t)$，定义如下

$$\begin{cases}\mu_x(t)\triangleq E\{x(t)\}=\int_{-\infty}^{\infty}xp_1(x,t)\mathrm{d}x\\ \psi_x^2(t)\triangleq E\{x^2(t)\}=\int_{-\infty}^{\infty}x^2p_1(x,t)\mathrm{d}x\\ \sigma_x^2(t)\triangleq E\{[x(t)-\mu_x(t)]^2\}=\int_{-\infty}^{\infty}[x(t)-\mu_x(t)]^2p_1(x,t)\mathrm{d}x\end{cases}\tag{2.3.1}$$

式中：x 是 $x(t)$ 的简写；方差 $\sigma_x^2(t)$ 有时也记作 $\mathrm{Var}\{x(t)\}$。

与二维概率密度 $p_2(x_1,x_2;t_1,t_2)$ 相关的数字特征量包括自相关函数 $R_x(t_1,t_2)$ 和协方差函数 $C_x(t_1,t_2)$，定义如下

$$\begin{cases}R_x(t_1,t_2)\triangleq E\{x(t_1)x(t_2)\}\\ \qquad=\int_{-\infty}^{\infty}\int_{-\infty}^{\infty}x_1x_2p_2(x_1,x_2;t_1,t_2)\mathrm{d}x_1\mathrm{d}x_2\\ C_x(t_1,t_2)\triangleq E\{[x(t_1)-\mu_x(t_1)][x(t_2)-\mu_x(t_2)]\}\\ \qquad=\int_{-\infty}^{\infty}\int_{-\infty}^{\infty}[x_1-\mu_x(t_1)][x_2-\mu_x(t_2)]p_2(x_1,x_2;t_1,t_2)\mathrm{d}x_1\mathrm{d}x_2\end{cases}\tag{2.3.2}$$

式中：x_1 和 x_2 分别是 $x(t_1)$ 和 $x(t_2)$ 的简写，可以把它们视为二维随机变量，按照二维随机变量的写法，协方差 $C_x(t_1,t_2)$ 就是 $\mathrm{Cov}\{x(t_1),x(t_2)\}$。

可以证明上述各数字特征之间存在以下关系：

$$\begin{cases}\psi_x^2(t)=R_x(t_1,t_2)\\ \sigma_x^2(t)=\psi_x^2(t)-\mu_x^2(t)=R_x(t_1,t_2)-\mu_x^2(t)\\ C_x(t_1,t_2)=R_x(t_1,t_2)-\mu_x(t_1)\mu_x(t_2)\end{cases}\tag{2.3.3}$$

可见，$\mu_x(t)$ 和 $R_x(t_1,t_2)$ 是最基本的随机过程数字特征。利用这两者可以计算其余的统计特征量。

2.3.3 平稳随机过程与各态遍历性

如果一个随机过程的统计性质具有时间平移独立性，也就是不随着时间改变，则称它为平稳随机过程。在实际应用中，一般只关注随机过程的 $\mu_x(t)$ 和 $R_x(t_1,t_2)$ 这两个统计特征，因此也称为“宽平稳随机过程”。对于宽平稳随机过程，其均值 $\mu_x(t)$ 不随时间改变，即 $\mu_x(t_1)=\mu_x(t_2)=\cdots=\mu_x$；自相关函数 $R_x(t_1,t_2)$ 只与时间差 t_2-t_1 相关，而与 t_1 和 t_2 各自的值无关，简记为 $R_x(\tau)$，其中 $\tau=t_2-t_1$。

对于平稳随机过程，其数字特征量之间存在以下关系：

$$\begin{cases}R_x(\tau)=E\{x(t)x(t+\tau)\}\\ \psi_x^2=R_x(0)\\ \sigma_x^2=\mathrm{Var}\{x(t)\}=R_x(0)-\mu_x^2\\ C_x(\tau)=\mathrm{Cov}\{x(t)\}=R_x(\tau)-\mu_x^2\end{cases}\tag{2.3.4}$$

各态遍历性是随机过程的另一个重要概念。对于平稳随机过程，以上讨论的均

值 μ_x 和自相关函数 $R_x(\tau)$ 都是 $x(t)$ 各样本的“集合平均值”或“总体平均值”。因为是对多个相似的随机信号求平均，这些信号是由统计意义下相同的信号源在相同的时间上生成的。但是，对于单个样本，它在不同时刻的取值也是随机变量。从很长一段时间来看，它也具有某种统计性质，表现为各种“时间平均值”。主要包括以下特征：

时间均值：$\overline{x} \triangleq \lim\limits_{T\to\infty}\dfrac{1}{2T}\int_{-\infty}^{\infty}x_i(t)\mathrm{d}t$，其中 $x_i(t)$ 是 $x(t)$ 的一个样本。

时间自相关函数：$\overline{x(t)x(t+\tau)} \triangleq \lim\limits_{T\to\infty}\dfrac{1}{2T}\int_{-\infty}^{\infty}x_i(t)x_i(t+\tau)\mathrm{d}t$。

如果平稳随机过程 $x(t)$ 的各集合平均值等于相对应的时间平均值，即

$$\begin{cases}\overline{x} = \mu_x \\ \overline{x(t)x(t+\tau)} = R_x(\tau)\end{cases} \tag{2.3.5}$$

则称 $x(t)$ 是各态遍历的平稳随机过程。本书仅限于讨论这一类随机过程。

对于各态遍历的平稳随机过程，如果考虑无限长的时间间隔，利用单个样本函数 $x(t)$ 的时间平均可以求得与集合平均相同的统计信息。也就是说，各态遍历过程的两个基本数字特征可以只根据一个无限长的样本进行统计，其均值和自相关函数的计算公式为

$$\begin{cases}\mu_x = \lim\limits_{T\to\infty}\dfrac{1}{2T}\int_{-\infty}^{\infty}x(t)\mathrm{d}t \\ R_x(\tau) = \lim\limits_{T\to\infty}\dfrac{1}{2T}\int_{-\infty}^{\infty}x(t)x(t+\tau)\mathrm{d}t\end{cases} \tag{2.3.6}$$

实际上，只能使 T 取尽可能大的有限值。假设 $T = NT_0$，$\tau = lT_0$，其中 T_0 为采样时间，则

$$\begin{cases}\mu_x \cong \dfrac{1}{N}\sum\limits_{k=1}^{N}x(k) \\ R_x(\tau) \triangleq R_x(l) \cong \dfrac{1}{N-l}\sum\limits_{k=1}^{N-l}x(k)x(k+l)\end{cases} \tag{2.3.7}$$

以上讨论了一个随机过程单独存在的情况。如果同时存在两个互相关联的随机过程 $x(t)$ 和 $y(t)$，比如一个出现在系统输入，另一个出现在系统输出，则可用互相关函数和互协方差函数描述它们之间的关系。

互相关函数：

$$R_{xy}(\tau) \triangleq E\{x(t)y(t+\tau)\} \tag{2.3.8}$$

互协方差函数：

$$\begin{aligned}C_{xy}(\tau) &\triangleq \mathrm{Cov}\{x(t)y(t+\tau)\} \\ &\triangleq E\{[x(t)-\mu_x][y(t+\tau)-\mu_y]\} \\ &= R_{xy}(\tau)-\mu_x\mu_y\end{aligned} \tag{2.3.9}$$

若对于任意 τ 值，均存在 $C_{xy}(\tau) = 0$，则称 $x(t)$ 和 $y(t)$ 互不相关。

2.4 白噪声信号

白噪声是一类非常重要的随机信号，它的基本概念及其产生方法与系统辨识密切相关[9]。辨识所用的数据通常含有噪声，如果这种噪声相关性较弱或强度很小，则可以近似地将其视为白噪声。

2.4.1 白噪声过程

白噪声过程是一种最简单的随机过程。严格地说，它是一种均值为零、功率谱密度为非零常数的平稳随机过程，或者说它是由一系列不相关的随机变量组成的一种理想化的随机过程[10]。

白噪声过程没有“记忆性”，也就是说 t 时刻的数值与 t 时刻以前的过去值无关，也不影响 t 时刻以后的将来值。

白噪声过程定义：如果随机过程 $\omega(t)$ 的均值为 0，自相关函数为

$$R_{\omega}(t)=\sigma^2\delta(t) \tag{2.4.1}$$

式中：$\delta(t)$ 为狄拉克 δ 分布函数，表达式为

$$\delta(t)=\begin{cases}\infty, & t=0\\ 0, & t\neq 0\end{cases} \tag{2.4.2}$$

且

$$\int_{-\infty}^{\infty}\delta(t)\mathrm{d}t=1 \tag{2.4.3}$$

则称该过程为白噪声过程，图 2-3（a）给出了白噪声过程的自相关函数。

由于 $\delta(t)$ 的傅里叶变换为 1，可知白噪声过程 $\omega(t)$ 的平均功率谱密度为常数，即

$$S_{\omega}(\omega)=\sigma^2,\quad -\infty<\omega<\infty \tag{2.4.4}$$

式（2.4.4）表明，白噪声过程的功率在 $-\infty<\omega<\infty$ 的全频段内均匀分布，谱密度如图 2-3（b）所示。严格符合上述定义的白噪声过程，其方差和总功率为无穷大，而且该过程在时间上互不相关。

理想白噪声具有无限带宽，因而其功率无限大，这在现实世界中是不可能存在的。因此，理想白噪声只是一种理论上的抽象，在物理上不可能实现。在实际应用中，常常将具有平均功率接近均匀分布的有限带宽信号近似认为是白噪声，即一个噪声过程所具有的频谱宽度远远大于它所作用系统的带宽，并且在该带宽中其频谱密度可以近似为常数。例如，热噪声在很宽的频率范围内具有均匀功率谱密度，通常可以认为其是白噪声。另外，如果白噪声的幅度分布服从高斯分布，则称为高斯白噪声。此外，白噪声还有近似白噪声、低通白噪声和向量白噪声等形式。

近似白噪声：$R_{\omega}(t)$ 从 $t=0$ 时的有限值 δ^2 迅速下降，到 $|t|>t_0$ 以后近似为 0，且 t_0

远小于有关过程的时间常数，如图 2-3(c)所示。

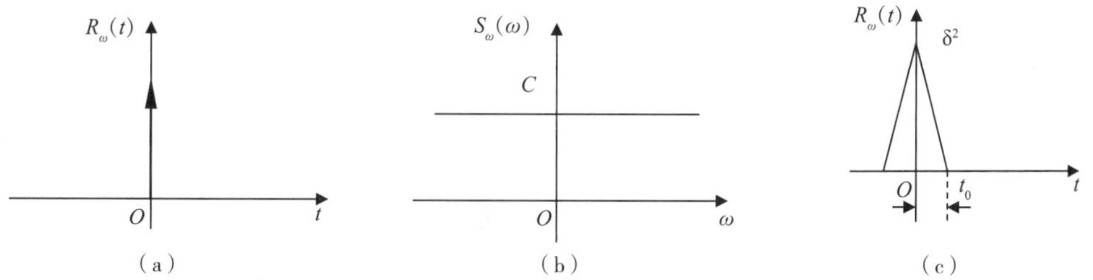

图 2-3　白噪声信号

(a)白噪声过程的自相关函数；(b)白噪声过程的谱密度；(c)近似白噪声过程

低通白噪声：在频域中的有关过程的有用频带内，$\omega(t)$ 的平均功率接近于均匀分布。例如，图 2-4(a)所示过程的表达式为

$$S_\omega(\omega)=\begin{cases}\sigma^2, & |\omega|\leqslant\omega_0\\ 0, & |\omega|>\omega_0\end{cases}\tag{2.4.5}$$

式中：ω_0 为某一给定的频率，它远大于有关过程的截止频率。

低通白噪声的自相关函数为

$$\begin{aligned}R_\omega(t)&=\frac{1}{2\pi}\int_{-\infty}^{+\infty}S_\omega(\omega)\cos\omega t\mathrm{d}\omega\\&=\frac{1}{2\pi}\int_{-\omega_0}^{+\omega_0}\sigma^2\cos\omega t\mathrm{d}\omega\\&=\frac{\sigma^2\omega_0}{\pi}\frac{\sin\omega_0 t}{\omega_0 t}\end{aligned}\tag{2.4.6}$$

图 2-4(b)给出了相应的低通白噪声自相关函数曲线。

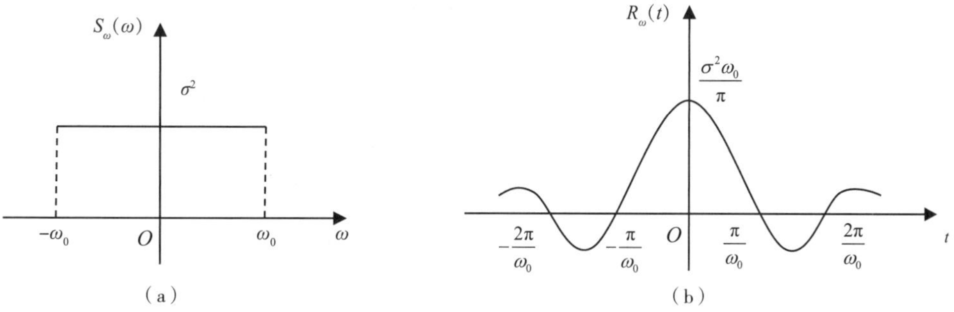

图 2-4　低通白噪声过程

(a)平均功率谱密度；(b)自相关函数

向量白噪声：如果一个 n 维向量随机过程 $\boldsymbol{w}(t)$ 满足

$$\begin{cases}E\{\boldsymbol{w}(t)\}=0\\ \mathrm{Cov}\{\boldsymbol{w}(t),\boldsymbol{w}(t+\tau)\}=E\{\boldsymbol{w}(t)\boldsymbol{w}^{\mathrm{T}}(t+\tau)\}=\boldsymbol{Q}\delta(\tau)\end{cases}\tag{2.4.7}$$

式中：$\boldsymbol{Q}$ 是正定常数矩阵；$\delta(\tau)$ 是 δ 分布函数。

则 $w(t)$ 表示向量白噪声过程。

2.4.2 有色噪声

白噪声的命名源自"白色光"。由各种频率(颜色)的单色光混合而成的白色光具有功率均匀分布的性质,因而被称为"白色"。借用这一概念,将同样具有该性质的噪声称为"白噪声",相对地,将不具有这一性质的噪声称为有色噪声。实际系统数据所包含的噪声往往是有色噪声。所谓有色噪声,是指噪声序列中每一时刻的噪声和另一时刻的噪声是相关的。对含有有色噪声的数据,需要采用新的辨识方法才能得到满意的辨识结果[11]。

在特定情况下,有色噪声总可以利用白噪声来描述,这称为有色噪声的表示定理。具体内容:设平稳噪声序列 $\{e(k)\}$ 具有有理谱密度 $S_e(\omega)$,那么必定有一个渐近稳定的线性环节,使得如果环节的输入是白噪声序列,则环节的输出是谱密度为 $S_e(\omega)$ 的平稳噪声序列 $\{e(k)\}$。有色噪声序列可以由白噪声序列驱动的线性环节输出近似得到,这个线性环节称为成型滤波器。白噪声与有色噪声之间的关系如图 2-5 所示。

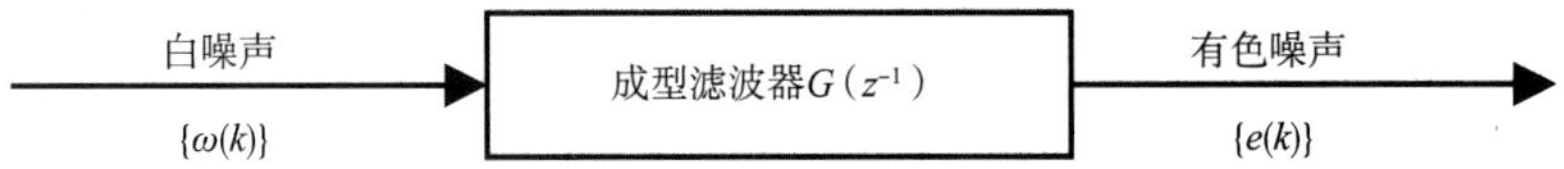

图 2-5 成型滤波器

在图 2-5 中,$\{\omega(k)\}$ 是均值为 0 的白噪声序列,$\{e(k)\}$ 是有色噪声序列。可以证明,如果 $\{e(k)\}$ 的谱密度是 $\cos\omega$ 的有理函数,那么必定存在一个成型滤波器,它的脉冲传递函数可以写成

$$G(z^{-1})=\frac{B(z^{-1})}{A(z^{-1})} \tag{2.4.8}$$

式中

$$\begin{cases}A(z^{-1})=1+a_1z^{-1}+\cdots+a_{n_a}z^{-n_a}\\B(z^{-1})=1+b_1z^{-1}+\cdots+b_{n_b}z^{-n_b}\end{cases} \tag{2.4.9}$$

在实际工程中,有色噪声可视为具有有理谱密度的平稳随机过程。

2.4.3 白噪声序列的产生方法

白噪声序列是白噪声过程的一种离散形式。根据傅里叶变换,白噪声序列 $\{\omega(k)\}$ 的谱密度为常数 σ^2,即

$$S_\omega(\omega)=\sum_{l=-\infty}^{\infty}R_\omega(l)\mathrm{e}^{-\mathrm{j}\omega l}=\sigma^2 \tag{2.4.10}$$

式中:$R_\omega(l)$ 为两两不相关的随机序列 $\{\omega(k)\}$ 的自相关函数,形式为

$$R_\omega(l)=\sigma^2\delta_l,\quad l=0,\pm1,\pm2,\cdots \tag{2.4.11}$$

式中：δ_l 为克罗内克函数，即

$$\delta_l=\begin{cases}1, & l=0\\ 0, & l\neq 0\end{cases} \tag{2.4.12}$$

则称这种随机序列 $\{\omega(k)\}$ 为白噪声序列。

如何在计算机上产生统计学上比较理想的各种不同分布的白噪声序列是系统辨识仿真研究中的一个重要问题。为了简单起见，通常把各种不同分布的白噪声序列称为随机数。下面介绍一些最常用的随机数生成方法的基本原理。

（1）（0，1）均匀分布随机数的产生

（0，1）均匀分布的随机数是最简单、最基本的一种连续随机数，它可以产生其他任意分布的随机数。利用数学方法产生是最简单、最方便的方法，本质是递推运算，即

$$\xi_{i+1}=f(\xi_i,\xi_{i-1},\cdots,\xi_1) \tag{2.4.13}$$

每一个（0，1）均匀分布的随机数总是前面各时刻随机数的函数。由于计算机的字长有限，无论函数 f 采取何种形式，都不可能产生真正的（0，1）均匀分布随机数。通常将用数学方法产生的（0，1）均匀分布随机数称为伪随机数，也称作伪随机序列。根据式（2.4.13）选择适当的函数形式 f，可以生成（0，1）均匀分布伪随机序列，常用方法包括乘同余法和混合同余法。

Ⅰ. 乘同余法

乘同余法产生（0，1）均匀分布伪随机序列共分为两步。首先，利用递推同余式产生正整数序列 $\{x_i\}$，即

$$x_i=Ax_{i-1}(\bmod M),\quad i=1,2,\cdots \tag{2.4.14}$$

式中：$M=2^k$，k 为大于等于 2 的整数；初值 x_0 也称为种子，一般取整奇数，如取 $x_0=1$；$A\equiv3(\bmod 8)$ 或 $A\equiv5(\bmod 8)$，且 A 不能太小。

其次，令

$$\xi_i=\frac{x_i}{M},\quad i=1,2,\cdots \tag{2.4.15}$$

则 $\{\xi_i\}$ 即为（0，1）均匀分布的伪随机序列，循环周期为 2^{k-2}。

Ⅱ. 混合同余法

混合同余法又称线性同余法，可以分两步实现。首先，递推同余式为

$$x_i=(Ax_{i-1}+C)(\bmod M),\quad i=1,2,\cdots \tag{2.4.16}$$

式中：A 和 M 为整数，一般情况下 $A=2^n+1(2\leqslant n\leqslant 34)$，$n$ 越大，伪随机序列的相关系数就越小，但 n 过大时占用计算机的时间也会增加，因此需要合理选取；$M=2^k$，k 是整数且 $k>2$；C 为正整数；初值 x_0 为非负整数。

其次，与乘同余法相同，令

$$\xi_i=\frac{x_i}{M},\quad i=1,2,\cdots \tag{2.4.17}$$

则 $\{\xi_i\}$ 即为（0，1）均匀分布的伪随机序列，循环周期为 2^k。可见乘同余法在一

定条件下是混合同余法的一个特例，两者的区别仅在于递推同余式函数形式不同。

（2）正态分布随机数的产生

正态分布随机数也是最常见的一种随机数，因为根据概率论中的大数定律，当样本数据足够大时，许多其他分布的随机序列可以近似看作正态分布随机序列。中心极限定理表明：n 个相互独立、同分布且存在均值与方差的随机变量，其和服从渐进正态分布。因此，利用（0，1）均匀分布的随机数可以产生包括正态分布随机数在内的其他任意分布的随机数。常用的方法有统计近似抽样法和变换抽样法。

Ⅰ. 统计近似抽样法

设 $\{\xi_i\}$ 是（0，1）均匀分布的伪随机序列，则其均值和方差分别为

$$\mu_\xi = E\{\xi_i\} = \int_0^1 \xi_i p(\xi_i)\mathrm{d}\xi_i = \frac{1}{2} \tag{2.4.18}$$

$$\sigma_\xi^2 = \mathrm{Var}\{\xi_i\} = \int_0^1 (\xi_i - \mu_\xi)^2 p(\xi_i)\mathrm{d}\xi_i = \frac{1}{12} \tag{2.4.19}$$

根据中心极限定理，当 $n \to \infty$ 时，有

$$x = \frac{\sum_{i=1}^{n}\xi_i - n\mu_\xi}{\sqrt{n\sigma_\xi^2}} = \frac{\sum_{i=1}^{n}\xi_i - \frac{n}{2}}{\sqrt{n/12}} \sim N(0,1) \tag{2.4.20}$$

如果 $\eta \sim N(\mu_\eta, \sigma_\eta^2)$ 是要产生的正态分布随机变量，则首先经标准化处理，即

$$\frac{\eta - \mu_\eta}{\sqrt{\sigma_\eta^2}} \sim N(0,1) \tag{2.4.21}$$

比较式（2.4.20）和式（2.4.21），有

$$\frac{\eta - \mu_\eta}{\sqrt{\sigma_\eta^2}} = \frac{\sum_{i=1}^{n}\xi_i - \frac{n}{2}}{\sqrt{\frac{n}{12}}} \tag{2.4.22}$$

因此

$$\eta = \mu_\eta + \sigma_\eta \frac{\sum_{i=1}^{n}\xi_i - \frac{n}{2}}{\sqrt{\frac{n}{12}}} \tag{2.4.23}$$

n 在实际应用中的具体取值可以根据统计检验使 η 的统计性质满足要求确定。实验表明，$n=12$ 时，η 的统计性质较为理想，式（2.4.23）可简化为

$$\eta = \mu_\eta + \sigma_\eta\left(\sum_{i=1}^{12}\xi_i - 6\right) \tag{2.4.24}$$

当 η 服从 $N(0,1)$ 正态分布时，则

$$\eta = \sum_{i=1}^{12}\xi_i - 6 \tag{2.4.25}$$

Ⅱ. 变换抽样法

变换抽样法的基本思想是将一个复杂分布的抽样变换为已知的简单分布抽样。

抽样步骤如下：首先，根据简单分布密度函数进行抽样；然后，通过变换得到满足要求密度分布函数的抽样值。对于 ξ_1 和 ξ_2 为两个互为独立的（0，1）均匀分布随机变量这种特殊情况，则变换方式为

$$\begin{cases} \eta_1 = (-2\log\xi_1)^{\frac{1}{2}}\cos 2\pi\xi_2 \\ \eta_2 = (-2\log\xi_1)^{\frac{1}{2}}\sin 2\pi\xi_2 \end{cases} \tag{2.4.26}$$

式中：η_1 和 η_2 是相互独立、服从 $N(0,1)$ 正态分布的随机变量。

2.4.4　仿真实例

【**例 2.1**】利用乘同余法，选 $A=5^{17}$，$M=2^{42}$，递推 100 次，产生（0，1）均匀分布的伪随机序列。采用 MATLAB 仿真语言编程，仿真程序见 chap2_1.m，程序运行结果如图 2-6 所示。

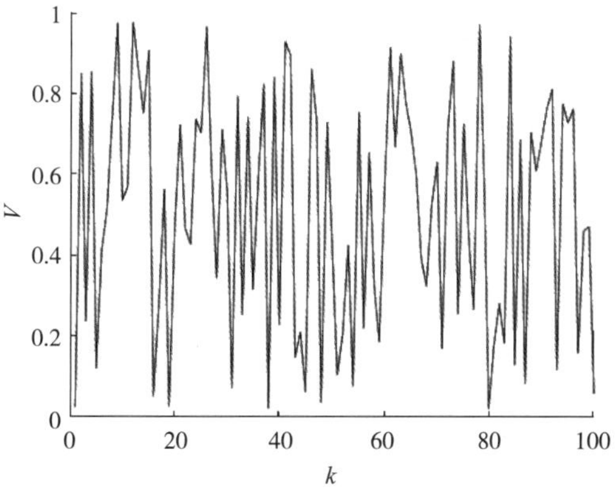

图 2-6　（0，1）均匀分布的伪随机序列

产生的（0，1）均匀分布的伪随机序列如下：

0.024 1	0.849 6	0.236 5	0.853 9	0.120 2	0.411 5	0.511 8	0.742 6
0.973 8	0.534 5	0.568 5	0.975 0	0.858 5	0.751 3	0.906 4	0.051 1
0.274 5	0.561 9	0.025 5	0.471 1	0.721 8	0.466 2	0.425 9	0.734 7
0.700 3	0.964 2	0.607 5	0.342 2	0.710 1	0.556 0	0.070 4	0.793 3
0.251 1	0.741 6	0.314 6	0.588 3	0.823 4	0.020 9	0.840 0	0.226 9
0.926 9	0.893 9	0.146 6	0.209 4	0.061 6	0.860 7	0.734 5	0.035 5
0.727 7	0.421 3	0.103 6	0.205 4	0.424 9	0.075 6	0.754 0	0.219 1
0.653 4	0.323 6	0.185 7	0.576 5	0.913 2	0.665 4	0.898 6	0.777 7
0.704 2	0.601 0	0.392 7	0.322 6	0.526 5	0.630 2	0.168 1	0.711 3
0.880 0	0.253 3	0.724 7	0.443 7	0.264 8	0.970 1	0.562 6	0.019 9
0.180 8	0.280 6	0.181 8	0.939 8	0.128 1	0.684 9	0.082 2	0.703 5
0.606 6	0.683 0	0.763 8	0.810 9	0.116 3	0.774 8	0.726 7	0.762 1

0.157 3　0.460 3　0.470 8　0.057 0

仿真程序(chap2_1.m):

```
clear;
close all;
A=5.^17;N=100;x0=1;M=2.^42; % 初始化
for k=1:N % 乘同余法递推 100 次开始
   x2=A*x0;
   x1=mod(x2,M); % 将 x2 存储器的数除以 M,取余数放入 x1
   v1=x1/M; % 将 x1 存储器的数除以 M 得到随机数
   v(:,k)=v1; % 将 v1 中的数放在矩阵 v 中的第 k 列
   x0=x1;
end % 递推 100 次结束
v2=v; % 将矩阵 v 中的随机数存放在 v2 中
% 绘图
k1=k;
k=1:k1;
plot(k,v,k,v,'r');
xlabel('k'),ylabel('v');
```

2.5　伪随机序列

2.5.1　伪随机序列与 M 序列

各种不同分布的白噪声序列统称为随机序列。在实验室中,对设备或系统性能进行测试等情况下通常会采用随机序列。然而,真正的随机数是由物理现象自然产生的,难以重复产生和处理。因此,在实际应用中,通常用某些数学公式产生的伪随机序列代替随机序列。

伪随机序列(pseudorandom sequences)是使用特定的方法,比如通过对某个数学公式的计算,生成一个数字序列,并且让这个数字序列在各方面近似一个真正的随机序列。伪随机序列是自相关函数和功率谱密度在一定条件下接近于白噪声的确定性、周期性的序列。

伪随机序列理论已广泛应用于通信、雷达、导航、声学、光学测量、数字跟踪系统、网络系统故障诊断等许多技术领域。系统辨识领域也普遍应用伪随机序列。2.4.3 节已经介绍了(0, 1)均匀分布和正态分布伪随机序列的产生方法。下面介绍系统辨识常用的一种伪随机序列,即 M 序列的产生方法及性质。

M 序列是一种很好的辨识输入信号，它具有近似白噪声的性质，不仅可以保证有较好的辨识效果，保留了白噪声的优点，而且计算工作量比较小，工程上又易于实现，所以它是在线辨识常用的输入信号。

2.5.2　M 序列的产生方法

M 序列即二位式最大长度线性反馈移位寄存器序列，是伪随机二位式信号（Pseudo Random Binary Signals, PRBS）最简单的一种形式，所谓“二位式”是指每个随机变量只有 2 种状态。利用多级线性反馈移位寄存器可以产生 M 序列，每级移位寄存器由具有移位功能的双稳态触发器和门电路组成，用 0 和 1 表示两种状态。

移位寄存器的工作原理：当移位脉冲来到时，每位的内容（0 或 1）移到下一位，最后一位移出的内容即为输出。为了保持连续工作，将最后 2 级寄存器的内容经过适当的逻辑运算后反馈到第 1 级寄存器作为输入。

设有一个无限长的二位式序列 $x_1, x_2, x_3, \cdots, x_n, x_{n+1}, x_{n+2}, \cdots$，各元素之间存在下列关系

$$x_i = \sum_{j=1}^{n} \oplus a_j x_{i-j} \tag{2.5.1}$$

式中：$i = n+1, n+2, \cdots$；$a_1, a_2, \cdots a_{n-1} \in \{1, 0\}$，$a_n = 1$；$\oplus$ 为异或运算符。

下面以 4 级线性反馈移位寄存器（图 2-7）为例，介绍产生 PRBS 的过程。

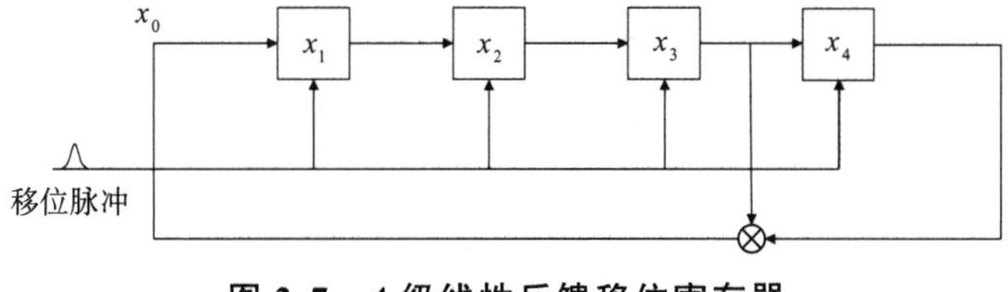

图 2-7　4 级线性反馈移位寄存器

4 级线性反馈移位寄存器可以产生周期为 15 的伪随机序列。一个移位脉冲来到后，第 1 级寄存器的内容（0 或 1）送到第 2 级寄存器，第 2 级寄存器的内容送到第 3 级寄存器，第 3 级寄存器的内容送到第 4 级寄存器，而第 3 级和第 4 级寄存器的内容做“模 2 加”运算（又称为半加或按位加）并将结果反馈到第 1 级寄存器。产生伪随机序列时，要求寄存器的起始状态不全为 0，否则会导致各级寄存器的输出永远是 0。如果寄存器的初始内容都是 1，4 级寄存器的内容一个周期的变化规律为

1111（初态）→ 0111 → 0011 → 0001 → 1000 → 0100 → 0010 → 1001 →
1100 → 0110 → 1011 → 0101 → 1010 → 1101 → 1110（→ 1111）

一个周期结束后产生了 15 种不同的状态。任意一级寄存器的输出都可以作为伪随机序列。如果取第 4 级寄存器的输出作为伪随机序列，则这个周期为 15 的伪随机序列为 111100010011010。

如果一个多级移位寄存器的输出序列周期达到最大,这个序列称为最大长度二位式序列或 M 序列。对于 n 级移位寄存器,只要适当的选择反馈逻辑(即本原多项式),就能产生最大长度为 2^n-1 的二位式周期序列,即 M 序列(表 2-1)。

表 2-1　产生 M 序列的本原多项式

移位寄存器级数	序列周期	反馈到第一级的各级输出模 2 加
2	3	1 ⊕ 2
3	7	1 ⊕ 3,2 ⊕ 3
4	15	1 ⊕ 4,3 ⊕ 4
5	31	2 ⊕ 5,3 ⊕ 5
6	63	1 ⊕ 6,5 ⊕ 6
7	127	1 ⊕ 7,3 ⊕ 7,4 ⊕ 7,6 ⊕ 7
8	255	1 ⊕ 2 ⊕ 7 ⊕ 8
9	511	4 ⊕ 9,5 ⊕ 9
10	1 023	3 ⊕ 10,7 ⊕ 10
11	2 047	9 ⊕ 11

2.5.3　M 序列的性质

(1)基本性质

1)周期为 $N=2^n-1$ 的 M 序列,在一个周期内,0 出现的次数为 $(N-1)/2$,1 出现的次数为 $(N+1)/2$。当循环周期足够大时,0 和 1 出现的概率几乎相等。

2)M 序列中状态 0 或 1 连续出现的段称为游程,一个游程中 0 或 1 的个数称为游程长度。M 序列的游程总数为 2^{n-1},其中 0 的游程和 1 的游程各占一半,长度为 i $(1\leqslant i\leqslant n-2)$ 的游程有 2^{n-i-1} 个,长度为 $n-1$ 和 n 的游程都只有 1 个。

3)所有 M 序列均具有移位可加性,即 2 个彼此移位等价的相异 M 序列,按位进行模 2 加运算所得到的和序列仍为 M 序列,并与原 M 序列等价。

(2)自相关函数特性

M 序列 $\{x_i\}$ 的自相关函数为

$$R_{xx}(\tau)=\begin{cases} a^2(1-\dfrac{N+1}{N}\dfrac{|\tau|}{\varDelta}), & -\varDelta\leqslant\tau\leqslant\varDelta \\ -\dfrac{a^2}{N}, & \varDelta<\tau\leqslant(N-1)\varDelta \end{cases} \tag{2.5.2}$$

式中:$\varDelta$ 为单位脉宽。

M 序列的自相关函数是一个周期性三角波(图 2-8)。当 $N\to\infty$ 时,M 序列与离散白噪声具有相同的性质。

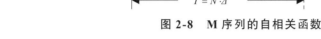

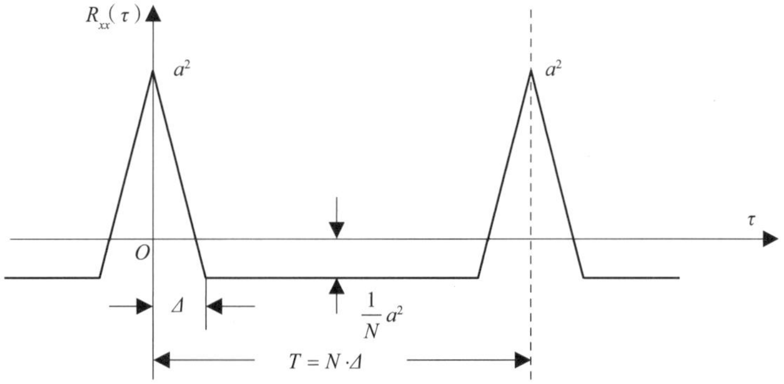

图 2-8　M 序列的自相关函数

M 序列自相关函数具有如下特点：

1）M 序列的自相关函数为周期函数，周期为 $T=N\times\Delta$；

2）M 序列的长度 N 越大，其自相关特性越接近白噪声的自相关特性，因此需要选择合适的 Δ 和 $N=2^n-1$。

3）M 序列的有效频带为 $f=1/(N\times\Delta)$ 到 $1/3\Delta$。

（3）M 序列的功率谱密度

利用功率谱与 M 序列自相关函数的关系，计算信号功率谱密度，即

$$S_{xx}(\omega)=\int_{-\infty}^{\infty}R_{xx}(\tau)\mathrm{e}^{-\mathrm{j}\omega\tau}\mathrm{d}\tau \tag{2.5.3}$$

式（2.5.3）称为维纳-辛钦（Wiener-Khinchine）公式，即信号的功率谱是自相关函数的傅里叶变换。由该式可得连续型 M 序列信号的功率谱密度为

$$S_{xx}(\omega)=\frac{2\pi a^2}{N^2}\delta(\omega)+\frac{2\pi a^2(N+1)}{N^2}\sum_{\substack{k=-\infty\\k\neq0}}^{\infty}\left(\frac{\sin\frac{\omega\Delta}{2}}{\frac{\omega\Delta}{2}}\right)^2\delta(\omega-k\omega_0) \tag{2.5.4}$$

式中：$\delta(\omega)$ 为狄拉克 δ 分布函数；$\omega_0=\dfrac{2\pi}{T}=\dfrac{2\pi}{N\Delta}$ 为基频，$\omega=n\omega_0$。

根据式（2.5.4），绘制 M 序列在 $\omega\geqslant0$ 部分的功率谱密度，如图 2-9 所示。$S_{xx}(\omega)$ 最大值下降 3 dB 处的点满足 $\omega\approx\dfrac{2\pi}{3\Delta}$，若被辨识系统工作频带位于 $0\sim\dfrac{2\pi}{3\Delta}$ 范围内，可将 M 序列近似作为理想周期白噪声。

M 序列的自相关性较好，具有伪随机（噪声）性，容易产生和复制。以 M 序列作为输入信号，基于系统的输出观测值，用相关分析法等方法进行系统辨识，可以获得动态系统的参数模型。

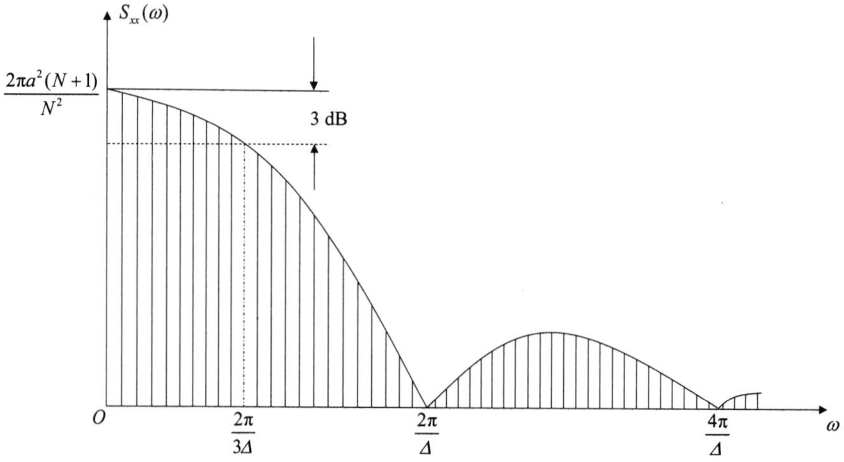

图 2-9　M 序列的功率谱密度

2.5.4　仿真实例

【例 2.2】通过 4 级移位寄存器实现 M 序列，选择 M 序列参数如下：a=0.5 V，Δ=0.6 s，设初始时刻 4 级位寄存器的值为 0110，利用 MATLAB 仿真程序实现该 M 序列，仿真程序见 chap2_2.m，程序运行结果如图 2-10 所示。

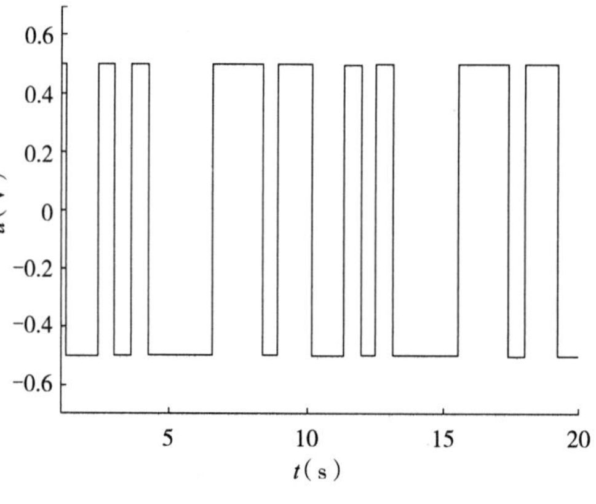

图 2-10　4 级 M 序列实现

仿真程序(chap2_2.m)：

```
clear;
close all;
n=4;
N=2^n-1;
a=0.5;
delta=0.6;
```

```
A1=0;A2=1;A3=1;A4=0;   %设置初始值
for i=1:3*N
  X1=xor(A3,A4);  %对第三级和第四级移位寄存器输出进行模 2 加运算
  X2=A1;
  X3=A2;
  X4=A3;
  OUT(i)= A4;      %移位寄存器最后一级输出
  t(i)=delta*i;
  if OUT(i)>0.5
    u(i)=-a;     %确定电平幅值
  else u(i)=a;
  end
  A1=X1;A2=X2;A3=X3;A4=X4;
end
figure(1);          %绘制 M 序列曲线
stairs(t,u,'black')
xlabel('t(s)'); ylabel('u(V)')
axis([1 20 -0.7 0.7]);
```


习题

2.1　简述平稳随机过程的数字特征。

2.2　什么是白噪声？它具有什么特点？

2.3　什么是有色噪声？如何利用白噪声生成有色噪声？

2.4　什么是伪随机序列？将伪随机序列作为系统辨识输入信号有何优缺点？

2.5　分别利用乘同余法和混合同余法产生 20 个服从(0，1)均匀分布的随机数。

2.6　利用 MATLAB 仿真程序产生一组正态分布的白噪声序列，它的均值和方差以及长度可以随意调整。

2.7　简述 M 序列的生成原理及性质。

2.8　判断 111100010110110 是否为一个正确的 M 序列，并说明原因。

2.9　设有一个 4 级移位寄存器，反馈取自第 2 级和第 4 级输出的模 2 加运算结果。试说明：

1)其输出序列是什么？

2)该序列是否为 M 序列？

3)如何得到其 M 序列？其 M 序列是什么？

2.10 利用 MATLAB 仿真程序设计一个周期为 $N=2^8-1$ 的 M 序列并求出其自相关函数。

参考文献

[1] 庞中华. 系统辨识与自适应控制 MATLAB 仿真(修订版)[M]. 北京：北京航空航天出版社，2013.

[2] 萧德云. 系统辨识理论及应用[M]. 北京：清华大学出版社，2014.

[3] KROLIKOWSKI A，EYKHOFF P. Input signal design for system identification：a comparative analysis[J]. IFAC Proceedings Volumes，1985，18(5)：915-920.

[4] 刘金琨. 系统辨识理论及 MATLAB 仿真[M]. 2 版. 北京：电子工业出版社，2020.

[5] 李言俊，张科. 系统辨识理论及应用[M]. 北京：国防工业出版社，2003.

[6] ISERMANN R，MÜNCHHOF M. Identification of dynamic systems：an introduction with applications [M]. Heidelberg：Springer，2011.

[7] ISERMANN R，MÜNCHHOF M. 动态系统辨识：导论与应用[M]. 北京：机械工业出版社，2016.

[8] 方崇智，萧德云. 过程辨识[M]. 北京：清华大学出版社，1988.

[9] 刘峰. 系统辨识与建模[M]. 武汉：中国地质大学出版社，2019.

[10] 刘党辉，蔡远文，苏永芝，等. 系统辨识方法及应用[M]. 北京：国防工业出版社，2010.

[11] 杨承志，孙棣华，张长胜. 系统辨识与自适应控制[M]. 重庆：重庆大学出版社，2003.

Chapter 3

第 3 章
动态系统数学模型

系统辨识是建模的一种方法,通过辨识建立数学模型的目的是估计表征系统行为的重要参数,建立一个能够模拟真实系统行为的模型。系统辨识是根据实验数据对动态系统进行建模的过程。不同的动态系统可以用不同的数学模型进行描述,尽管系统对象千差万别,且具有本质上的复杂性,但研究者通过理论和实验分析,在满足应用和理论需求的原则下,归纳总结出一些典型类型的动态系统数学模型。

本章主要介绍数学模型的类型及形式,包括连续系统数学模型、离散系统数学模型、动态系统近似模型和辨识模型。本章的重点是对数学模型的掌握,这是系统辨识的基础。

3.1 动态系统

动态系统指状态随时间变化的系统。动态系统的状态变量是时间的函数,系统行为可以由其状态变量随时间变化的信息或数据来描述。动态系统的概念描述如图3-1所示。动态系统由输入变量 $u(t)$ 和扰动 $v(t)$ 驱动,输入变量 $u(t)$ 可以控制,但扰动变量 $v(t)$ 不能控制。输出信号 $y(t)$ 提供了关于系统的有用信息。对于动态系统而言,时刻 t 的控制作用将影响时刻 $t'>t$ 的输出。

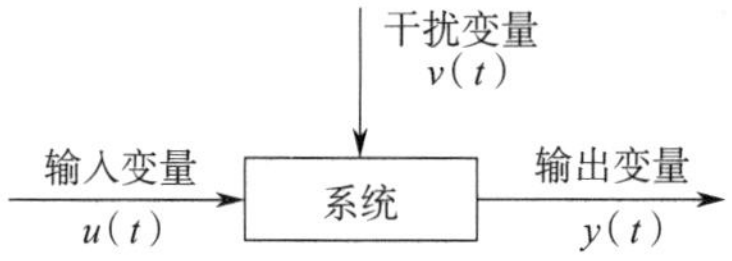

图 3-1　动态系统示意

数学模型是利用数学方程描述的动态系统的过程特性,根据其模型形式可以分为多种类型[1-2]。

(1)静态模型和动态模型

静态模型是描述系统处于平衡状态时各种因素相互作用规律的一种数学模型。动态模型用于描述系统的动态过程和行为,如描述系统从一种状态到另一种状态的转换过程。动态模型能反映系统在运动变化过程中各种因素相互作用的动态特征。与静态模型相比,动态模型能更有效地模拟真实系统。

(2)线性模型和非线性模型

线性模型用于描述线性系统输入输出变量之间的关系,满足叠加原理;而非线性模型用于描述非线性系统,一般不满足叠加原理。

(3)定常模型和时变模型

如果一个模型的参数不随时间变化,则称其为定常模型;如果一个模型的参数随时间的变化而变化,则称其为时变模型。

(4)连续模型和离散模型

用于描述连续系统的数学模型称为连续模型,包括微分方程和传递函数等,用于描述离散系统的数学模型称为离散模型，包括差分方程和脉冲响应函数等。

（5）单输入单输出模型和多输入多输出模型

如果系统具有一个输入变量和一个输出变量，可以用单输入单输出模型描述；如果系统具有多个输入变量和多个输出变量，一般用多输入多输出模型描述，如状态空间模型等。

（6）确定性模型和随机性模型

如果系统状态确定后，其输入响应是唯一确定的，则称为确定性系统，一般用确定性模型描述。如果系统中存在随机因素，如噪声等，系统状态确定后其输入响应是不确定的，则称为随机性系统，一般用随机性模型来描述。

动态系统的数学模型有多种形式，常用的模型有微分方程、差分方程、传递函数和状态空间方程等。这里将详细介绍连续系统和离散系统的典型模型形式，进而分析系统辨识中常用的随机模型。

3.2　连续系统数学模型

3.2.1　微分方程

对于线性时不变连续过程，如果只对系统的输入输出特性感兴趣，可以建立系统的微分方程模型[3-4]，一般形式为

$$
\begin{aligned}
&y^{(n)}(t)+a_{n-1}y^{(n-1)}(t)+\cdots+a_1\dot{y}(t)+a_0y(t)=\\
&b_mu^{(m)}(t)+b_{m-1}u^{(m-1)}(t)+\cdots+b_1\dot{u}(t)+b_0u(t)
\end{aligned}
\tag{3.2.1}
$$

式中：u 和 y 分别是系统的输入变量和输出变量；a_i $(i=0,1,\cdots,n-1)$ 和 b_j $(j=0,1,\cdots,m)$ 是输入变量和输出变量各阶导数的系数。

3.2.2　传递函数

在零初始条件下，即所有参数的初始条件均为零：$y^{(i)}(t)=0$；$u^{(j)}(t)=0$；$i=0,1,\cdots,n$；$j=0,1,\cdots,m$。对式（3.2.1）中的常微分方程进行拉普拉斯变换，可得系统的传递函数为

$$
G(s)=\frac{Y(s)}{U(s)}=\frac{b_0+b_1s+\cdots+b_ms^m}{a_0+a_1s+\cdots+a_ns^n}
\tag{3.2.2}
$$

传递函数是复数形式，其中 s 为拉普拉斯算子，通过取极限 $s\to\mathrm{i}\omega$，可得到系统的频率响应，表达式为

$$G(i\omega)=\lim_{s\to i\omega}G(s)=|G(\mathrm{i}\omega)|\mathrm{e}^{\mathrm{i}\varphi(\omega)} \tag{3.2.3}$$

式中：$|G(\mathrm{i}\omega)|$ 为幅值；$\varphi(\omega)=\angle G(\mathrm{i}\omega)$ 为相位（幅角）。

传递函数表示依赖于系统参数，与输入输出的形式无关。

3.2.3 状态空间模型

对于线性时不变系统，如果既对系统输出感兴趣，又对系统内部状态感兴趣，则需要用状态空间模型描述该系统。对于线性时不变连续过程，其状态空间模型可以表示为

$$\dot{\boldsymbol{x}}(t)=\boldsymbol{A}\boldsymbol{x}(t)+\boldsymbol{b}\boldsymbol{u}(t) \tag{3.2.4}$$

$$\boldsymbol{y}(t)=\boldsymbol{c}\boldsymbol{x}(t)+\boldsymbol{d}\boldsymbol{u}(t) \tag{3.2.5}$$

式中：$\boldsymbol{x}(t)\in\mathbb{R}^{n\times1}$ 是状态向量；$\boldsymbol{A}$ 是状态矩阵；$\boldsymbol{b}$ 是输入矩阵；$\boldsymbol{c}$ 是输出矩阵；$\boldsymbol{d}$ 是直接传递矩阵。

方程（3.2.4）称为状态方程，方程（3.2.5）称为输出方程。对于单输入单输出系统，其状态空间描述如图 3-2 所示。

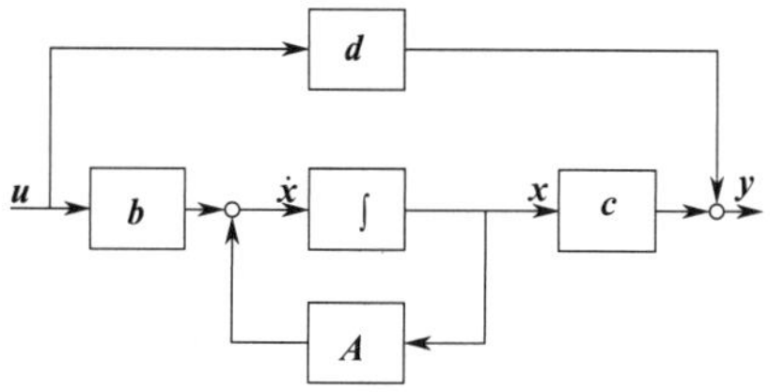

图 3-2　单输入单输出系统的状态空间描述

假设初始时刻状态为 $\boldsymbol{x}(t_0)$，根据方程（3.2.4）和（3.2.5），系统在 t 时刻的状态 $\boldsymbol{x}(t)$ 表示为

$$\boldsymbol{x}(t)=\boldsymbol{\Phi}(t-t_0)\boldsymbol{x}(t_0)+\int_{t_0}^{t}\boldsymbol{\Phi}(t-\tau)\boldsymbol{b}\boldsymbol{u}(\tau)\mathrm{d}\tau \tag{3.2.6}$$

式中：$\boldsymbol{\Phi}$ 为转移矩阵[5]，可以表示成矩阵指数形式

$$\boldsymbol{\Phi}(t)=\mathrm{e}^{\boldsymbol{A}t}=\lim_{n\to\infty}\left(\boldsymbol{I}+\boldsymbol{A}t+\boldsymbol{A}^2\frac{t^2}{2!}+\cdots+\boldsymbol{A}^n\frac{t^n}{n!}\right) \tag{3.2.7}$$

系统的输出可以利用转移矩阵进行计算，表达式为

$$\boldsymbol{y}(t)=\boldsymbol{c}\boldsymbol{\Phi}(t-t_0)\boldsymbol{x}(t_0)+\boldsymbol{c}\int_{t_0}^{t}\boldsymbol{\Phi}(t-\tau)\boldsymbol{b}\boldsymbol{u}(\tau)\mathrm{d}\tau+\boldsymbol{d}\boldsymbol{u}(t) \tag{3.2.8}$$

此外，根据图 3-2 中状态空间模型描述，系统的连续时间传递函数可以确定为

$$G(s)=\frac{Y(s)}{U(s)}=\boldsymbol{c}(s\boldsymbol{I}-\boldsymbol{A})^{-1}\boldsymbol{b} \tag{3.2.9}$$

3.3　离散系统数学模型

为了利用计算机进行系统辨识，需要对测量变量进行采样和数字化处理。采样过程可以看作一个是单位脉冲序列 $\delta(t)$ 被输入信号 $e(t)$ 进行幅值调制的过程。其中，$\delta(t)$ 为载波信号，$e(t)$ 为调制信号。$\delta(k)$ 和 $\delta(t)$ 的表达式为

$$\delta(k)=\begin{cases}0,k\neq 0\\1,k=0\end{cases} \tag{3.3.1}$$

$$\delta(t)=\sum_{n=1}^{\infty}\delta(t-nT_0) \tag{3.3.2}$$

式中：T_0 为采样周期。

对于连续信号 $e(t)$，其采样过程如图 3-3 所示。

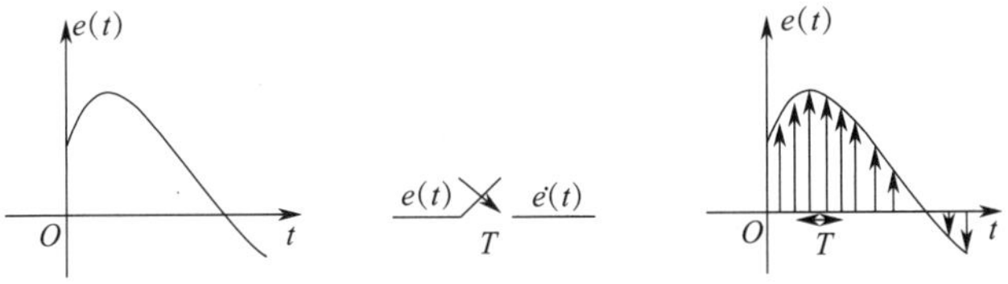

图 3-3　连续信号 $e(t)$ 采样过程

为了从采样信号 $e^*(t)$ 中完全复现原始连续信号 $e(t)$，需要满足香农（Shannon）采样定理，采样频率 ω_s 至少为输入采样开关的连续信号 $e(t)$ 频谱中最高频率 $\omega_{\max}$ 的 2 倍，即：

$$\omega_s\geqslant 2\omega_{\max} \tag{3.3.3}$$

3.3.1　差分方程

如果以较快的采样速率对连续过程系统的输入和输出变量进行采样，就可获得用于描述过程特性的差分方程模型，其一般形式为

$$y(k)+a_1y(k-1)+\cdots+a_ny(k-n)=b_0u(k)+b_1u(k-1)+\cdots+b_mu(k-m) \tag{3.3.4}$$

式中：(k) 表示 (kT_0)，该差分方程的系数不同于微分方程（3.2.1）的系数，这种差分方程是利用有限差分代替连续时间微分对微分方程进行离散化处理的结果[6]。

3.3.2　脉冲响应函数

在 δ 脉冲函数激励下离散系统的输出为

$$y(kT_0)=\sum_{v=0}^{\infty}u(kT_0)g[(k-v)T_0] \tag{3.3.5}$$

式中：$u(kT_0)$ 为系统输入；$y(kT_0)$ 为系统输出；$g[(k-v)T_0]$ 为脉冲响应。

如果输入与输出是同步采样的，则系统输出可以写为

$$y(kT_0)=\sum_{v=0}^{\infty}u(kT_0)g[(k-v)T_0]=\sum_{v=0}^{\infty}u[(k-v)T_0]g(vT_0) \tag{3.3.6}$$

用 δ 脉冲近似的采样输出为

$$y^*(t)=\sum_{k=0}^{\infty}y(kT_0)\delta(t-kT_0) \tag{3.3.7}$$

经拉普拉斯变换，可得

$$Y^*(s)=\sum_{v=0}^{\infty}\sum_{\mu=0}^{\infty}u(\mu T_0)g[(v-\mu)T_0]\mathrm{e}^{-\mu T_0 s} \tag{3.3.8}$$

通过变量代换 $q=v-\mu$，得到

$$Y^*(s)=\sum_{q=0}^{\infty}g(qT_0)\mathrm{e}^{-qT_0 s}\sum_{\mu=0}^{\infty}u(\mu T_0)\mathrm{e}^{-\mu T_0 s}=G^*(s)U^*(s) \tag{3.3.9}$$

其脉冲响应函数为

$$G^*(s)=\frac{Y^*(s)}{U^*(s)}=\sum_{q=0}^{\infty}g(qT_0)\mathrm{e}^{-qT_0 s} \tag{3.3.10}$$

令 $z=\mathrm{e}^{T_0 s}$，$k=q$ 可获得 z 传递函数

$$G(z)=\frac{Y(z)}{U(z)}=\sum_{k=0}^{\infty}g(kT_0)z^{-k}=Z\{g(kT_0)\} \tag{3.3.11}$$

式中：$Z\{\cdots\}$ 表示对脉冲响应求 z 变换。

对于任意给定的系统传递函数 $G(s)$，其 z 传递函数为

$$G(z)=Z\left\{[L^{-1}\{G(s)\}]_{t=kT_0}\right\}=Z\{G(s)\} \tag{3.3.12}$$

式中，$Z\{\cdots\}$ 代表对给定的传递函数求 z 变换[7]。

先确定系统相应的 s 传递函数，然后再确定 z 传递函数，表达式为

$$G(z^{-1})=\frac{Y(z)}{U(z)}=\frac{b_0+b_1z^{-1}+\cdots+b_mz^{-m}}{1+a_1z^{-1}+\cdots+a_nz^{-n}}=\frac{B(z^{-1})}{A(z^{-1})} \tag{3.3.13}$$

在许多情况下，分子多项式和分母多项式的阶次是相同的。如果过程包含迟延 $T_D=dT_0, d=1,2,\cdots$，则相应的 z 传递函数为

$$G(z^{-1})=\frac{B(z^{-1})}{A(z^{-1})}z^{-d} \tag{3.3.14}$$

3.3.3 状态空间模型

离散时间系统的状态空间描述为

$$\boldsymbol{x}(k+1)=\boldsymbol{a}_\mathrm{d}\boldsymbol{x}(k)+\boldsymbol{b}_\mathrm{d}\boldsymbol{u}(k) \tag{3.3.15}$$

$$\boldsymbol{y}(k)=\boldsymbol{c}_\mathrm{d}^\mathrm{T}\boldsymbol{x}(k)+\boldsymbol{d}_\mathrm{d}\boldsymbol{u}(k) \tag{3.3.16}$$

式中：$\boldsymbol{x}(k)\in\mathbb{R}^{n\times 1}$ 是状态向量；$\boldsymbol{a}_\mathrm{d}$ 是状态矩阵；$\boldsymbol{b}_\mathrm{d}$ 是输入矩阵；$\boldsymbol{c}_\mathrm{d}$ 是输出矩阵；$\boldsymbol{d}_\mathrm{d}$ 是直接传递矩阵。

状态向量为

$$\boldsymbol{x}(k)=\left(x_1(k)x_2(k)\cdots x_m(k)\right)^{\mathrm{T}} \tag{3.3.17}$$

离散系统的空间描述如图 3-4 所示。

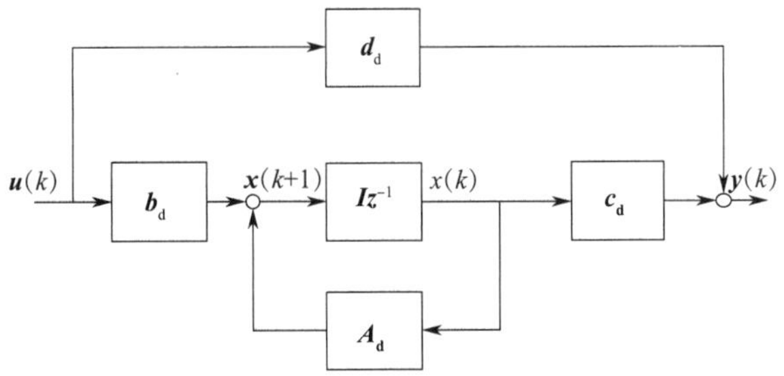

图 3-4　离散系统的状态空间描述

根据离散时间系统的状态空间描述,可得到系统传递函数

$$G(z^{-1})=\frac{Y(z)}{U(z)}=\boldsymbol{c}_{\mathrm{d}}(z\boldsymbol{I}-\boldsymbol{A}_{\mathrm{d}})^{-1}\boldsymbol{b}_{\mathrm{d}} \tag{3.3.18}$$

在任意输入信号作用下,多输入多输出状态空间系统的响应为

$$\boldsymbol{x}(k)=\boldsymbol{A}_{\mathrm{d}}^{k}\boldsymbol{x}(0)+\sum_{v=0}^{k-1}\boldsymbol{A}_{\mathrm{d}}^{k-v-1}\boldsymbol{B}_{\mathrm{d}}\boldsymbol{u}(v) \tag{3.3.19}$$

$$\boldsymbol{y}(k)=\boldsymbol{C}_{\mathrm{d}}\boldsymbol{x}(k)+\boldsymbol{D}_{\mathrm{d}}\boldsymbol{u}(k) \tag{3.3.20}$$

3.4　动态系统近似模型

为了初步了解待辨识系统的动态特性,通常可以考察过程的阶跃响应或脉冲响应。在一般情况下,阶跃响应或脉冲响应容易测取,它们能够给出一些重要系统参数的粗略估计,部分特征参数值可以根据阶跃响应的记录数据直接获得,经过简单的计算确定待定系统的参数,这些特征参数值是一些简单辨识方法的基础[8]。

3.4.1　一阶系统近似

一阶惯性系统可以利用以下传递函数描述:

$$G(s)=\frac{y(s)}{u(s)}=\frac{b_0}{1+a_1 s}=\frac{K}{1+sT} \tag{3.4.1}$$

式中:K 为系统增益;T 为时间常数。

系统的阶跃响应为

$$y(t)=Ku_0(1-\mathrm{e}^{-\frac{t}{T}}) \tag{3.4.2}$$

对于 $u_0=1$ 的单位阶跃输入,系统阶跃响应可以表示为

$$h(t) = K(1 - e^{-\frac{t}{T}}) \tag{3.4.3}$$

由式(3.4.3)可知，阶跃响应完全可以由增益 K 和时间常数 T 描述。在 $t = T$、$3T$ 和 $5T$ 时，阶跃响应分别达到其终值 $y(\infty)$ 的 63%、95%和 99%。利用阶跃响应终值 $y(\infty)$ 与阶跃输入 u_0 的比值，可以很容易确定增益，表达式为

$$K = \frac{y(\infty)}{u_0} \tag{3.4.4}$$

为了获得时间常数 T，可以研究任意时刻的响应变化特性

$$\frac{dy(t)}{dt} = \frac{y(\infty)}{T} e^{-\frac{t}{T}} \tag{3.4.5}$$

如果在阶跃响应的任意时刻 t_1 处作切线，则有

$$\frac{\Delta y(t_1) / y(\infty)}{\Delta t} = \frac{e^{-\frac{t_1}{T}}}{T} \tag{3.4.6}$$

该切线与终值线相交，交点到 t_1 的距离为 T，当 $t_1 = 0$ 时，有

$$\frac{\Delta y(0)}{\Delta t} = \frac{y(\infty)}{T} \tag{3.4.7}$$

如图 3-5 所示，通过原点作阶跃响应曲线的切线，找到切线与终值线的交点，即可以获得时间常数 T。

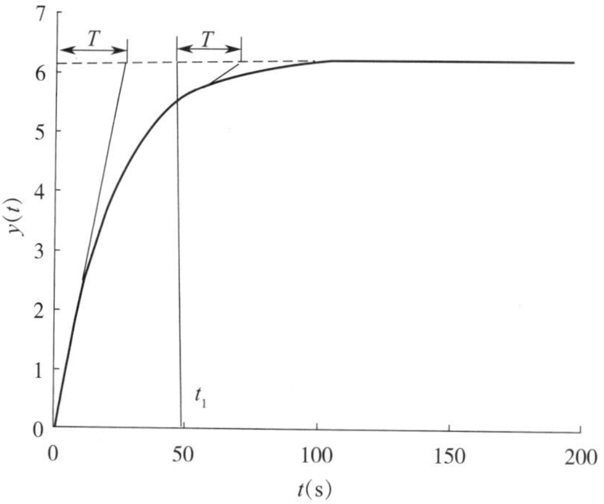

图 3-5　一阶系统阶跃响应的特征参数

3.4.2　二阶系统近似

二阶系统由如下传递函数描述

$$G(s) = \frac{y(s)}{u(s)} = \frac{b_0}{1 + a_1 s + a_2 s^2} = \frac{K}{1 + T_1 s + T_2^2 s^2} = \frac{K}{1 + \frac{2\zeta}{\omega_n} s + \frac{1}{\omega_n^2} s^2} \tag{3.4.8}$$

式中：K 为增益；ζ 为阻尼比；ω_n 为无阻尼自然振荡频率。

传递函数的两个极点分别为

$$S_{1,2}=\omega_n\left(-\zeta\pm\sqrt{\zeta^2-1}\right) \tag{3.4.9}$$

根据 ζ 的取值大小，ζ^2-1 可以为正数、零或负数。下面分三种情况来讨论，图 3-6 给出阻尼比 ζ 取不同值时二阶系统的阶跃响应。

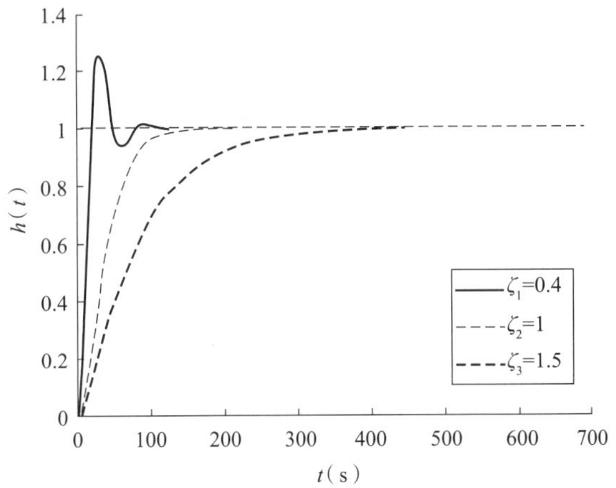

图 3-6　对于不同阻尼比 ζ，二阶系统的阶跃响应

情况 1：过阻尼系统，$\zeta>1$，S_1 和 S_2 为两个实极点。

该情况下，两个极点为不相等的负实数。因此，系统可由两个一阶系统串联实现，其阶跃响应为

$$h(t)=K\left(1+\frac{1}{S_1-S_2}(S_2e^{S_1t}-S_1e^{S_2t})\right) \tag{3.4.10}$$

情况 2：临界阻尼系统，$\zeta=1$，S_1 和 S_2 为两个实轴上的极点。

在该情况下，两个极点是相等的负实数。这时系统可由两个相同的一阶系统串联实现，该系统具有最短的响应时间，其阶跃响应为

$$h(t)=K[1-e^{-\omega_n t}(1+\omega_n(t)] \tag{3.4.11}$$

情况 3：欠阻尼系统，$0<\zeta<1$，S_1 和 S_2 为一对复数共轭极点。

与前两种情况不同，这种情况下系统将呈现阻尼振荡。引入另外两个特征参数，即阻尼振荡频率 ω_d 和阻尼系数 γ 的表达式为

$$\omega_d=\omega_n\sqrt{1-\zeta^2} \tag{3.4.12}$$

$$\gamma=\zeta\omega_n \tag{3.4.13}$$

根据这些定义，欠阻尼系统的阶跃响应可写为

$$h(t)=K\left(1-\frac{1}{\sqrt{1-\zeta^2}}e^{-\gamma t}\sin(\omega_d t+\varphi)\right) \tag{3.4.14}$$

式中：

$$\varphi=\arctan\frac{\omega_d}{\gamma}=\arctan(\sqrt{1-\zeta^2}/\zeta) \tag{3.4.15}$$

$h(t)$ 是一个有相位移的衰减正弦函数。超越终值线的最大超调量为

$$y_{\max,K}=y_{\max}-K=K\mathrm{e}^{-\frac{\pi\zeta}{\sqrt{1-\zeta^2}}} \tag{3.4.16}$$

对于给定的阶跃响应,可以先确定阶跃响应与终值线的交点,再根据振荡周期时间 T_p 确定阻尼振荡频率,表达式为

$$\omega_\mathrm{d}=\frac{\pi}{T_\mathrm{p}} \tag{3.4.17}$$

根据最大超调量,可以确定阻尼系数,表达式为

$$\gamma=-\frac{\omega_\mathrm{d}}{\pi}\ln\frac{K}{y_{\max,K}} \tag{3.4.18}$$

利用式(3.4.17)和(3.4.18),可以计算 ζ 和 ω_n,表达式为

$$\zeta=\sqrt{\frac{1}{\left(\frac{\omega_\mathrm{d}}{\gamma}\right)^2+1}} \tag{3.4.19}$$

$$\omega_\mathrm{n}=\frac{\gamma}{\zeta} \tag{3.4.20}$$

当 $0<\zeta<1/\sqrt{2}$ 时,在如下谐振频率处欠阻尼系统阶跃响应取得最大幅值,表达式为

$$\omega_\mathrm{r}=\omega_\mathrm{n}\sqrt{1-2\zeta^2} \tag{3.4.21}$$

该最大响应幅值为

$$|G(\omega_\mathrm{r})|=\frac{K}{\zeta\sqrt{1-\zeta^2}} \tag{3.4.22}$$

3.4.3 高阶系统近似

n 阶非周期系统通常由 n 个具有不同时间常数、相互独立的一阶惯性环节通过串联实现,系统传递函数可以写为

$$\begin{aligned}G(s)=\frac{y(s)}{u(s)}=\frac{\prod_{k=1}^{n}K_k}{\prod_{k=1}^{n}(1+T_k s)}=\frac{K}{1+a_1 s+\cdots+a_n s^n}\\=\frac{Ks_1 s_2\cdots s_n}{(s-s_1)(s-s_2)\cdots(s-s_n)}\end{aligned} \tag{3.4.23}$$

式中:

$$a_1=T_1+T_2+\cdots+T_n \tag{3.4.24}$$

$$a_n=T_1T_2\cdots T_n \tag{3.4.25}$$

$$s_k=\frac{1}{T_k} \tag{3.4.26}$$

因此，系统的动态特性完全可由增益 K 和 n 个时间常数 T_i 描述。相应的阶跃响应为

$$h(t)=K\left(1+\sum_{\alpha=1}^{n}c_{\alpha}e^{s_{\alpha}t}\right) \tag{3.4.27}$$

式中：

$$c_{\alpha}=\lim_{s\to s_{\alpha}}\frac{1}{s}(s-s_{\alpha})G(s) \tag{3.4.28}$$

对于无源系统，在阶跃响应期间系统中存储的能量与各自时间常数 T 成比例，因此，整个 n 阶系统中存储的能量总和与所有时间常数之和成比例。所以图 3-7 中的面积 A 可写成

$$\begin{aligned}A&=Ky(\infty)\sum_{\alpha=1}^{n}T_{\alpha}=Ky(\infty)(T_1+T_2+\cdots+T_n)\\&=Ky(\infty)T_{\sigma}=Ky(\infty)a_1\end{aligned} \tag{3.4.29}$$

式中：T_{σ} 为所有一阶系统的时间常数之和，即

$$T_{\sigma}=\sum_{\alpha=1}^{n}T_{\alpha} \tag{3.4.30}$$

T_{σ} 是描述动态系统特性的另一个特征参数。该特征参数可以采用以下方法进行估计：绘制与 y 轴平行的直线，使面积 A 划分成两个具有同样大小的面积 A_1 和 A_2，此时该直线与时间轴的交点即为时间常数和 T_{σ} 的估计值，如图 3-8 所示。

事实上，上述 n 阶系统的阶跃响应可以利用 n 个具有相同时间常数的一阶惯性环节串联系统进行近似描述，其传递函数为

$$G(s)=\frac{K}{(Ts+1)^n} \tag{3.4.31}$$

当 n 取不同数值时，系统阶跃响应曲线如图 3-9 所示。

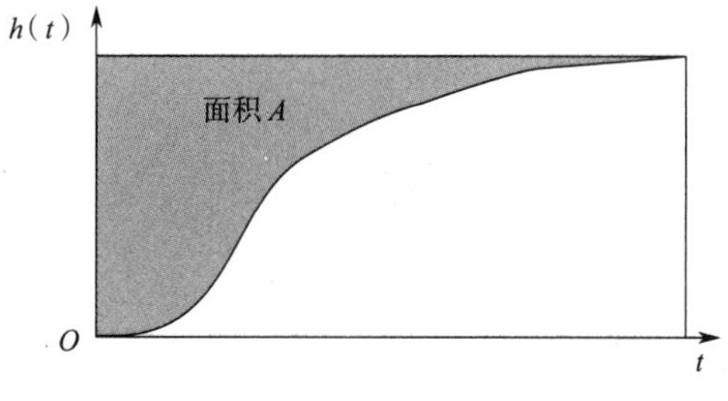

图 3-7　n 阶非周期系统的阶跃响应

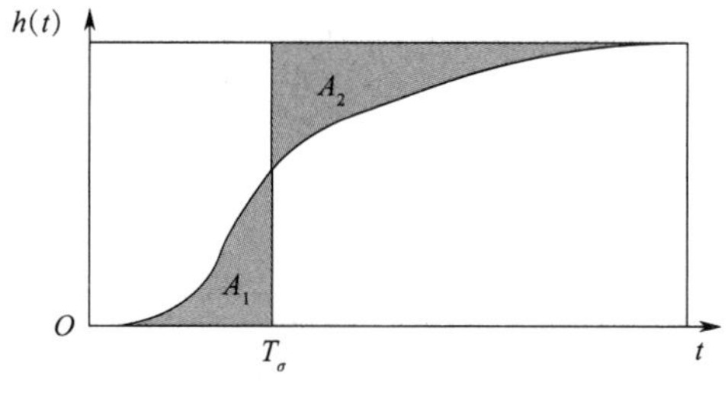

图 3-8　时间常数和 T_{σ} 估计

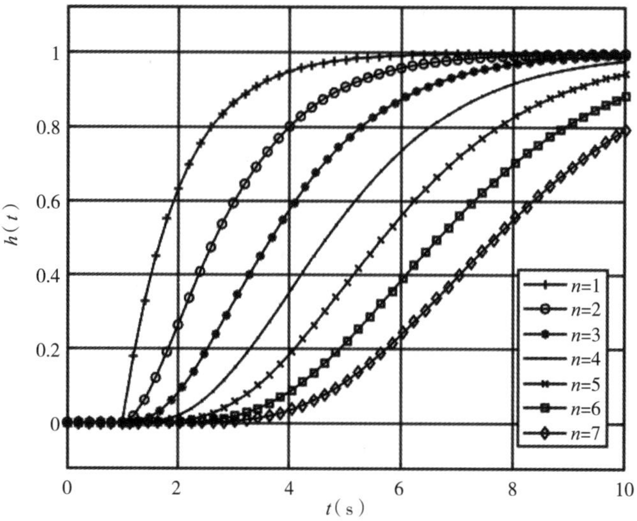

图 3-9　传递函数为 $G(s)=1/(Ts+1)^n$ 的 n 阶非周期系统的阶跃响应

将时间 t 与时间常数 T 之比作为时间标尺，其阶跃响应可以写为

$$h(t)=K\left(1-\mathrm{e}^{-\frac{t}{T}}\sum_{\alpha=0}^{n-1}\frac{1}{\alpha!}\left(\frac{t}{T}\right)^{\alpha}\right) \tag{3.4.32}$$

其脉冲响应为[9]

$$g(t)=\frac{K}{T^n}\frac{t^{n-1}}{(n-1)!}\mathrm{e}^{-\frac{t}{T}} \tag{3.4.33}$$

对于 $n\geqslant 2$，脉冲响应的最大值为

$$g_{\max}(t_{\max})=\frac{K(n-1)^{n-1}}{T(n-1)!}\mathrm{e}^{-(n-1)} \tag{3.4.34}$$

最大值对应的时刻为

$$t=t_{\max}=(n-1)T,\quad n\geqslant 2 \tag{3.4.35}$$

对于相同的时间常数，在 $n\to\infty$ 的极限情况下，有

$$G(s)=\lim_{n\to\infty}(1+Ts)^{-n}=\lim_{n\to\infty}(1+\frac{T_\sigma}{n}s)^{-n}=\mathrm{e}^{-T_\sigma s} \tag{3.4.36}$$

式中：$T_\sigma=nT$，且 $|T_\sigma/n|<1$。

因此，无穷多个、时间常数为无穷小的一阶系统串联与延迟时间为 $T_{\mathrm{D}}=T_\sigma$ 的延迟环节具有相同的动态特性。

描述 $n\geqslant 2$ 阶系统传递函数的普通方法是使用延迟时间 T_{D} 和调节时间 T_{S}，如图 3-10 所示，这两个特征时间可利用坐标为 (t_Q,y_Q) 的拐点 Q 构造切线的方法确定，利用下述公式可获得特征量 t_Q、y_Q、T_{D} 和 T_{S}。

$$\frac{t_Q}{T}=n-1 \tag{3.4.37}$$

$$\frac{y_Q}{y_\infty}=1-\mathrm{e}^{-(n-1)}\sum_{v=0}^{n-1}\frac{(n-1)^v}{v!} \tag{3.4.38}$$

$$\frac{T_S}{T}=\frac{(n-2)!}{(n-1)^{n-2}}e^{n-1} \tag{3.4.39}$$

$$\frac{T_D}{T}=n-1-\frac{(n-2)!}{(n-1)^{n-2}}\left(e^{n-1}-\sum_{v=0}^{n-1}\frac{(n-1)^v}{v!}\right) \tag{3.4.40}$$

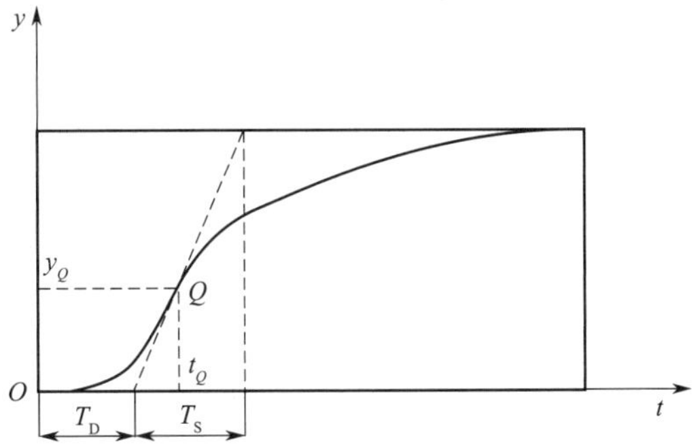

图 3-10　利用坐标为 (t_Q, y_Q) 的拐点 Q 构造切线的方法

特征参数值 T_D/T_S 和 y_Q 不依赖于时间常数 T，只与阶次 n 有关。表 3-1 给出了当 $1 \leqslant n \leqslant 10$ 时系统特征参数值。当 $1 \leqslant n \leqslant 7$ 时，近似有

$$n \approx 10\frac{T_D}{T_S}+1 \tag{3.4.41}$$

表 3-1　具有相同时间常数的 n 阶系统特征参数值

n	$\frac{T_D}{T_S}$	$\frac{t_Q}{T}$	$\frac{T_S}{T}$	$\frac{T_D}{T}$	$\frac{y_Q}{y_\infty}$
1	0	0	1	0	0
2	0.104	1	2.718	0.282	0.264
3	0.218	2	3.695	0.805	0.323
4	0.319	3	4.463	1.425	0.353
5	0.410	4	5.119	2.100	0.371
6	0.493	5	5.699	2.811	0.384
7	0.570	6	6.226	3.549	0.394
8	0.649	7	6.711	4.307	0.401
9	0.709	8	7.164	5.081	0.407
10	0.773	9	7.590	5.869	0.413

首先，利用测得的阶跃响应曲线先确定出 T_D、T_S 和 y_∞，然后，利用表 3-1 确定描述的近似连续时间模型的参数 K、T 和 n。

为了利用具有相同时间常数的 n 阶系统进行近似，可以采用如下步骤。

第一步，首先需要检验待研究的系统是否能用所给出的系统近似。为了确定这个可行性，估算时间常数和 T_σ，并以时间 t 与时间常数和 T_σ 的比值为时间轴绘制出

测量数据图，以此检验系统是否能由给出的模型近似，如果待检验的系统包含延迟时间，则该延迟时间要从延迟时间 T_D 中扣除。

第二步，确定系统阶次 n：利用延迟时间和调节时间的比值 T_D/T_S，根据表 3-1 可以确定系统的阶次。通过检查拐点的 y 坐标值可以验证所得的结果，必须等于 y_Q。

第三步，确定时间常数 T：结合表 3-1，根据特征参数值 t_Q、T_D 和 T_S，利用三种不同的方式确定时间常数 T。通常情况下，取 3 个（不同）估计值的平均值作为 T。

第四步，确定增益 K：利用阶跃输入幅度 u_0 与系统响应最终偏移量 y_∞ 的比值计算增益 K，即

$$K = \frac{y_\infty}{u_0} \tag{3.4.42}$$

当系统阶次 n 为非整数时，选择紧接在该非整数后的较小整数作为系统的阶次 n，并选取相应的延迟时间 $\tilde{T}_D$，再求增量 $\Delta T_D = T_D - \tilde{T}_D$，以此作为新的延迟时间，这样可以获得较好的近似。此外，n 阶系统的阶跃响应还可以利用具有延迟的一阶系统近似，表达式为

$$\tilde{G}(s) = \frac{K}{1 + T_S s} e^{-T_D s} \tag{3.4.43}$$

式中：T_S 和 T_D 分别是图 3-10 所示的调节时间和延迟时间。

将高阶系统近似为一阶系统、二阶系统或具有相同时间常数的时滞系统，能够近似求出系统动态响应特性，并且可以减少系统参数量，有利于采用最小二乘法等方法进行系统参数辨识。

3.5 随机过程数学模型

3.5.1 随机模型

本章前几节介绍的数学模型将所有的输入量、输出量以及状态变量都视为确定量处理，这种模型称为确定性模型。但实际上常常存在各种难以精确描述的因素，如数学模型中未加以考虑的各种干扰作用，模型的线性化和其他近似假定引起的误差，以及输入量和输出量的测量误差等，以致难以用确定性模型精确描述研究的过程，这些因素具有随机量的性质，被称为数学模型中的“噪声”。如果在数学模型中考虑这些随机因素的影响，可以得到随机模型。随机因素对于整个过程的影响不可忽视，但其影响一般不会处于主动地位，因此可以简单处理，一般在确定性模型的基础上以叠加的方式考虑噪声的影响。另外，在实际应用过程中，噪声的来源可能很多，但在数学模型中则是把它们的影响综合在一起，用一个等效噪声来代替。

假定系统过程的确定性模型为

$$\frac{B(z^{-1})}{A(z^{-1})}=\frac{b_1z^{-1}+b_2z^{-2}+\cdots+b_{n_b}z^{-n_b}}{1+a_1z^{-1}+\cdots+a_{n_a}z^{-n_a}} \tag{3.5.1}$$

利用 $\omega(k)$ 代表过程噪声，即作用于过程本身的随机干扰，则过程的输出量为

$$y(k)=\frac{B(z^{-1})}{A(z^{-1})}m(k)+\frac{1}{A(z^{-1})}\omega(k) \tag{3.5.2}$$

式中：$m(k)$ 是过程的确定性输入量。

若输入量的测量噪声记为 $s(k)$，输入量的实测值记为 $u(k)$，则有

$$u(k)=m(k)+s(k) \tag{3.5.3}$$

另外，输出的测量噪声 $w(k)$ 叠加在 $y(k)$ 上成为输出量的实测值，记作 $z(k)$

$$z(k)=y(k)+w(k) \tag{3.5.4}$$

根据式（3.5.2）至（3.5.4）可以得到过程的随机模型，表达式为

$$z(k)=\frac{B(z^{-1})}{A(z^{-1})}u(k)+e(k) \tag{3.5.5}$$

式中：

$$e(k)=w(k)-\frac{B(z^{-1})}{A(z^{-1})}s(k)+\frac{1}{A(z^{-1})}\omega(k) \tag{3.5.6}$$

式中：输入量 $u(k)$ 和输出量 $z(k)$ 都是实测值；噪声 $e(k)$ 代替原有各种噪声的综合效果，如图 3-11 所示。

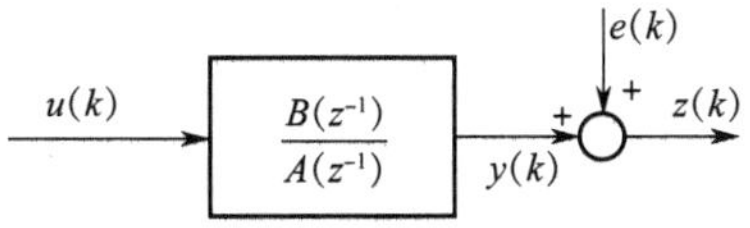

图 3-11 在随机模型中用 $e(k)$ 代替各种噪声的综合效果

由于各种噪声 $\omega(k)$、$s(k)$ 和 $w(k)$ 有其各自的来源，可以假定它们是互相独立的白噪声。即使如此，由式（3.5.6）可知图 3-11 中的 $e(k)$ 一般为有色噪声，其噪声特性很大程度上决定着辨识方法的选择以及辨识结果的精度。

3.5.2 噪声模型

根据表示定理，在一定条件下有色噪声 $e(k)$ 可以看作由白噪声 $v(k)$ 驱动的线性环节输出，该线性环节被称为滤波器，其脉冲传递函数可写为

$$H(z^{-1})=\frac{D(z^{-1})}{C(z^{-1})} \tag{3.5.7}$$

将其用于图 3-11 中的辨识模型，可以得到一般辨识模型结构，如图 3-12 所示。其中，$u(k)$ 和 $z(k)$ 是过程的输入和输出实测变量，$v(k)$ 是白噪声变量。$\frac{D(z^{-1})}{C(z^{-1})}$ 为噪声模型，它决定着 $e(k)$ 的噪声特性，$\frac{B(z^{-1})}{A(z^{-1})}$ 可称为过程模型。

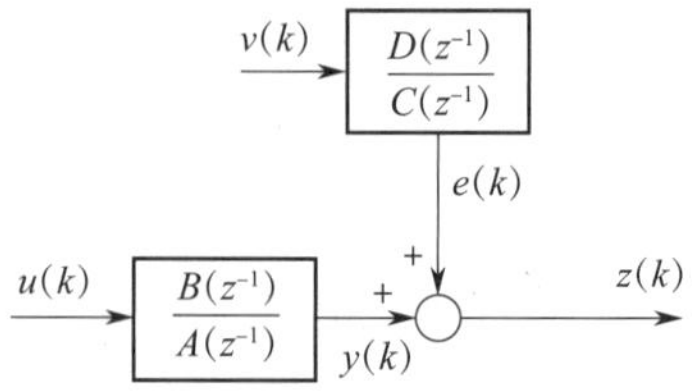

图 3-12　随机模型的一般结构

噪声模型的一般表达式为

$$C(z^{-1})e(k)=D(z^{-1})v(k) \tag{3.5.8}$$

式中

$$\begin{cases} C(z^{-1})=1+c_1z^{-1}+\cdots+c_{n_c}z^{-n_c} \\ D(z^{-1})=1+d_1z^{-1}+\cdots+d_{n_d}z^{-n_d} \end{cases} \tag{3.5.9}$$

如果 $C(z^{-1})$ 或 $D(z^{-1})$ 简化为 1,则噪声模型的结构和特性也随之改变。根据其结构,噪声模型一般可以分为三种类型。

1)自回归模型(简称 AR 模型),其模型结构为

$$C(z^{-1})e(k)=v(k) \tag{3.5.10}$$

2)平均滑动模型(简称 MA 模型),其模型结构为

$$e(k)=D(z^{-1})v(k) \tag{3.5.11}$$

3)自回归平均滑动模型(简称 ARMA 模型)[10],其模型结构为

$$C(z^{-1})e(k)=D(z^{-1})v(k) \tag{3.5.12}$$

式中:$C(z^{-1})$ 和 $D(z^{-1})$ 为 z^{-1} 的多项式。

系统辨识过程中,一般利用自回归平均滑动模型描述噪声,并结合随机模型的一般结构对模型参数进行辨识。

习题

3.1　什么是系统的动态模型,为什么要研究系统的动态特性?

3.2　集中参数系统数学模型具有什么特点?在线性的情况下,数学模型有哪几种形式?

3.3　对于单输入单输出的线性时不变系统,其状态空间模型如何描述?绘制系统方框图。

3.4　根据状态空间模型描述,求解系统的连续时间传递函数。

3.5　简述将连续信号变为离散信号的采样过程。

3.6　简述离散系统的状态空间模型。

3.7　如何利用一阶系统近似描述高阶系统?

3.8　简述随机模型的一般结构。

3.9　简述噪声模型及分类。

参考文献

[1] 刘金琨. 系统辨识理论及 MATLAB 仿真[M]. 2 版. 北京：电子工业出版社，2020.

[2] 刘峰. 系统辨识与建模[M]. 武汉：中国地质大学出版社，2019.

[3] ISERMANN R，MÜNCHHOF M. Identification of dynamic systems：an introduction with applications[M]. Heidelberg：Springer，2011.

[4] ISERMANN R，MÜNCHHOF M. 动态系统辨识：导论与应用[M]. 北京：机械工业出版社，2016.

[5] MOLER C，VAN LOAN C. Nineteen dubious ways to compute the exponential of a matrix，twenty-five years later[J]. SIAM review，2003，45(1)：3-49.

[6] MIKLEŠ J，FIKAR M. Process modelling，identification，and control[M]. Berlin：Springer，2007.

[7] ISERMANN R. Digital control systems[M]. Berlin：Springer，1991.

[8] OGATA K. Modern control engineering[M]. Upper Saddle River：Prentice-Hall，2009.

[9] STREJC V. Näherungsverfahren für aperiodische Übergangscharakteristiken[J]. at-Automatisierungstechnik，1959，7(1-12)：124-128.

[10] BOX G E P，JENKINS G M，REINSEL G C，et al. Time series analysis：forecasting and control [M]. Hoboken：John Wiley & Sons，2015.

Chapter 4

第 4 章 非参数模型辨识

在经典控制理论中，线性过程的动态特性的常用表示方式有传递函数、阶跃响应、脉冲响应和频率响应，其中后三者为非参数模型。得到上述非参数模型并将其转化为传递函数的方法有多种，如阶跃响应法、脉冲响应法、频率响应法等。本章将主要讨论上述非参数模型辨识方法，包括响应曲线法、相关分析法和谱分析法。

4.1 阶跃响应曲线法

对被辨识系统施加一个瞬变扰动，测定系统随时间变化的响应曲线，再根据该曲线获得待辨识系统的传递函数，该过程称为响应曲线法[1]。所施加的瞬变扰动可以是各种非周期测试信号，最常用的是阶跃扰动或矩形脉冲扰动，采用矩形脉冲扰动也可以得到系统的阶跃响应曲线。

阶跃响应曲线法是一类常用的非参数模型辨识方法，采用阶跃响应曲线法进行辨识时，首先需要实际测取过程的阶跃响应，再由阶跃响应求取过程的传递函数。由阶跃响应曲线求取过程的传递函数的方法很多，常用方法有近似法、半对数法、切线法、两点法、面积法等。当阶跃响应曲线比较规则时，采用上述方法能够有效求得系统的传递函数。

4.1.1 阶跃响应曲线测取

系统的阶跃响应曲线可以通过实验测取，实验框图如图 4-1 所示。通过手动操作使过程工作在所需测试的负荷下，稳定运行一段时间后，快速改变过程的输入量，并利用记录仪或数据采集系统同时记录过程的输入和输出曲线。经过一段时间后，过程进入新的稳态，实验即可结束，得到的记录曲线就是过程的阶跃响应曲线。

为了得到相对准确的阶跃响应，必须合理选择阶跃输入信号的幅值，并在相同条件下重复进行多次实验，直至得到两条基本相同的响应曲线，以消除偶然性干扰因素的影响。如果过程不允许长时间施加阶跃干扰，可以改用矩形脉冲作为输入信号，最后再把系统的矩形脉冲响应曲线转换成阶跃响应曲线。

4.1.2 利用阶跃响应求过程传递函数

如果阶跃响应曲线在输入发生跃变的瞬时，其斜率不为零而为最大值，而后逐渐上升到稳态值 $y(\infty)$，如图 4-2 所示，则该过程传递函数可用一阶惯性特性描述，模型形式为

$$G(s)=\frac{K}{Ts+1} \tag{4.1.1}$$

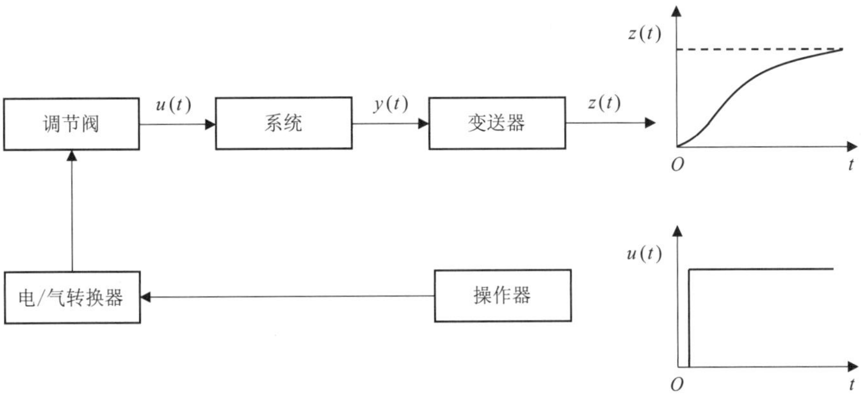

图 4-1　阶跃响应实验框图

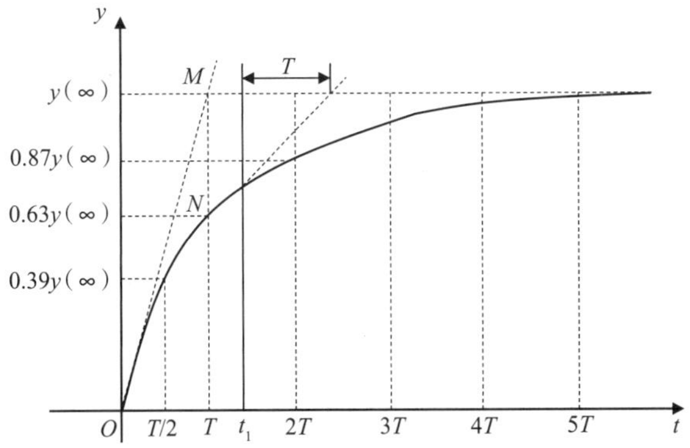

图 4-2　一阶惯性系统阶跃响应曲线

其阶跃响应为

$$y(t)=K\Delta u\left(1-\mathrm{e}^{-\frac{t}{T}}\right) \tag{4.1.2}$$

式中：K 为放大系数；T 为时间常数；Δu 为阶跃信号的幅值。

参数 K 和 T 可以通过近似法估计得到。放大系数 K 的表达式为

$$K=\frac{y(\infty)}{\Delta u} \tag{4.1.3}$$

为了获得时间常数 T，需要研究任意时刻的阶跃响应变化特性

$$\frac{\mathrm{d}y(t)}{\mathrm{d}t}=\frac{y(\infty)}{T}\mathrm{e}^{-\frac{t}{T}} \tag{4.1.4}$$

如果在阶跃响应曲线的任意时刻 t_1 作一条切线，有

$$\frac{\Delta y(t_1)/y(\infty)}{\Delta t}=\frac{\mathrm{e}^{-\frac{t_1}{T}}}{T} \tag{4.1.5}$$

该切线和终值线相交，交点到 t_1 的距离为 T，如图 4-2 所示。当 $t_1=0$ 时，有

$$\frac{\Delta y(0)}{\Delta t}=\frac{y(\infty)}{T} \tag{4.1.6}$$

因此，切线法可以通过原点作阶跃响应曲线的切线，找到切线与终值线的交点进而计算时间常数 T。

另外，当 $t=T$ 时，$y(t)=0.63y(\infty)$，因此，在计算时间常数 T 时，也可以利用 $y(t)=0.63y(\infty)$ 点，对应的时间 t 就是过程的时间常数 T。

当阶跃响应曲线呈 S 形时，如图 4-3 所示，则过程传递函数可用一阶惯性加纯滞后进行描述

$$G(s)=\frac{K}{Ts+1}\mathrm{e}^{-\tau s} \tag{4.1.7}$$

其阶跃响应为

$$y(t)=\begin{cases}0 & t<\tau \\ K\Delta u(1-\mathrm{e}^{-\frac{t-\tau}{T}}) & t\geqslant\tau\end{cases} \tag{4.1.8}$$

式中：τ 表示系统的纯滞后（纯时延）；K 同样通过以上方法求解；T 和 τ 可通过切线法得到。

在阶跃响应曲线的拐点处作一条切线，该切线与时间轴相交于 L，与稳态值渐近线相交于 M，则 OL 为 τ 值，切线 ML 在时间轴上的投影为 T。

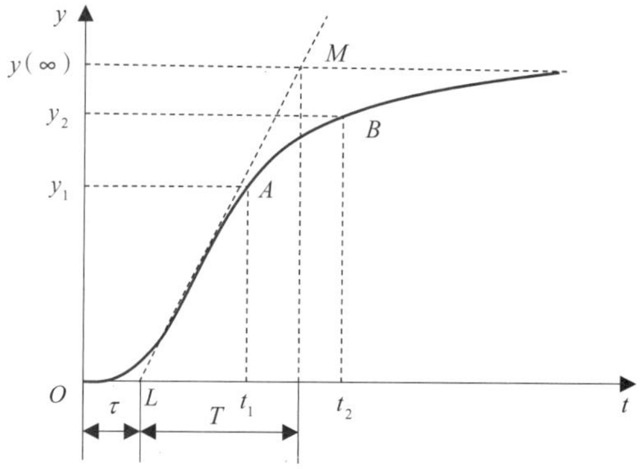

图 4-3　一阶惯性加纯滞后系统的阶跃响应曲线

采用以上方法计算 T 和 τ 的值时，寻找拐点会存在一定误差。因此，T 和 τ 的值还可以通过两点法确定，在响应曲线上取两点 $A(t_1,y_1)$ 和 $B(t_2,y_2)$，如图 4-3 所示，联立求解得

$$\begin{cases}T=\dfrac{t_2-t_1}{M_1-M_2} \\ \tau=\dfrac{t_2M_1-t_1M_2}{M_1-M_2}\end{cases} \tag{4.1.9}$$

式中：$M_1=\ln\left(1-\frac{y_1}{K}\right)$，$M_2=\ln\left(1-\frac{y_2}{K}\right)$。

若选择 $y_1=0.39y(\infty)$，$y_2=0.63y(\infty)$，则式（4.1.9）可写为

$$\begin{cases}T=2(t_2-t_1) \\ \tau=2t_1-t_2\end{cases} \tag{4.1.10}$$

由此可以得到时间常数 T 和纯滞后 τ 的值。

在工业生产过程中，大多数实验阶跃响应曲线是“过阻尼”的。过阻尼二阶系统的阶跃响应曲线呈 S 形。在得到了一条 S 形实验阶跃响应曲线后，究竟是用具有纯滞后的一阶环节或用二阶环节来描述，没有严格的区分方法，可以将两种计算结果进行对比，选取精度较高的模型。当阶跃响应曲线呈现不规则形状时，可以采用面积法或拉普拉斯变换法进行计算。

4.1.3　仿真实例

【例 4.1】一阶系统的传递函数为 $G(s)=\dfrac{10}{5s+1}$，求其单位阶跃响应曲线，根据阶跃响应曲线进行系统辨识。仿真程序见 chap4_1.m，程序运行结果如图 4-4 所示。

辨识结果：　$sys=\dfrac{10}{4.974s+1}$

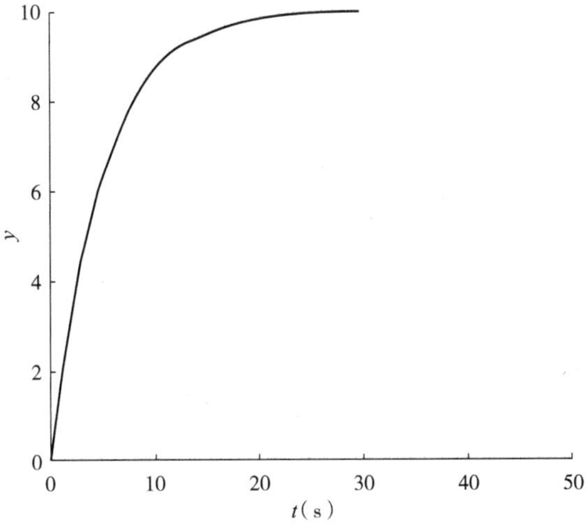

图 4-4　阶跃响应曲线

仿真程序（chap4_1.m）：

```
clc;
clear all
num = 10;
den = [5 1];
t=0:1:50;
G = tf(num,den);
y=step(G,t);
k=y(end);
yi=0.63*y(end);   %近似法确定时间常数
```

```
ti = interp1(y,t,yi); %采用插值函数求时间常数
sys=tf(k,[ti,1])
plot(t,y,'black',LineWidth=1)
xlabel('t')
ylabel('y')
title('阶跃响应曲线')
grid on
```


4.2 脉冲响应曲线法

脉冲响应曲线法指利用被辨识线性系统的输入与输出信息，通过理想脉冲响应曲线辨识系统的数学模型。考虑到实际工程应用中的理想脉冲是无法实现的，因此通常采用矩形脉冲输入，如图 4-5 所示。脉冲响应曲线法既是一种非参数模型的辨识方法，又是一种通过脉冲响应得到参数模型的辨识方法。利用脉冲响应辨识系统的数学模型，方法简单实用，但一般适用于高信噪比的系统[2]。

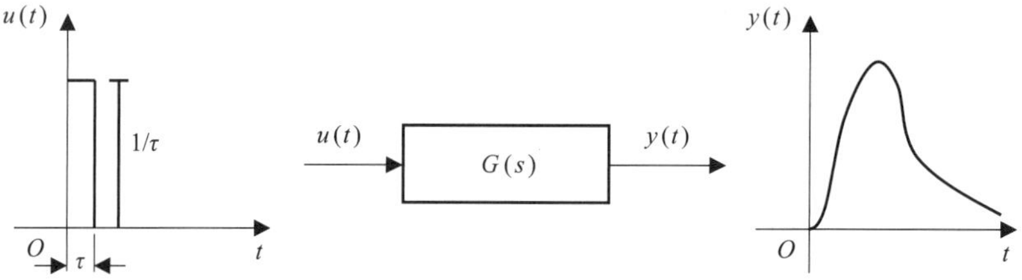

图 4-5 过程的脉冲响应

如图 4-5 所示，线性定常系统的输入和输出分别是 $u(t)$ 和 $y(t)$，传递函数为 $G(s)$。当初始条件为零时，系统输出脉冲响应的卷积积分为

$$y(t)=\int_0^{\infty}g(\tau)u(t-\tau)\mathrm{d}\tau \tag{4.2.1}$$

离散系统的非参数模型定义为零初始条件下，系统受到一个单位脉冲函数激励后的输出响应序列，记为 $\{g(k)\}$，$k=0,1,2,\cdots$

表示离散系统输入输出关系的卷积公式为

$$y(k)=\sum_{i=0}^{k}g(k-i)u(i) \tag{4.2.2}$$

序列 $\{g(k)\}$ 的 z 变换即为脉冲传递函数 $G(z)$，形式如下

$$G(z)=\sum_{k=0}^{\infty}g(k)z^{-k} \tag{4.2.3}$$

脉冲响应曲线法的辨识过程分为两步：第一步由系统输入 $u(t)$ 和输出 $y(t)$ 求系统的脉冲响应 $g(t)$；第二步根据脉冲响应 $g(t)$ 的采样序列 $g(nT)$ 求脉冲传递函数 $G(z)$，再通过反变换得到传递函数 $G(s)$。

4.2.1 根据输入输出求系统脉冲响应

设线性定常系统的输入和输出分别是 $u(t)$ 和 $y(t)$。当 $t \leqslant 0$ 时，系统静止，由式（4.2.1）有

$$y(t)=\int_0^{\infty} g(\tau)u(t-\tau)\mathrm{d}\tau \tag{4.2.4}$$

式中：$g(\tau)$ 为脉冲响应。

假定 $u(t)$ 和 $y(t)$ 被采样周期为 T 的采样器周期性采样，且 T 足够小，那么 $u(t)$、$y(t)$ 和脉冲响应 $g(t)$ 可以用逐段常值逼近的阶梯信号近似代替，表达式为

$$\begin{cases} u(t)=u(kT) \\ y(t)=y(kT) \\ g(t)=g(kT) \end{cases} \tag{4.2.5}$$

式中：$kT \leqslant t \leqslant (k+1)T, k=0,1,2,\cdots$

利用卷积公式表示 $y(t)$，表达式为

$$\begin{cases} y(T)=\int_0^{T} g(\tau)u(T-\tau)\mathrm{d}\tau = Tg(0)u(0) \\ y(2T)=\int_0^{2T} g(\tau)u(2T-\tau)\mathrm{d}\tau \\ \qquad =\int_0^{T} g(\tau)u(2T-\tau)\mathrm{d}\tau+\int_T^{2T} g(\tau)u(2T-\tau)\mathrm{d}\tau \\ \qquad =T[g(0)u(T)+g(T)u(0)] \\ y(3T)=\int_0^{3T} g(\tau)u(3T-\tau)\mathrm{d}\tau \\ \qquad =\int_0^{T} g(\tau)u(3T-\tau)\mathrm{d}\tau+\int_T^{2T} g(\tau)u(3T-\tau)\mathrm{d}\tau+\int_{2T}^{3T} g(\tau)u(3T-\tau)\mathrm{d}\tau \\ \qquad =T[g(0)u(2T)+g(T)u(T)+g(2T)u(0)] \\ \qquad \vdots \\ y(NT)=T\sum_{i=0}^{N-1} g(iT)u[(N-1)T-iT] \end{cases} \tag{4.2.6}$$

将式（4.2.6）改写为向量形式

$$\begin{bmatrix} y(T) \\ y(2T) \\ y(3T) \\ \vdots \\ y(NT) \end{bmatrix} = T \begin{bmatrix} u(0) & 0 & \cdots & 0 \\ u(T) & u(0) & \cdots & 0 \\ u(2T) & u(T) & \cdots & 0 \\ \vdots & \vdots & \ddots & \vdots \\ u(NT-T) & u(NT-2T) & \cdots & u(0) \end{bmatrix} \begin{bmatrix} g(0) \\ g(T) \\ g(2T) \\ \vdots \\ g(NT-T) \end{bmatrix} \tag{4.2.7}$$

并令

$$\boldsymbol{Y}=\begin{bmatrix} y(T) \\ y(2T) \\ y(3T) \\ \vdots \\ y(NT) \end{bmatrix}, \boldsymbol{U}=\begin{bmatrix} u(0) & 0 & \cdots & 0 \\ u(T) & u(0) & \cdots & 0 \\ u(2T) & u(T) & \cdots & 0 \\ \vdots & \vdots & \ddots & \vdots \\ u(NT-T) & u(NT-2T) & \cdots & u(0) \end{bmatrix}, \boldsymbol{G}=\begin{bmatrix} g(0) \\ g(T) \\ g(2T) \\ \vdots \\ g(NT-T) \end{bmatrix} \tag{4.2.8}$$

则有

$$\boldsymbol{Y}=T\boldsymbol{U}\boldsymbol{G} \tag{4.2.9}$$

在 $\boldsymbol{U}$ 可逆的条件下,可以得到脉冲响应向量

$$\boldsymbol{G}=\frac{1}{T}\boldsymbol{U}^{-1}\boldsymbol{Y} \tag{4.2.10}$$

式中:$\boldsymbol{U}^{-1}$ 为输入数据矩阵的逆;$\boldsymbol{Y}$ 为输出数据向量;T 为步长,且足够小。

由式(4.2.10)可解出脉冲响应 $g(t)$ 的采样序列 $g(NT)$。为了保证精度,应使步长 T 足够小。在 T 足够小时,可以计算出 N 个脉冲响应,N 为采样数据长度。

4.2.2 根据脉冲响应求系统传递函数

由脉冲响应确定传递函数的方法很多,如半对数法、阶矩法、差分方程法、汉克尔(Hankel)矩阵法等。下面介绍几种常用的方法。

(1)一阶过程

如果过程能用一阶惯性系统描述,其传递函数为

$$G(s)=\frac{K}{Ts+1} \tag{4.2.11}$$

则传递函数的参数 K 和 T 可以直接在脉冲响应曲线上确定,如图 4-6 所示。

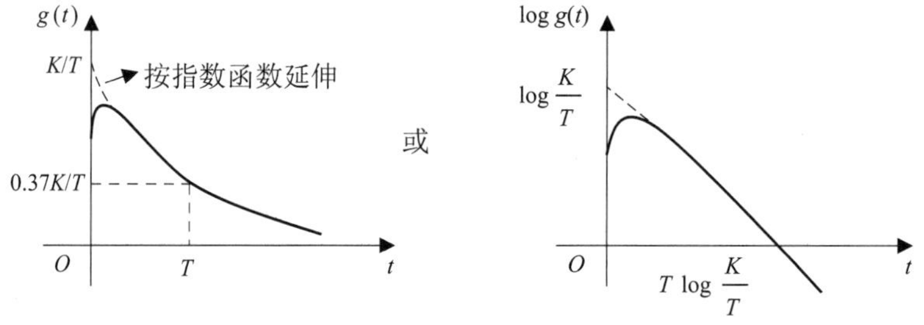

图 4-6 一阶过程的脉冲响应与传递函数参数的关系

(2)Hankel 矩阵法

设过程的脉冲传递函数为

$$\begin{aligned}G(z)&=\frac{b_0+b_1z^{-1}+b_2z^{-2}+\cdots+b_nz^{-n}}{1+a_1z^{-1}+a_2z^{-2}+\cdots+a_nz^{-n}}\\&=g_0+g_1z^{-1}+g_2z^{-2}+\cdots\end{aligned} \tag{4.2.12}$$

式中:$g_i=g(iT),i=0,1,2,\cdots$ 为脉冲响应序列。

由式(4.2.12)得

$$\begin{aligned}b_0+b_1z^{-1}+b_2z^{-2}+\cdots+b_nz^{-n}&=g_0+(g_1+a_1g_0)z^{-1}+\\(g_2+a_1g_1+a_2g_0)z^{-2}&+\cdots+(g_n+\sum_{i=1}^{n}a_ig_{n-i})z^{-n}+\\\sum_{m=n+1}^{\infty}&\left[(g_m+\sum_{i=1}^{m}a_ig_{m-i})z^{-m}\right]\end{aligned} \tag{4.2.13}$$

比较式(4.2.13)两边 z^{-i} 项对应系数有

$$\begin{bmatrix} b_0 \\ b_1 \\ b_2 \\ \vdots \\ b_n \end{bmatrix} = \begin{bmatrix} 1 & 0 & 0 & \cdots & 0 \\ a_1 & 1 & 0 & \cdots & 0 \\ a_2 & a_1 & 1 & \cdots & 0 \\ \vdots & \vdots & \vdots & \ddots & \vdots \\ a_n & a_{n-1} & a_{n-2} & \cdots & 1 \end{bmatrix} \begin{bmatrix} g_0 \\ g_1 \\ g_2 \\ \vdots \\ g_n \end{bmatrix} \tag{4.2.14}$$

在 $a_i, g_i (i=1,2,\cdots,n)$ 已知的情况下,可以由式(4.2.14)解出 $b_i (i=1,2,\cdots,n)$。在此之前需要先解出 a_i,式(4.2.13)等号左边有 $n+1$ 项,令 z^{-i} 项对应系数相等,可得

$$\begin{bmatrix} g_1 & g_2 & \cdots & g_n \\ g_2 & g_3 & \cdots & g_{n+1} \\ \vdots & \vdots & \ddots & \vdots \\ g_n & g_{n+1} & \cdots & g_{2n-1} \end{bmatrix} \begin{bmatrix} a_n \\ a_{n-1} \\ \vdots \\ a_1 \end{bmatrix} = - \begin{bmatrix} g_{n+1} \\ g_{n+2} \\ \vdots \\ g_{2n} \end{bmatrix} \tag{4.2.15}$$

因此,已知 $2n+1$ 个脉冲响应值 $g_0, g_1, \cdots, g_{2n}$,可以由式(4.2.15)计算 $a_1, a_2, \cdots, a_n$,再将其带入式(4.2.14)即可求出 $b_0, b_1, b_2, \cdots, b_n$,从而得到脉冲传递函数 $G(z)$。

该辨识方法简单易行、计算量小,但它仅适用确定性的线性定常系统,如果系统存在随机噪声,会产生较大误差。这种方法的精度取决于步长 T 和脉冲响应 $g(t)$ 曲弧的形状,在步长为 T 的条件下,只有 $2n$ 拍内 $g(iT)$ 能够较好地反映脉冲响应的全过程,上述方法才能取得理想的辨识结果。

4.2.3 仿真实例

【**例 4.2**】二阶系统的传递函数为 $G(s)=\dfrac{s+1}{s^2+5s+2}$,取步长 $T=0.1$,利用 Hankel 矩阵法辨识模型参数。仿真程序见 chap4_2.m,程序运行结果如图 4-7 所示。

辨识结果:$bianshisys = \dfrac{-0.492\,7s^2+9.362s+9.829}{s^2+4.922s+1.966}$

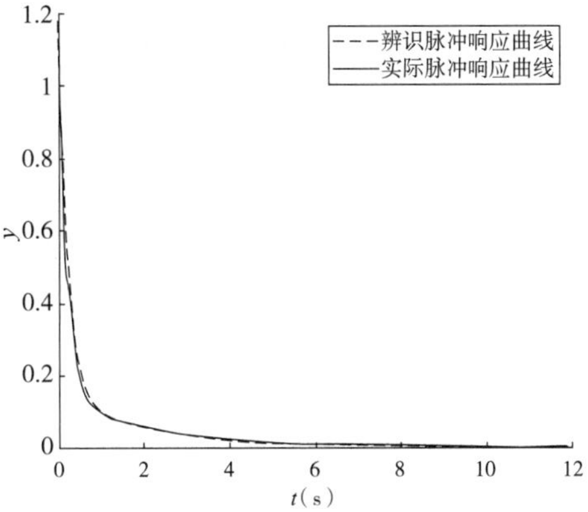

图 4-7　Hankel 矩阵法辨识结果

仿真程序(chap4_2.m):

```
clc;
clear all;
close all;
T0 = 0.1; %采样步长
b0 = 1;
b1 = 1;
a0 = 1;
a1 = 5;
a2 = 2;
num = [b0 b1];
den = [a0 a1 a2];
sys = tf(num,den);   %sys 为实际的传递函数
sysd = c2d(sys,T0);   %传递函数离散化
%% 辨识传递函数
[y,t] = impulse(sysd);
H = [y(2),y(3);y(3),y(4)];   %构造 Hankel 矩阵
if det(H)==0
        disp('Hankel 矩阵奇异,无法求逆');
    else
        A = inv(H)*[-y(4);-y(5)];
        B = [1 0 ;A(2) 1]*[y(2);y(3)];
        numd = B';
    dend = [1 A(2) A(1)];
    bssysd = tf(numd,dend,T0); %创建 1 个采样步长为 T0 的离散时间传递
函数
end
sys1 = d2c(bssysd,'tustin');   %辨识出的传递函数
% 绘制原系统与辨识系统的单位脉冲响应
figure()
impulse(T0*sys1,'black--')   %乘 T0
hold on
impulse(sys,'black')
grid on
xlabel('t')
ylabel('y')
title('脉冲响应曲线')
legend('辨识脉冲响应曲线','实际脉冲响应曲线');
```

4.3　频率响应曲线法

频率响应曲线法指通过实验测取系统的频率响应曲线，并利用频率特性得到系统传递函数的辨识方法。过程的频率特性可以通过实验方法获取，测取频率特性的测试信号通常有正弦信号、矩形信号、阶跃信号、斜坡信号、三角信号、任意信号等。根据测量数据绘制过程对数频率特性曲线，再与典型环节进行比较，从而得到系统的传递函数。频率响应曲线法同样要求系统具有高信噪比。

4.3.1　根据测试信号求系统频率响应

将系统的频率响应定义为

$$G(\mathrm{j}\omega)=\frac{Y(\mathrm{j}\omega)}{U(\mathrm{j}\omega)} \tag{4.3.1}$$

式中：$U(\mathrm{j}\omega)$ 和 $Y(\mathrm{j}\omega)$ 分别是系统输入和输出数据的傅里叶变换。

因此，实验测得被辨识系统的输入、输出时间信号 $u(t)$、$y(t)$，并对它们进行傅里叶变换，就可以得到系统的频率响应。

当 $t<0$ 时，系统处于平衡状态；$t\geqslant 0$ 后，只要系统的输入、输出数据满足狄利克雷（Dirichlet）收敛定理，则可分别在时间区间 $[0,t_u]$ 和 $[0,t_y]$ 上考虑 $u(t)$ 和 $y(t)$ 的傅里叶变换，表达式分别为

$$\begin{aligned}U(\mathrm{j}\omega)&=\int_0^{t_u}u(t)\mathrm{e}^{-\mathrm{j}\omega t}\mathrm{d}t\\&=\int_0^{t_u}u(t)\cos\omega t\mathrm{d}t-\mathrm{j}\int_0^{t_u}u(t)\sin\omega t\mathrm{d}t\end{aligned} \tag{4.3.2}$$

$$\begin{aligned}Y(\mathrm{j}\omega)&=\int_0^{t_y}y(t)\mathrm{e}^{-\mathrm{j}\omega t}\mathrm{d}t\\&=\int_0^{t_y}y(t)\cos\omega t\mathrm{d}t-\mathrm{j}\int_0^{t_y}y(t)\sin\omega t\mathrm{d}t\end{aligned} \tag{4.3.3}$$

式中：t_u、t_y 应满足以下要求。

①计算积分 $\int_0^{t_u}u(t)\cos\omega t\mathrm{d}t$ 和 $\int_0^{t_y}y(t)\cos\omega t\mathrm{d}t$ 时，积分上限（记作 t_{uc} 和 t_{yc}，下标 c 表示余弦）应满足如下条件：

$$\begin{cases}\cos\omega t_{uc}=\pm 1\\ \cos\omega t_{yc}=\pm 1\end{cases} \tag{4.3.4}$$

即

$$\begin{cases}t_{uc}=k_u\dfrac{\pi}{\omega}\\ t_{yc}=k_y\dfrac{\pi}{\omega}\end{cases} \tag{4.3.5}$$

式中：k_u 和 k_y 为正整数。

k_u 的选择必须使 $t=t_{uc}$ 时，$u(t)$ 已接近于零；k_y 的选择必须使 $t=t_{yc}$ 时，$y(t)$ 的过渡过程已基本结束。一般有 $t_{yc}>t_{uc}$，如图 4-8 所示。

②计算积分 $\int_0^{t_u} u(t)\sin\omega t\mathrm{d}t$ 和 $\int_0^{t_y} \mathrm{y(t)sin}\omega t\mathrm{d}t$ 时，积分上限（记作 t_{us} 和 t_{ys}，下标 s 表示正弦）应满足如下条件：

$$\begin{cases}\sin\omega t_{us}=\pm1\\ \sin\omega t_{ys}=\pm1\end{cases} \tag{4.3.6}$$

即

$$\begin{cases}t_{us}=\left(k_u+\dfrac{1}{2}\right)\dfrac{\pi}{\omega}\\ t_{yc}=\left(k_y+\dfrac{1}{2}\right)\dfrac{\pi}{\omega}\end{cases} \tag{4.3.7}$$

t_{us} 和 t_{ys} 的选择类似于 t_{uc} 和 t_{yc}，如图 4-8 所示。

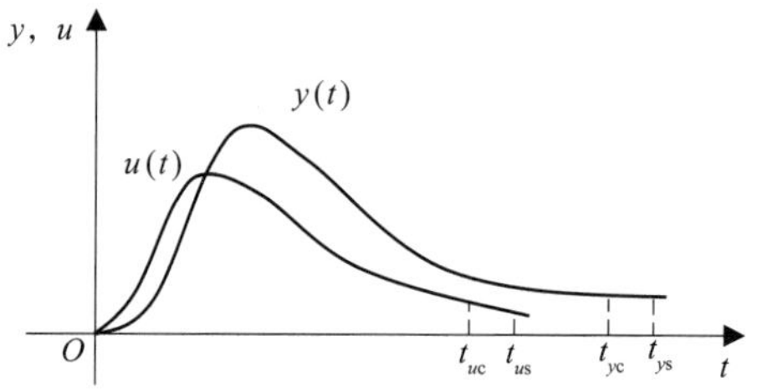

图 4-8　积分上限的选择

根据输入、输出数据计算出的 4 个积分值，即 $\int_0^{t_{uc}} u(t)\cos\omega t\mathrm{d}t$、$\int_0^{t_{us}} u(t)\sin\omega t\mathrm{d}t$、$\int_0^{t_{yc}} y(t)\cos\omega t\mathrm{d}t$、$\int_0^{t_{ys}} y(t)\sin\omega t\mathrm{d}t$，可以确定系统的频率响应，一般采用数值计算，计算方法如下。

①计算 $\int_0^{t_{uc}} u(t)\cos\omega t\mathrm{d}t$：

$$\int_0^{t_{uc}} u(t)\cos\omega t\mathrm{d}t\approx-\frac{1}{\omega^2\Delta t_{uc}}\left[\sum_{i=1}^{n-1}u(i)K_{ic}^{(u)}+u(n)K_{nc}^{(u)}\right] \tag{4.3.8}$$

式中：$\Delta t_{uc}=t_{uc}/n$，工程上一般取 $n=10$；$u(i)$ 为 $i\Delta t_{uc}$ 时刻的输入数据，且

$$\begin{cases}K_{ic}^{(u)}=\cos\omega(i-1)\Delta t_{uc}-2\cos\omega i\Delta t_{uc}+\cos\omega(i+1)\Delta t_{uc}\\ K_{nc}^{(u)}=\cos\omega(n-1)\Delta t_{uc}-\cos\omega n\Delta t_{uc}\end{cases} \tag{4.3.9}$$

②计算 $\int_0^{t_{us}} u(t)\sin\omega t\mathrm{d}t$：

$$\int_0^{t_{us}} u(t)\sin\omega t\mathrm{d}t\approx-\frac{1}{\omega^2\Delta t_{us}}\left[\sum_{i=1}^{n-1}u(i)K_{is}^{(u)}+u(n)K_{ns}^{(u)}\right] \tag{4.3.10}$$

式中：$\Delta t_{us}=t_{us}/n$，且

$$\begin{cases}K_{is}^{(u)}=\sin\omega(i-1)\Delta t_{us}-2\sin\omega i\Delta t_{us}+\sin\omega(i+1)\Delta t_{us}\\ K_{ns}^{(u)}=\sin\omega(n-1)\Delta t_{us}-\sin\omega n\Delta t_{us}\end{cases} \tag{4.3.11}$$

③计算 $\int_0^{t_{yc}} y(t)\cos\omega t\mathrm{d}t$：

$$\int_0^{t_{yc}} y(t)\cos\omega t\mathrm{d}t \approx -\frac{1}{\omega^2\Delta t_{yc}}\left[\sum_{i=1}^{n-1} y(i)K_{ic}^{(y)} + y(n)K_{yc}^{(y)}\right] \tag{4.3.12}$$

式中：$\Delta t_{yc}=t_{yc}/n$；$y(i)$ 为 $i\Delta t_{yc}$ 时刻的输入数据，且

$$\begin{cases} K_{ic}^{(y)} = \cos\omega(i-1)\Delta t_{yc} - 2\cos\omega i\Delta t_{yc} + \cos\omega(i+1)\Delta t_{yc} \\ K_{nc}^{(y)} = \cos\omega(n-1)\Delta t_{yc} - \cos\omega n\Delta t_{yc} \end{cases} \tag{4.3.13}$$

④计算 $\int_0^{t_{ys}} y(t)\sin\omega t\mathrm{d}t$：

$$\int_0^{t_{ys}} y(t)\sin\omega t\mathrm{d}t \approx -\frac{1}{\omega^2\Delta t_{ys}}\left[\sum_{i=1}^{n-1} y(i)K_{is}^{(y)} + y(n)K_{ns}^{(y)}\right] \tag{4.3.14}$$

式中：$\Delta t_{ys}=t_{ys}/n$，且

$$\begin{cases} K_{is}^{(y)} = \sin\omega(i-1)\Delta t_{ys} - 2\sin\omega i\Delta t_{ys} + \sin\omega(i+1)\Delta t_{ys} \\ K_{ns}^{(y)} = \sin\omega(n-1)\Delta t_{ys} - \sin\omega n\Delta t_{ys} \end{cases} \tag{4.3.15}$$

利用上述公式即可求得系统频率响应 $G(\mathrm{j}\omega)$。

4.3.2 根据频率响应求系统传递函数

在对控制系统的分析与综合中，需要将过程的频率响应转换为传递函数的形式，本小节采用对数频率特性曲线法确定过程的动态模型的参数。

对数频率特性曲线又称伯德（Bode）图，包括对数幅频特性和对数相频特性两条曲线。根据式（4.3.1）得到系统的传递函数 $G(\mathrm{j}\omega)$ 后，可分别计算其对数幅频特性 $L(\omega)$ 和对数相频特性 $\Phi(\omega)$，公式为

$$L(\omega) = 20\lg\left|G(\mathrm{j}\omega)\right| \tag{4.3.16}$$

$$\Phi(\omega) = \angle G(\mathrm{j}\omega) \tag{4.3.17}$$

式中：$L(\omega)$ 为对数幅频特性，其曲线的横坐标表示频率 ω，按对数分度，单位为 rad/s，纵坐标表示对数幅频特性函数值，按线性分度，单位为 dB；$\Phi(\omega)$ 为对数相频特性，其曲线的横坐标与 $L(\omega)$ 相同，纵坐标表示相频特性函数值，按线性分度，单位为 °。

将同一系统的对数幅频特性曲线和对数相频特性曲线上下放置（幅频特性在上，相频特性在下），且将二者的纵轴对齐，就构成了伯德图。伯德图有以下优点。

①将幅频特性和相频特性分别作图，使系统（或环节）的幅值和相角与频率之间的关系更加清晰。

②幅值用分贝值表示，可将串联环节的幅值相乘变为相加运算，简化了计算。

③可以采用渐近线的方法，用直线段画出近似的对数幅频特性曲线，使作图更为简单方便。

④横轴（ω 轴）用对数分度，扩展了低频段，同时也兼顾了中、高频段，有利于系统的分析与综合。

⑤对于最小相位系统，可以由对数幅频特性曲线确定系统的传递函数。

根据 Bode 图求传递函数的步骤如下，以一阶惯性环节的传递函数近似为例。图 4-9(a)所示为由实验得到的对数频率特性曲线，其中两条渐近线中的一条与水平轴平行，另一条的斜率为 –20 dB/dec，则可用一阶惯性环节，表达式为

$$G(s)=\frac{K}{Ts+1} \tag{4.3.18}$$

或具有纯时延的一阶惯性环节来近似，表达式为

$$G(s)=\frac{K}{Ts+1}\mathrm{e}^{-\tau s} \tag{4.3.19}$$

放大系数 K 满足：

$$b=20\lg K \tag{4.3.20}$$

式中：b 为水平线高度。

时间常数 T 由两条直线交点的横坐标算出。设此交点的横坐标为 ω，则 T 与 ω 的关系为

$$T=\frac{1}{\omega} \tag{4.3.21}$$

系统是否具有纯时延，需要由相频特性来确定，如图 4-9 所示。其中，实线为实验得到的对数相频特性曲线，虚线为一阶惯性环节所决定的对数相频特性。虚线可由下式描绘：

$$\varphi'(\omega)=-\mathrm{tg}^{-1}\omega T \tag{4.3.22}$$

如果虚线和实线相近，则可用一阶惯性环节近似，如图 4-9(b)所示。反之，则应用具有纯时延的一阶惯性环节来近似，如图 4-9(c)所示。纯时延的计算方法如下：选择若干个 $\omega_k(k=1,2,\cdots,n)$，对应每一个 ω_k 可找到由虚线决定的 φ_k' 及由实线决定的 φ_k，于是每个 ω_k 对应的纯时延为

$$\tau_k=\frac{\Delta\varphi_k}{\omega_k}=\frac{\varphi_k'-\varphi_k}{\omega_k} \tag{4.3.23}$$

再求其平均值

$$\tau=\frac{1}{n}(\tau_1+\tau_2+\cdots+\tau_n) \tag{4.3.24}$$

这个 τ 就可作为该系统的纯时延。

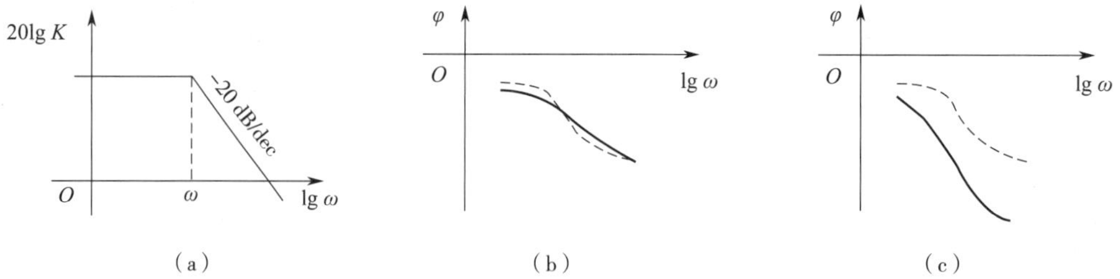

图 4-9　一阶系统的实验对数频率特性

4.3.3 仿真实例

【例 4.3】一阶系统传递函数为 $G(s)=\dfrac{10}{5s+1}$，求其对数频率特性曲线（Bode 图），并根据 Bode 图进行系统辨识。仿真程序见 chap4_3.m，程序运行结果如图 4-10 所示。

辨识结果：$sys=\dfrac{9.988}{5s+1}$

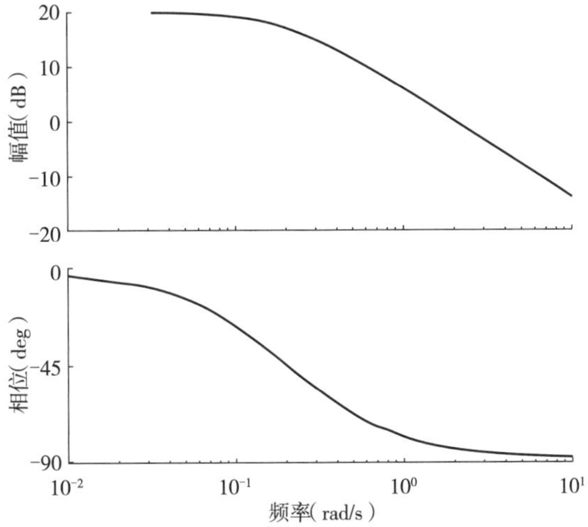

图 4-10　对数频率特性曲线（Bode 图）

仿真程序（chap4_3.m）：

```
clc;
clear all;
close all;
num = 10;
den = [5 1];
G = tf(num,den);

bode(G,'black');
[mag,phase,w]=bode(G);
k=mag(1);
magi=1;
mag1=reshape(mag,1,48);
wi = interp1(mag1,w,magi);
sys=tf(k,[1/wi,1])
```

4.4 相关分析法

采用阶跃响应法、脉冲响应法和频率响应法进行系统辨识都要求所测量数据具有高信噪比。然而,工程实际所获得的数据总是含有噪声的,辨识精度会因此受到影响。相关分析法有较好的抗干扰性,即使在低信噪比的情况下也非常有效,并且信号容易产生,数据容易处理,可在生产过程中进行在线辨识,不会影响正常生产。

相关分析法通常采用类似白噪声的伪随机信号作为输入实验信号,这种信号对系统的正常工作干扰不大。甚至不需要施加专门的输入实验信号,仅利用正常工作状态下测量的输入及输出数据,就可得到良好的辨识结果。相关分析法的抗干扰能力强、数据处理简单、辨识精度高,因此应用比较广泛,尤其是在需要在线辨识的场合。

相关分析法主要应用于非参数模型辨识,即求取系统的脉冲响应函数或频率响应函数。在采用相关分析法进行系统辨识时,系统的脉冲响应函数可由系统的输入及输出数据的相关函数来描述,因此,输入信号选择及相关函数估计是利用相关分析法进行系统辨识的关键所在。

4.4.1 相关函数的估计

(1)自相关函数

信号的自相关函数(Auto Correlation Function, ACF)是该信号的未来值对当前值依赖程度的度量。将乘积项 $x(t)x(t+\tau)$ 的期望定义为连续时间平稳随机信号 $x(t)$ 的自相关函数,记作 $R_{xx}(\tau)$。

$$R_{xx}(\tau)=E\left\{x(t)x(t+\tau)\right\}=\lim_{T\to\infty}\frac{1}{2T}\int_{-T}^{T}x(t)x(t+\tau)\mathrm{d}t \tag{4.4.1}$$

自相关函数 $R_{xx}(\tau)$ 具有如下性质。

①自相关函数是 τ 的偶函数,即:

$$R_{xx}(\tau)=R_{xx}(-\tau) \tag{4.4.2}$$

②自相关函数在 $\tau=0$ 的值就是该信号的均方值,即:

$$R_{xx}(0)=\mu_x^2+\sigma_x^2 \tag{4.4.3}$$

③若信号 $x(t)$ 不含其他确定性分量,其均值为 μ_x,则自相关函数在 $\tau\to\infty$ 时的值为其均值的平方,即:

$$R_{xx}(\infty)=\mu_x^2 \tag{4.4.4}$$

④对于任意纯滞后 τ,自相关函数 $R_{xx}(\tau)$ 满足:

$$R_{xx}(\tau)\leqslant R_{xx}(0) \tag{4.4.5}$$

⑤若信号 $x(t)$ 含有周期性成分,自相关函数 $R_{xx}(\tau)$ 中也必含周期性成分;

⑥含有噪声信号的自相关函数是无噪声信号和噪声信号的自相关函数之和。

典型的自相关函数如图 4-11 所示。

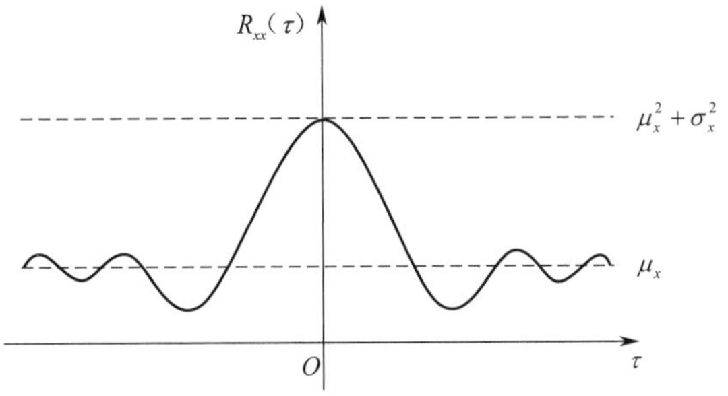

图 4-11　自相关函数曲线

考虑离散时间的情况，对于离散时间为 $k=t/T_0=0,1,2,\cdots$，采样时间为 T_0 的离散时间平稳随机过程 $x(k)$，其自相关函数定义为

$$R_{xx}(\tau)=E\left\{x(k)x(k+\tau)\right\}=\lim_{N\to\infty}\frac{1}{N}\sum_{k=1}^{N}x(k)x(k+\tau) \tag{4.4.6}$$

在多数情况下，测量时间是有限的，因此需要考虑测量时间 T 对相关函数估计的影响。对于在时间区间 $0\leqslant t\leqslant T+\tau$ 上取值的连续时间平稳随机信号 $x(t)$，其自相关函数的估计可写为

$$\hat{R}_{xx}(\tau)=\frac{1}{T}\int_0^T x(t)x(t+\tau)\mathrm{d}t \tag{4.4.7}$$

在信号的记录时间长度有限的情况下，假设有限采样长度为 N，恒定采样时间为 T_0，则自相关函数的估计可写成

$$\hat{R}_{xx}(\tau)\approx\hat{R}_{xx}^{N}(\tau)=\frac{1}{N}\sum_{k=0}^{N-1}x(k)x(k+\tau) \tag{4.4.8}$$

（2）互相关函数

一个信号 $x(t)$ 如果对另一信号 $y(t)$ 的未来值存在一定影响，则称 $x(t)$ 和 $y(t+\tau)$ 两信号是相关的，信号之间的依赖关系可用互相关函数（Cross Correlation Function，CCF）来度量。两个连续时间平稳随机信号 $x(t)$ 和 $y(t)$ 的互相关函数定义为

$$\begin{aligned}R_{xy}(\tau)&=E\left\{x(t)y(t+\tau)\right\}=\lim_{T\to\infty}\frac{1}{T}\int_{-\frac{T}{2}}^{\frac{T}{2}}x(t)y(t+\tau)\mathrm{d}t\\&=\lim_{T\to\infty}\frac{1}{T}\int_{-\frac{T}{2}}^{\frac{T}{2}}x(t-\tau)y(t)\mathrm{d}t\end{aligned} \tag{4.4.9}$$

和

$$\begin{aligned}R_{yx}(\tau)&=E\left\{y(t)x(t+\tau)\right\}=\lim_{T\to\infty}\frac{1}{T}\int_{-\frac{T}{2}}^{\frac{T}{2}}y(t)x(t+\tau)\mathrm{d}t\\&=\lim_{T\to\infty}\frac{1}{T}\int_{-\frac{T}{2}}^{\frac{T}{2}}y(t-\tau)x(t)\mathrm{d}t\end{aligned} \tag{4.4.10}$$

因此，有

$$R_{xy}(\tau)=-R_{yx}(\tau) \tag{4.4.11}$$

显然，若 $x(t)=y(t)$，则互相关函数就变为自相关函数。

互相关函数 $R_{xy}(\tau)$ 具有如下性质：

①通常互相关函数不是 τ 的偶函数；

②互相关函数在 $\tau=0$ 时，并不一定取最大值；

③彼此独立的随机信号间的互相关函数值为 0，即

$$R_{xy}(\tau)=0 \tag{4.4.12}$$

④互相关函数满足如下不等式

$$\left|R_{xy}(\tau)\right| \leqslant \sqrt{R_{xx}(0)R_{yy}(0)} \tag{4.4.13}$$

⑤信号 $x(t)$ 和 $y(t)$ 的互相关系数定义为

$$\rho_{xy}(\tau)=\frac{R_{xy}(\tau)}{\sqrt{R_{xx}(0)R_{yy}(0)}} \tag{4.4.14}$$

由性质④可知：$\left|R_{xy}(\tau)\right| \leqslant 1$；当 $\left|R_{xy}(\tau)\right|=1$ 时，表示 $x(t)$ 和 $y(t)$ 完全相关；若 $\left|R_{xy}(\tau)\right| \to 0$，则表示 $x(t)$ 和 $y(t)$ 彼此独立。

典型的互相关函数曲线如图 4-12 所示。

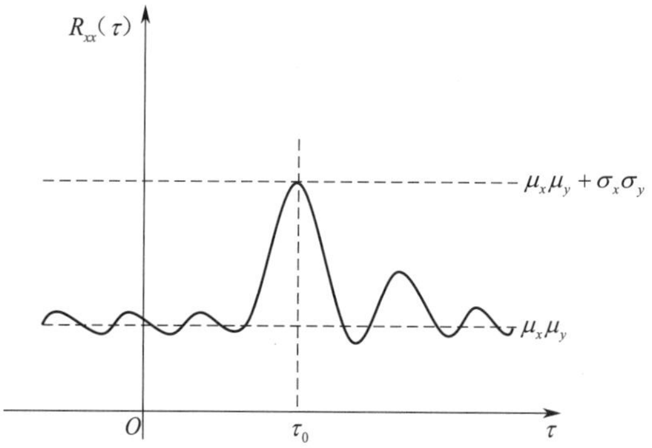

图 4-12　互相关函数曲线

设信号 $x(t)$ 和 $y(t)$ 在时间 $0 \leqslant t \leqslant T+\tau$ 范围内已知，且两信号均值为 0，则互相关函数估计可写为

$$\begin{aligned} R_{xy}(\tau) &= \frac{1}{T}\int_0^T x(t)y(t+\tau)\mathrm{d}t \\ &= \frac{1}{T}\int_0^T x(t-\tau)y(t)\mathrm{d}t \end{aligned} \tag{4.4.15}$$

图 4-13 所示为估计互相关函数估计的方块图。

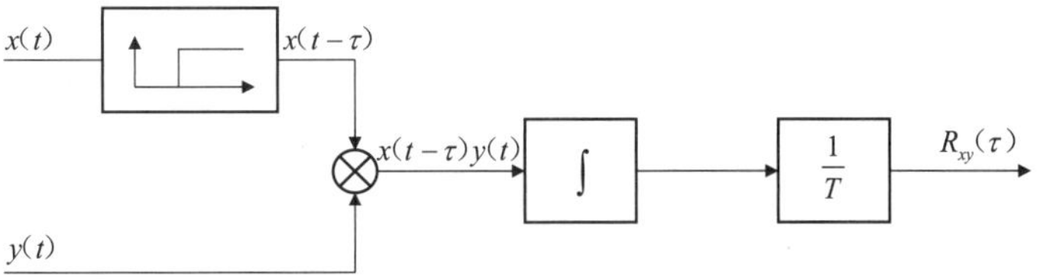

图 4-13　互相关函数估计的方块图

对于离散时间的情况，两个离散时间平稳过程的互相关函数定义为

$$R_{xy}(\tau)=E\{x(k)y(k+\tau)\}=E\{x(k-\tau)y(k)\}$$
$$=\lim_{N\to\infty}\frac{1}{N}\sum_{k=1}^{N}x(k)y(k+\tau) \tag{4.4.16}$$

考虑信号的有限记录长度，互相关函数的估计可写为

$$\hat{R}_{xy}(\tau)\approx\hat{R}_{xy}^{N}(\tau)=\frac{1}{N}\sum_{k=0}^{N-1}x(k)y(k+\tau) \tag{4.4.17}$$

4.4.2　基于相关分析法的系统辨识

（1）相关函数法测定系统脉冲响应函数

系统的动态特性可由系统的脉冲响应函数确定，在此以单变量系统为例，介绍利用相关函数求出系统脉冲响应函数的方法。如图 4-14 所示，将一个随机信号 $x(t)$ 施加到被测对象的输入端，计算 $x(t)$ 的自相关函数以及 $x(t)$ 与输出信号 $y(t)$ 的互相关函数。

设当 $t=0$ 时，$x(t)=0$，且 t 从 v 开始计算，则

$$y(t)=\int_{0}^{\infty}h(v)x(t-v)\mathrm{d}v \tag{4.4.18}$$

式中：$h(v)$ 是以 v 为时间变量的脉冲响应函数。

利用式（4.4.9）可得

$$R_{xy}(\tau)=\lim_{T\to\infty}\frac{1}{T}\int_{-\frac{T}{2}}^{\frac{T}{2}}x(t)\int_{0}^{\infty}h(v)x(t+\tau-v)\mathrm{d}v\mathrm{d}t \tag{4.4.19}$$

变形可得

$$R_{xy}(\tau)=\int_{0}^{\infty}h(v)\left[\lim_{T\to\infty}\frac{1}{T}\int_{-\frac{T}{2}}^{\frac{T}{2}}x(t)x(t+\tau-v)\mathrm{d}t\right]\mathrm{d}v \tag{4.4.20}$$

式中：τ 为求相关函数时的滞后时间；中括号的内容是信号 $x(t)$ 在 $t=\tau-v$ 时的自相关函数 $R_{xx}(\tau-v)$，因此有

$$R_{xy}(\tau)=\int_{0}^{\infty}h(v)R_{xx}(\tau-v)\mathrm{d}v \tag{4.4.21}$$

式（4.4.21）为输入、输出互相关函数的关系式，称为维纳-霍夫（Wiener-Hoff）方程。

根据式（4.4.21）和图 4-14 可知，如果某对象的输入为输入信号 $x(t)$ 的自相关函数，那么其脉冲响应相当于该对象的输出信号 $y(t)$ 与输入信号 $x(t)$ 之间的互相关函

数 $R_{xy}(\tau)$。

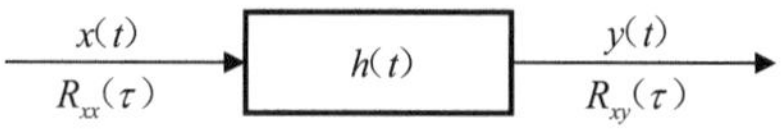

图 4-14 系统输入输出框图

（2）单变量系统辨识

采用相关函数法进行系统辨识有很强的抗干扰能力，可显著降低外界某些干扰信号对辨识结果的影响。一个单变量线性系统的输入输出关系如图 4-15 所示。其中，$x(t)$ 为可观测输入信号；$\omega(t)$ 为理想输出信号，不可观测；$y(t)$ 为实际测量信号，它包括理想输出信号和干扰信号 $n(t)$，表达式为

$$y(t)=\omega(t)+n(t) \tag{4.4.22}$$

或

$$y(t)=\int_0^{\infty}h(v)x(t-v)\mathrm{d}v+n(t) \tag{4.4.23}$$

则输入信号 $x(t)$ 与实际测量输出信号 $y(t)$ 之间的互相关函数为

$$\begin{aligned}R_{xy}(\tau)&=\lim_{T\to\infty}\frac{1}{T}\int_{-\frac{T}{2}}^{\frac{T}{2}}x(t)\left[\int_0^{\infty}h(v)x(t+\tau-v)\mathrm{d}v+n(t)\right]\mathrm{d}t\\&=\int_0^{\infty}h(v)R_{xx}(\tau-v)\mathrm{d}v+R_{xn}(\tau)\end{aligned} \tag{4.4.24}$$

假定输入信号 $x(t)$ 和干扰信号 $n(t)$ 互不相关，即 $R_{xn}(\tau)=0$。由此可知，采用相关分析法时，只要选择与干扰信号互不相关的输入实验信号，就可以克服干扰信号的影响。

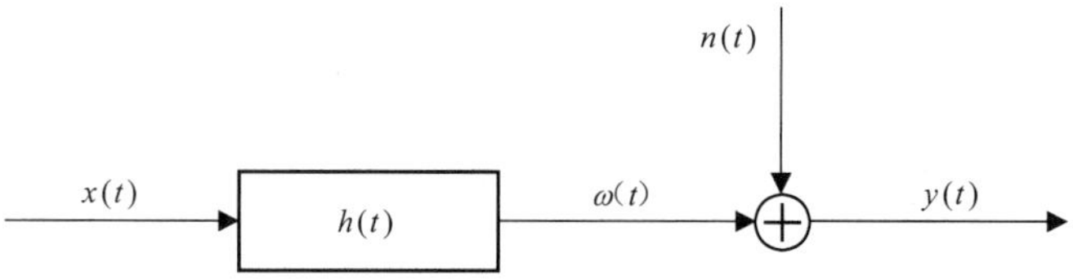

图 4-15 单变量系统输入输出框图

4.4.3 指定输入的系统辨识

（1）白噪声为输入信号

由 3.3 节内容可知，白噪声信号满足持续激励条件，其自相关函数是一个脉冲函数，即

$$R_{xx}(\tau)=\sigma^2\delta(\tau) \tag{4.4.25}$$

白噪声的频域性质由功率谱来描述，即

$$S_{xx}(\omega)=\sigma^2,\quad -\infty<\omega<\infty \tag{4.4.26}$$

式（4.4.26）表明白噪声在无限宽的频带内，平均功率保持不变，总功率是无

限的。

因此，当输入信号为白噪声时，式(4.4.21)就变成

$$R_{xy}(\tau)=\int_0^{\infty}\sigma^2 h(\nu)\delta(\tau-\nu)\mathrm{d}\nu=\sigma^2 h(\tau) \tag{4.4.27}$$

即输入输出互相关函数 $R_{xy}(\tau)$ 与脉冲响应函数成比例。那么在计算系统的互相关函数 $R_{xy}(\tau)$ 后，就可以直接得到系统在时域的脉冲响应函数。若对式(4.4.27)两边取拉普拉斯变换，就可求得传递函数。式(4.4.27)的线路实现方式如图 4-16 所示。

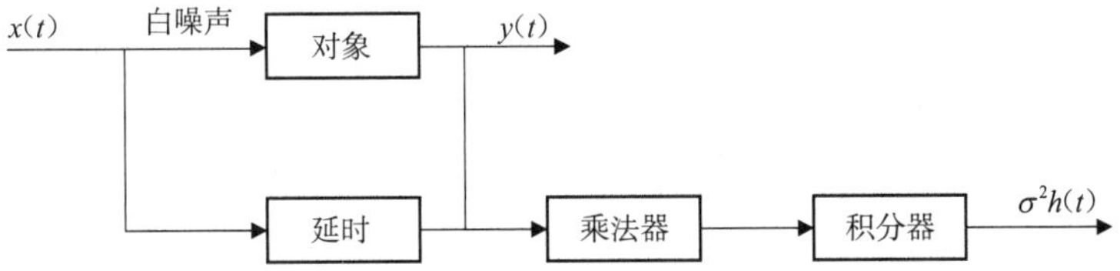

图 4-16　输入为白噪声的脉冲响应辨识

利用白噪声作为系统辨识的输入信号时，能量分布均匀，强度低，不致使系统偏离正常运行状态。但要得到较为精确的互相关函数，就必须在较长一段时间内进行积分，不仅耗费时间，而且积分时间过长往往会产生信号漂移等其他问题。因此，在相关分析法中一般不采用白噪声信号作为输入信号，而采用自相关函数与其类似的伪随机信号作为输入信号。

(2) M 序列为输入信号

利用 M 序列进行系统辨识就是以 M 序列为输入信号，输入实际系统后得到输出信号，利用输入、输出信号之间的互相关函数求得系统脉冲响应函数。采用 M 序列作输入信号既保留了白噪声信号的优点，又减少了计算工作量，因此它是在线辨识常用的实验信号。

根据第 3 章的讨论，M 序列是循环周期为 $N\Delta$，自相关函数近似于 δ 函数的一种随机序列，统计特性近似白噪声。如果选择 N 使 M 序列的循环周期大于过程的过渡过程时间，根据维纳霍夫方程有

$$R_{\mathrm{M}y}(\tau)=\int_0^{N\Delta} h(\nu)R_{\mathrm{M}}(\tau-\nu)\mathrm{d}\nu \tag{4.4.28}$$

当 N 足够大时，有

$$R_{\mathrm{M}y}(\tau)\approx a^2 h(\nu) \tag{4.4.29}$$

式中：a 为 M 序列的幅度。

因此，M 序列作为输入信号时，辨识效果与白噪声类似，但脉冲响应估计值计算更为简单，且互相关函数 $R_{\mathrm{M}y}(\tau)$ 只需在一个辨识周期内计算，缩短了辨识时间。

4.4.4　仿真实例

【**例 4.4**】对于三阶系统 $G(s)=\dfrac{b_0 s+b_1}{a_0 s^3+a_1 s^2+a_2 s+a_3}$，其中 $b_0=1$，$b_1=15$，$a_0=1$，$a_1=5$，

$a_2=4$，$a_3=15$，采用 M 序列作为输入信号，辨识并计算系统的脉冲响应估计量。仿真程序见 chap4_4.m，程序运行结果如图 4-17 所示。

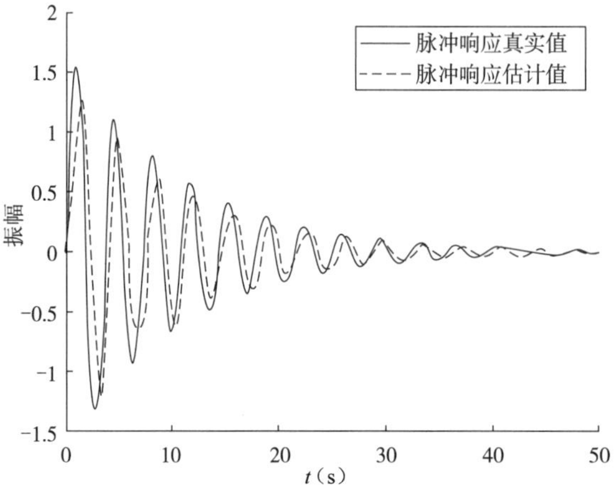

图 4-17　系统脉冲响应估计

仿真程序（chap4_4.m）：

```
% M 序列作为输入辨识系统脉冲响应
clc;
close all;
clear;

%% 产生 M 序列
n = 11;   %n 级寄存器
a = 2;   %M 序列的幅值
del = 0.8;   %del 为时钟脉冲
Np = 2^n - 1;   %M 序列的循环长度
Total = 2 * Np;   %逆 M 序列的长度
r = 1;
u = Ssequence(n,a,Total,'M');   % 产生 M 序列或逆 M 序列(M='M';nM=' ')
% 产生输出响应 y
G = tf([1,15],[1,5,4,15]);
TF =Total * del;
tim = 0 : del : TF - del;
y = lsim(G,u,tim);% G 系统对 Out 输入的时间响应

figure(1);
stairs(tim,u);   %绘制阶梯状图
axis([0,12,-2.5,2.5]);
```

```
hold on
plot(tim,y,'r');
hold off
grid on
%% 计算 Ruy 并得到系统脉冲响应的估计值
C = 1 / (r * a^2 * del) / (Np + 1);
C_mat = ones(Np,Np) + diag(ones(1,Np));

j = 1;
U = zeros(Np,Np*r);
for i = 1 : Np
    U(i,:) = u(1,Np+j:2*Np+j-1);
    j = j - 1;
end

ghat = C .* C_mat * U * y(Np+1:2*Np);   % M 序列作为信号输入,系统脉冲响应估计值
Result = [ghat y(Np+1:2*Np)];

figure(2)
impulse(G,50,'black');
grid on
hold on
t = 0 : del : 50;
plot(t',ghat(1:length(t)),'black--','LineWidth',2);
legend('脉冲响应真实值','脉冲响应估计值')
```


4.5　谱分析法

谱分析法是工程中最常用的一种辨识方法,利用谱分析法可以辨识系统的频率响应。相关函数描述了随机信号在时域内的统计特性,谱密度函数则可以描述随机信号在频域内的统计特性。随着计算机技术的发展,谱密度估计方法日趋完善,使谱分析在工程中的应用也越来越广泛。在机械系统的参数辨识、模态分析及故障诊断等领域内,谱分析法已经成为一种常用的工具。

4.5.1 谱密度基本理论

设一连续时间信号 $x(t)$，满足 Dirichlet 条件，即绝对可积，那么 $x(t)$ 的傅里叶变换存在，其频谱 $F_x(\omega)$ 为

$$F_x(\omega)=x(\mathrm{j}\omega)=\int_{-\infty}^{+\infty}x(t)\mathrm{e}^{-\mathrm{j}\omega t}\mathrm{d}t \tag{4.5.1}$$

将傅里叶变换模的平方称为能量谱密度（Energy Spectral Density，ESD），即

$$W(\omega)=\left|F_x(\omega)\right|^2 \tag{4.5.2}$$

根据巴塞伐尔（Parseval）定理，$x(t)$ 和 $F_x(\omega)$ 满足如下关系

$$\int_{-\infty}^{+\infty}x^2(t)\mathrm{d}t=\int_{-\infty}^{+\infty}\left|F_x(\omega)\right|^2\mathrm{d}\omega \tag{4.5.3}$$

假设 $x(t)$ 是加在 1 Ω 电阻上的电压，则上式左边代表信号 $x(t)$ 在 $(-\infty,+\infty)$ 上的总能量，所以等式右边亦有能量的性质。对上式两边求导后，可知 $\left|F_x(\omega)\right|^2$ 为能量谱密度。巴塞伐尔公式说明时域信号的能量等于频域变换后的能量。

在实际工程应用中，有很多时间信号（如正弦信号）的总能量是无限的，式（4.5.3）无法描述信号的能量谱关系。因此，在这里引入功率谱密度的概念，即功率对频率的分布。功率谱密度可以理解成能量谱密度对时间的平均。对于一个区间 $(-T<t<T)$ 内的平均功率谱，考虑式（4.5.3），得

$$\lim_{T\to\infty}\frac{1}{2T}\int_{-T}^{T}x^2(t)\mathrm{d}t=\int_{-\infty}^{\infty}\lim_{T\to\infty}\frac{1}{2T}\left|F_x(\omega,T)\right|^2\mathrm{d}\omega \tag{4.5.4}$$

上式右端的被积分式被称为信号 $x(t)$ 的平均功率谱密度，即

$$S_{xx}(\omega)=\lim_{T\to\infty}\frac{1}{2T}\left|F_x(\omega,T)\right|^2 \tag{4.5.5}$$

事实上，随机过程 $x(t)$ 的谱密度 $S_{xx}(\omega)$ 与自相关函数 $R_{xx}(\tau)$ 可以构成一组傅里叶变换对

$$S_{xx}(\omega)=\int_{-\infty}^{\infty}R_{xx}(\tau)\mathrm{e}^{-\mathrm{j}\omega\tau}\mathrm{d}\tau \tag{4.5.6}$$

$$R_{xx}(\tau)=\frac{1}{2\pi}\int_{-\infty}^{\infty}S_{xx}(\omega)\mathrm{e}^{\mathrm{j}\omega\tau}\mathrm{d}\omega \tag{4.5.7}$$

式（4.5.7）称为 Wiener-Khinchin 公式。相应可写出互谱密度 $S_{xy}(\omega)$ 与互相关函数 $R_{xy}(\tau)$ 的关系式

$$S_{xy}(\omega)=\int_{-\infty}^{\infty}R_{xy}(\tau)\mathrm{e}^{-\mathrm{j}\omega\tau}\mathrm{d}\tau \tag{4.5.8}$$

$$R_{xy}(\tau)=\frac{1}{2\pi}\int_{-\infty}^{\infty}S_{xy}(\omega)\mathrm{e}^{\mathrm{j}\omega\tau}\mathrm{d}\omega \tag{4.5.9}$$

以上定义的功率谱密度函数在所有频率上都存在，因此称为“双边谱密度”。实际的正频率上的谱便于测量，称为“单边谱密度” $G_{xx}(\omega)$ 和 $G_{xy}(\omega)$，表达式分别为

$$G_{xx}(\omega)=\begin{cases}2S_{xx}(\omega), & \omega>0\\ 0, & \omega<0\end{cases} \tag{4.5.10}$$

$$G_{xy}(\omega)=\begin{cases}2S_{xy}(\omega), & \omega>0\\ 0, & \omega<0\end{cases} \tag{4.5.11}$$

单边谱密度与双边谱密度的关系如图 4-18 所示。

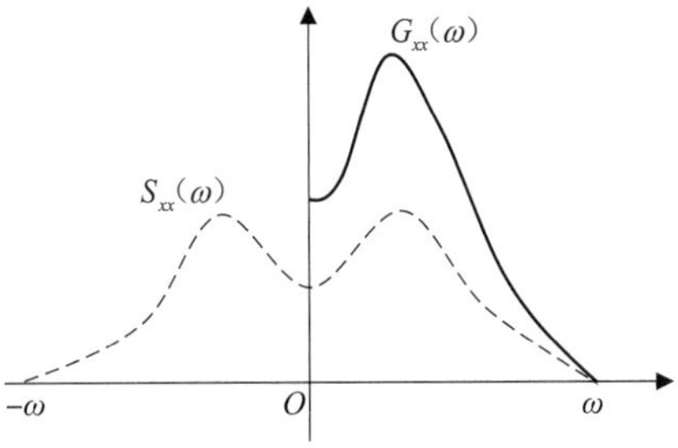

图 4-18　单边谱密度与双边谱密度关系图

4.5.2　谱密度估计

在实际应用中，功率谱密度和傅里叶变换经常被用来分析信号的频域特征，功率谱密度的计算是一个非常重要的问题。按照定义，功率谱密度的计算需要在无限长的时间区间内进行，然而这是不现实的。因此，需要根据有限长度的数据估计功率谱密度。傅里叶变换（Fourier Transform，FT）是一种线性的积分变换，用于信号在时域和频域之间的变换。本节主要讨论傅里叶变换和离散傅里叶变换（Discrete FT，DFT）的基本原理[3-4]，并对短时傅里叶变换（Short-Time FT，STFT）以及小波变换（Wavelet Transform，WT）进行简单介绍。

（1）傅里叶变换（FT）

对于周期为 T 的周期信号 $x(t)$，满足 $x(t)=x(t+kT)$，k 为任意整数，都可写成无穷级数的形式：

$$x(t)=\frac{a_0}{2}+\sum_{k=1}^{\infty}a_k\cos(k\omega_0 t)+b_k\sin(k\omega_0 t),\quad \omega_0=\frac{2\pi}{T} \tag{4.5.12}$$

式（4.5.12）为三角函数形式的傅里叶级数，其中

$$a_k=\frac{2}{T}\int_0^T x(t)\cos(k\omega_0 t)\mathrm{d}t \tag{4.5.13}$$

$$b_k=\frac{2}{T}\int_0^T x(t)\sin(k\omega_0 t)\mathrm{d}t \tag{4.5.14}$$

式中：积分可以在任何长度为 T 的时间区间内进行。

将欧拉公式代入三角函数形式的傅里叶级数，可以得到指数形式的傅里叶级数，表达式为

$$x(t)=\sum_{k=-\infty}^{\infty}c_k\mathrm{e}^{\mathrm{j}k\omega_0 t} \tag{4.5.15}$$

式中

$$c_k=\frac{1}{T}\int_0^T x(t)\mathrm{e}^{-\mathrm{j}k\omega_0 t}\mathrm{d}t \tag{4.5.16}$$

将区间长度规范地拓展到 $T\to\infty$，则可以处理非周期信号。设一个连续信号

$x(t)$，由式（4.5.1）可知，它的傅里叶变换表达式为

$$F(\omega)=\int_{-\infty}^{+\infty}x(t)\mathrm{e}^{-\mathrm{j}\omega t}\mathrm{d}t \tag{4.5.17}$$

（2）离散傅里叶变换（DFT）

实际信号往往具有有限性和离散性两个特点，即采集数据处于一定范围之内且不连续。因此，需要根据有限长度的离散数据估计其功率谱密度。

首先，考虑连续时间信号 $x(t)$ 的有限性，设有限时间区间为 T，那么有限傅里叶变换 $F(\omega)$ 的表达式为

$$F(\omega)=\int_{0}^{T}x(t)\mathrm{e}^{-\mathrm{j}\omega t}\mathrm{d}t \tag{4.5.18}$$

其次，考虑信号 $x(t)$ 的离散性。假定信号采样周期为 Δt，$x(t)$ 的采样序列记为 $x(n)$，$n=0,1,\cdots,N-1$，其中 N 为样本长度，$N\Delta t=T$。非周期信号的频谱为连续的周期函数，周期为 2π，所以只需在 $[0,2\pi]$ 上对频谱进行采样。选择离散频率为 $\omega_k=\dfrac{2\pi k}{N\Delta t}$，$k=0,1,\cdots,N-1$。$x(t)$ 的离散傅里叶变换表达式为

$$F(\omega_k)=\sum_{n=0}^{N-1}x(n)\mathrm{e}^{-\mathrm{j}\frac{2\pi k}{N\Delta t}n\Delta t}=\sum_{n=0}^{N-1}x(n)\mathrm{e}^{-\mathrm{j}\frac{2\pi n}{N}k} \tag{4.5.19}$$

相应地，离散傅里叶逆变换（Inverse DFT，IDFT）的表达式为

$$x(n)=\sum_{n=0}^{N-1}F(\omega_k)\mathrm{e}^{\mathrm{j}\frac{2\pi n}{N}k} \tag{4.5.20}$$

在这里补充 Shannon 定理：正确采样时信号频率 f 应满足以下规律

$$f\leqslant\frac{1}{2T_0}=\frac{1}{2}f_{\mathrm{s}} \tag{4.5.21}$$

式中，f_{s} 为采样频率。

采用傅里叶变换和离散傅里叶变换可以把时域信号变为频域信号，得到信号的频域特性。

（3）短时傅里叶变换（STFT）

直接对非平稳信号做离散傅里叶变换，无法得到信号变化的时域信息，判断不出不同信号出现的先后顺序。但在时变系统辨识或故障诊断等应用中，需要知道频率成分是如何随时间变化的。在这里引入短时傅里叶变换（STFT），可以通过每次取出信号中的一小段加窗后做离散傅里叶变换，反映信号随时间的变化特性，可以满足时频联合分析的需求[5]。

Ⅰ. 加窗

窗函数指用于截取信号的时域截取函数，它是一种加权函数[6-8]。限制时域中的数据点数可以理解为时间函数 $x(t)$ 与所谓窗函数做乘积，以获得有限时间函数 $x_{\mathrm{w}}(t)$，表达式为

$$x_{\mathrm{w}}(t)=x(t)w(t) \tag{4.5.22}$$

当进行傅里叶变换时，获得

$$F_{\mathrm{w}}(\omega)=F(\omega)*W(\omega) \tag{4.5.23}$$

即原始信号频谱和窗函数频谱的卷积。

Ⅱ. 短时傅里叶变换原理

根据式（4.5.19），当求和运算在有限区间上运行，并忽略采样时间 T 时，有

$$F(\omega)=\sum_{n=0}^{N-1}x(n)\mathrm{e}^{-\mathrm{j}\frac{2\pi n}{N}k} \tag{4.5.24}$$

引入平移参数 τ 和窗函数，则短时傅里叶变换计算公式可写为

$$F(\omega,\tau)=\sum_{n=0}^{R-1}x(n-\tau)w(n)\mathrm{e}^{-\mathrm{j}\frac{2\pi n}{N}k} \tag{4.5.25}$$

或

$$F(\omega,\tau)=\sum_{n=0}^{R-1}x(n)w(n+\tau)\mathrm{e}^{-\mathrm{j}\frac{2\pi n}{N}k} \tag{4.5.26}$$

因此，为了得到信号随时间变化的情况，可以将信号划分为小块，分别进行短时傅里叶变换，其中每个数据块的长度为 R。

短时傅里叶变换的二维图称为谱图，算法的调节参数为数据块长度 R 和数据重叠区。较大的数据块长度 R 会提高频率分辨率并降低时域分辨率，这样的谱图称作窄带谱图。反之，较小数据块长度 R 的谱图称作宽带谱图。时变信号的谱图如图 4-19 所示，图中显示的是线性调频信号的短时傅里叶变换[9]。

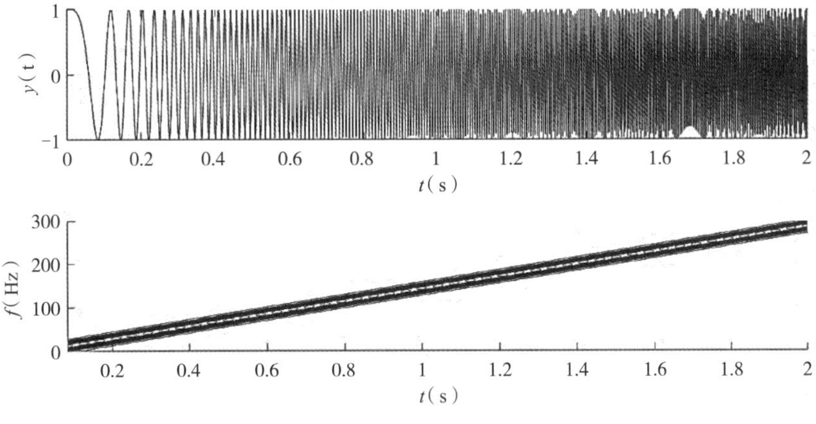

图 4-19　线性调频信号的谱图

（4）小波变换

利用短时傅里叶变换可以确定所分析信号与加窗谐波信号之间的相似性。为了获得具有尖峰瞬间变化短时信号的更佳逼近，需要计算它与有限持续时间短时原型函数之间的相似性。小波变换将无限长的三角函数基换成了有限长度的会衰减的小波基。小波基的能量有限，都集中在某一点附近，而且积分的值为零。这种有某些衰减振荡特性的原型函数或基函数是小波[10]。图 4-20 给出了常用的小波函数，小波变换有两个变量：尺度 a 和平移量 τ。尺度 a 控制小波函数的伸缩，平移量 τ 控制小波函数的平移，从而有

$$\Psi^*(t,a,\tau)=\frac{1}{\sqrt{a}}\Psi\left(\frac{t-\tau}{a}\right) \tag{4.5.27}$$

引入因子 $1/\sqrt{a}$ 是为了对功率密度谱进行标准化处理。如果小波的中心频率为 ω_0，利用 t/a 可将中心频率扩张为 ω_0/a。

连续时间小波变换（Continuous-time Wavelet Transform，CWT）可写为

$$CWT(y,a,\tau)=\frac{1}{\sqrt{a}}\int_{-\infty}^{\infty}x(t)\Psi\left(\frac{t-\tau}{a}\right)\mathrm{d}t \tag{4.5.28}$$

当 $x(t)$ 和 $\Psi(t)$ 为实数时，其变换的结果也是实数。小波变换的优点在于具有信号适应性的基函数，而且具较好的时频分辨率，可以得到时频谱。

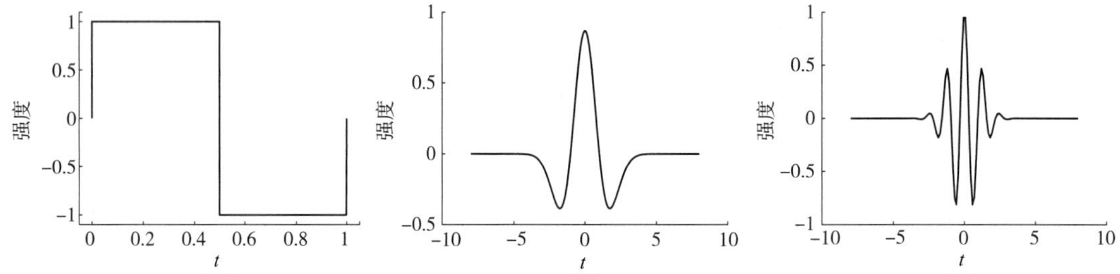

（a）　（b）　（c）

图 4-20　常见的小波函数

（a）哈尔（Harr）小波；（b）墨西哥帽子（Mexican hat）小波；（c）迈耶（Meyer）小波

小波函数相当于某种带通滤波器，如利用比例因子可以降低中心频率，也能减小带宽，而短时傅里叶变换的带宽是不会变化的。

4.5.3　基于谱分析法的系统辨识

（1）谱分析法系统辨识原理

考虑一个单变量线性系统如图 4-21 所示，线性过程的特性可以用单位脉冲响应 $g(t)$ 和频率响应 $G(\mathrm{j}\omega)$ 描述。$g(t)$ 和 $G(\mathrm{j}\omega)$ 构成一组傅里叶变换对，考虑到 $g(t)=0$，$\forall t<0$，故有

$$\begin{cases}G(\mathrm{j}\omega)=\int_0^{\infty}g(t)\mathrm{e}^{-\mathrm{j}\omega t}\mathrm{d}t\\ g(t)=\dfrac{1}{2\pi}\int_{-\infty}^{\infty}G(\mathrm{j}\omega)\mathrm{e}^{\mathrm{j}\omega t}\mathrm{d}\omega\end{cases} \tag{4.5.29}$$

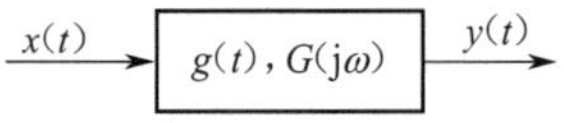

图 4-21　单变量线性系统输入输出框图

首先，因为 $R_{yy}(\tau)=E\{y(t)y(t+\tau)\}$，$R_{xy}(\tau)=E\{x(t)y(t+\tau)\}$，且根据卷积定理有

$$y(t)=\int_0^{\infty}g(\tau)x(t-\tau)\mathrm{d}\tau \tag{4.5.30}$$

则输出的自相关关系式和输入输出的互相关关系式可分别写为

$$R_{yy}(\tau)=E\left\{\left[\int_0^\infty g(\tau_1)x(t-\tau_1)\mathrm{d}\tau_1\right]\left[\int_0^\infty g(\tau_2)x(t+\tau-\tau_2)\mathrm{d}\tau_2\right]\right\}$$

$$=\int_0^\infty\int_0^\infty g(\tau_1)g(\tau_2)E\{x(t-\tau_1)x(t+\tau-\tau_2)\}\mathrm{d}\tau_1\mathrm{d}\tau_2 \tag{4.5.31}$$

$$R_{xy}(\tau)=E\left\{x(t)\left[\int_0^\infty g(\tau_3)x(t+\tau-\tau_3)\mathrm{d}\tau_3\right]\right\}$$

$$=\int_0^\infty g(\tau_3)E\{x(t)x(t+\tau-\tau_3)\}\mathrm{d}\tau_3 \tag{4.5.32}$$

式中

$$E\{x(t-\tau_1)x(t+\tau-\tau_2)\}=R_{xx}(\tau+\tau_1-\tau_2)$$

$$=\frac{1}{2\pi}\int_{-\infty}^{\infty}S_{xx}(\omega)\mathrm{e}^{\mathrm{j}\omega(\tau+\tau_1-\tau_2)}\mathrm{d}\omega \tag{4.5.33}$$

$$E\{x(t)x(t+\tau-\tau_3)\}=R_{xx}(\tau-\tau_3)$$

$$=\frac{1}{2\pi}\int_{-\infty}^{\infty}S_{xx}(\omega)\mathrm{e}^{\mathrm{j}\omega(\tau-\tau_3)}\mathrm{d}\omega \tag{4.5.34}$$

因此

$$R_{yy}(\tau)=\frac{1}{2\pi}\int_{-\infty}^{\infty}\left\{\int_0^\infty g(\tau_1)\mathrm{e}^{\mathrm{j}\omega\tau_1}\mathrm{d}\tau_1\right\}\left\{\int_0^\infty g(\tau_2)\mathrm{e}^{-\mathrm{j}\omega\tau_2}\mathrm{d}\tau_2\right\}S_{xx}(\omega)\mathrm{e}^{\mathrm{j}\omega\tau}\mathrm{d}\omega$$

$$=\frac{1}{2\pi}\int_{-\infty}^{\infty}G(\mathrm{j}\omega)G(-\mathrm{j}\omega)S_{xx}(\omega)\mathrm{e}^{\mathrm{j}\omega\tau}\mathrm{d}\omega \tag{4.5.35}$$

$$R_{xy}(\tau)=\frac{1}{2\pi}\int_{-\infty}^{\infty}G(\mathrm{j}\omega)S_{xx}(\omega)\mathrm{e}^{\mathrm{j}\omega\tau}\mathrm{d}\omega \tag{4.5.36}$$

由式（4.5.35）和式（4.5.36），可以得到频率响应函数的估计公式：

$$S_{yy}(\omega)=G(\mathrm{j}\omega)G(-\mathrm{j}\omega)S_{xx}(\omega)=\|G(\mathrm{j}\omega)\|^2S_{xx}(\omega) \tag{4.5.37}$$

$$S_{xy}(\omega)=G(\mathrm{j}\omega)S_{xx}(\omega) \tag{4.5.38}$$

式（4.5.37）称为输入输出的自谱关系式，式（4.5.38）称为输入输出的互谱关系式。

式（4.5.37）表明，对于给定的 $x(t)$，输出谱密度只反映线性过程的幅频特性，即过程按不同频率进行功率放大的作用，而不能完整反映该过程的动态特性。而由于 $S_{xy}(\omega)$ 代表 $y(t)$ 在某一时刻的取值与 $x(t)$ 以前各时刻取值之间的联系，才有可能完整反映过程的动态特性，这就是式（4.5.38）反映的估计结果。

（2）谱分析法系统辨识方法

利用谱分析法辨识过程的频率响应，可以采用布莱克曼-杜凯（Blackman-Tukey）法（BT 法）对相关函数进行傅里叶变换得到功率谱估计，这种方法又被称为间接法。该方法必须先求相关函数，计算工作量大、效率低。因此，一般不采用这种方法，而采用周期图法。周期图法又称为直接法，即直接傅里叶变换法，这里仅介绍此方法。

将长度为 L 的序列 $\{x(k)\}$ 写成截尾序列的形式

$$x_L(k)=\begin{cases}x(k), k=1,2,\cdots,L\\ 0,\ \text{其他}\end{cases} \tag{4.5.39}$$

那么根据式（4.4.8）样本自相关函数可表示为

$$\hat{R}_{xx,L}(l)=\begin{cases}\dfrac{1}{L}\sum\limits_{k=-\infty}^{\infty}x_L(k)x_L(k+l), |l|\leqslant L-1\\0 \qquad\qquad\qquad\qquad\qquad, |l|\geqslant L\end{cases} \tag{4.5.40}$$

样本自相关函数的傅里叶变换称作样本谱密度，表达式为

$$\hat{S}_{xx,L}(\omega)=\sum_{l=-(L-1)}^{L-1}\hat{R}_{xx,L}(l)\mathrm{e}^{-\mathrm{j}\omega l} \tag{4.5.41}$$

则样本谱密度为

$$\begin{aligned}\hat{S}_{xx,L}(\omega)&=\frac{1}{L}\sum_{l=-\infty}^{\infty}\sum_{k=-\infty}^{\infty}x_L(k)x_L(k+l)\mathrm{e}^{-\mathrm{j}\omega l}\\&=\frac{1}{L}X_L(\mathrm{j}\omega)X_L^*(\mathrm{j}\omega)=\frac{1}{L}\|X_L(\mathrm{j}\omega)\|^2\end{aligned} \tag{4.5.42}$$

式中：$x_L(\mathrm{j}\omega)$ 是 $x_L(k)$ 的傅里叶变换。

这样的样本谱密度称为周期图，记作

$$I_{xx,L}=\frac{1}{L}\|X_L(\mathrm{j}\omega)\|^2 \tag{4.5.43}$$

同理，序列 $\{x(k)\}$ 和序列 $\{y(k)\}$ 的互相关周期图应为

$$I_{xy,L}=\frac{1}{L}X_L(\mathrm{j}\omega)Y_L^*(\mathrm{j}\omega) \tag{4.5.44}$$

然而，当 $L\to\infty$ 时，周期图是渐进无偏估计量，但不是谱密度的一致估计量，不适合直接作为谱密度的估计，因此需要设法改善估计量的统计性质。一种有效的方法是 Bartlett 提出的平均周期图法[11]。

如果 $z_1,z_2,\cdots,z_N$ 是一系列同均值 μ、同方差 σ^2 的互不相关随机变量，则它们的算术平均值 $\dfrac{1}{N}\sum\limits_{i=1}^{N}z_i$ 具有均值 μ 及方差 σ^2/N。基于此，可以把周期图的方差缩小 N 倍，具体操作如下。

首先，把观测到的 L 个数据序列 $\{x(k)\}$，$k=1,2,\cdots,L$ 划分成长度为 L_1 的 N 个不交叠段，有 $L=NL_1$，并将第 i 段数据记作

$$x_i(k)=x[k+(i-1)L_1],\quad i=1,2,\cdots,N,1\leqslant k\leqslant L_1 \tag{4.5.45}$$

其次，分别求各数据段的周期图

$$I_{xx,L_1}=\frac{1}{L_1}\|X_i(\mathrm{j}\omega)\|^2,\quad i=1,2,\cdots,N \tag{4.5.46}$$

式中

$$X_i(\mathrm{j}\omega)=\sum_{k=1}^{L_1}x_i(k)w(k)\mathrm{e}^{-\mathrm{j}\omega k} \tag{4.5.47}$$

式中：$w(k)$ 称为数据窗，满足

$$\begin{cases}w(0)=1\\w(k)=w(-k),\quad 1\leqslant k\leqslant L_1\\w(k)=0,\quad |k|>L_1\end{cases} \tag{4.5.48}$$

引入数据窗可以减小周期图的方差，常用的数据窗有矩形窗、三角窗、汉宁

(Hanning)窗和汉明(Hamming)窗等[12]。

当 $l > L_1$ 时,如果序列 $\{x(k)\}$ 的自相关函数 $R_{xx}(l)$ 已很小,则认为周期图 $I_{x_i x_i, L_1}(\omega)$ 与其他段的周期图不相关,则谱密度的估计值为

$$\hat{S}_{xx}(\omega) = \frac{1}{N}\sum_{i=1}^{N} I_{x_i x_i, L_1}(\omega) \tag{4.5.49}$$

互谱密度估计方法与以上方法相同。

根据以上谱密度估计方法可知,利用周期图辨识频率响应首先要把观测到的 L 个输入、输出数据 $\{x(k)\}$ 和 $\{y(k)\}$,$k=1,2,\cdots,L$,划分成长度为 L_1 的 N 个不交叠段,将第 i 段数据记作

$$\begin{cases} x_i(k) = x(k+(i-1)L_1) \\ y_i(k) = y(k+(i-1)L_1) \\ i = 1,2,\cdots,N;\ 1 \leqslant k \leqslant L_1 \end{cases} \tag{4.5.50}$$

根据式(4.5.46),分别求出各数据段周期图

$$\begin{cases} I_{x_i x_i, L_1} = \dfrac{1}{L_1}\left\| X_i(\mathrm{j}\omega) \right\|^2 \\ I_{x_i y_i, L_1} = \dfrac{1}{L_1} X_i(\mathrm{j}\omega) Y_i^*(\mathrm{j}\omega) \end{cases} \tag{4.5.51}$$

其中 $i=1,2,\cdots,N$,且

$$\begin{cases} X_i(\mathrm{j}\omega) = \sum\limits_{k=1}^{L_1} x_i(k) w(k) \mathrm{e}^{-\mathrm{j}\omega k} \\ Y_i(\mathrm{j}\omega) = \sum\limits_{k=1}^{L_1} y_i(k) w(k) \mathrm{e}^{-\mathrm{j}\omega k} \end{cases} \tag{4.5.52}$$

式中:$w(k)$ 可取三角窗,也可取 Hamming 窗等。

根据式(4.5.50),输入数据的自谱密度估计和输入输出数据的互谱密度估计分别为

$$\begin{cases} \hat{S}_{xx,L}(\omega) = \dfrac{1}{N}\sum\limits_{i=1}^{N} I_{x_i x_i, L_1}(\omega) \\ \hat{S}_{xy,L}(\omega) = \dfrac{1}{N}\sum\limits_{i=1}^{N} I_{x_i y_i, L_1}(\omega) \end{cases} \tag{4.5.53}$$

根据式(4.5.38),过程的频率响应估计为

$$\hat{G}(\mathrm{j}\omega) = \hat{S}_{xy,L}(\omega) \big/ \hat{S}_{xx,L}(\omega) \tag{4.5.54}$$

完成以上运算,即可利用谱分析法辨识出系统的频率响应,根据频率响应可进一步得到系统传递函数。

4.5.4 仿真实例

【例 4.5】利用周期图法实现含噪声序列功率谱估计。仿真程序见 chap4_5.m,程序运行结果如图 4-22 所示。

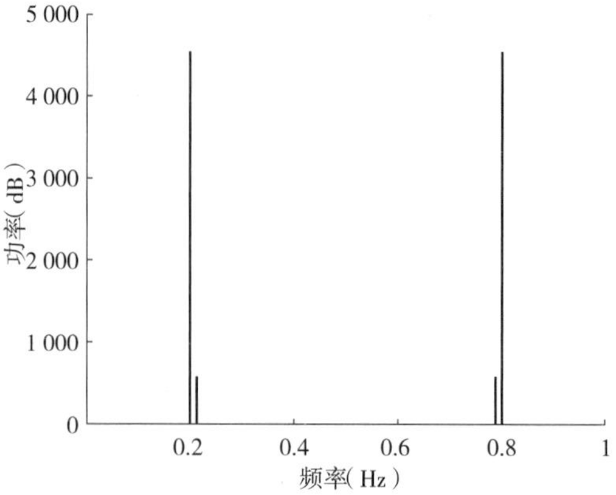

图 4-22　周期图法功率谱估计

仿真程序(chap4_5.m):

```
clear
clc

fs=1024; %采样频率
m=0:(fs-1);
n=0:(1/fs)*2*pi:(1-1/fs)*2*pi;
nn=0:1/fs:(1-1/fs);
xn0=sqrt(20)*sin(2*pi*0.2*m)+sqrt(2)*sin(2*pi*0.213*m);
xn=awgn(xn0,0); %产生含有噪声的序列
%直接法
fxw=zeros(1,fs);
fxww=zeros(1,fs);
fxww(1)=xn(1);
for i=1:fs
    for k=2:fs
        fxww(k)=fxww(k-1)+xn(k)*exp(-j*k*n(i));
    end
    fxw(i)=fxww(fs);
end
pxw11=(abs(fxw).^2)/fs;
figure()
plot(nn,pxw11,'black',LineWidth=1)
xlabel('频率/Hz');
ylabel('功率/dB')
grid on
title('周期图法功率谱估计')
```

习题

4.1　过程系统的非参数模型主要有哪几种形式？

4.2　一阶惯性环节表示为

$$G(s)=\frac{K}{Ts+1}$$

给出采用阶跃响应法辨识参数 K 和 T 的示意图，并标记 T，写出 K 的表达式。

4.3　已知系统传递函数为 $G(s)=\frac{s+5}{s^2+8s+3}$，选择合适步长，利用 Hankel 矩阵法辨识系统的传递函数。

4.4　一阶系统传递函数为 $G(s)=\frac{20}{s+7}$，求其对数频率特性曲线，并根据 Bode 图进行系统辨识，给出 MATLAB 仿真程序和辨识结果。

4.5　简述自相关函数和互相关函数的性质。

4.6　简述相关分析法辨识系统脉冲响应的原理、步骤和应注意的问题。

4.7　对于系统 $G(s)=\frac{s+1}{s^2+s+1}$，利用 M 序列作为输入信号，采用相关分析法辨识系统脉冲响应函数。

4.8　简述傅里叶变换和离散傅里叶变换的基本原理。

4.9　小波变换与短时傅里叶变换的区别是什么？

4.10　采用短时傅里叶变换估计信号 $x(t)=\sin(\omega t)+\delta(t)$ 的功率谱。

4.11　简述谱分析法系统辨识的基本原理。

4.12　利用周期图法估计信号 $x(t)=\mathrm{e}^{\mathrm{j}\omega t}+\delta(t)$ 的功率谱。

4.13　利用周期图法辨识一阶惯性系统 $G(s)=\frac{K}{Ts+1}$，给出 MATLAB 仿真程序和辨识结果。

参考文献

[1]　刘峰. 系统辨识与建模[M]. 武汉：中国地质大学出版社，2019.

[2]　刘党辉，蔡远文，苏永芝，等. 系统辨识方法及应用[M]. 北京：国防工业出版社，2010.

[3]　BRIGHAM E O. The fast Fourier transform and its applications[M]. Upper Saddle River: Prentice-Hall, 1988.

[4]　STEARNS S D, HUSH D R. Digital signal processing with examples in

MATLAB[M]. Boca Raton: CRC Press, 2002.
[5] QUIAN S, CHEN D. Joint time-frequency analysis: Methods and applications[M]. New York: Prentince-Hall, 1996.
[6] POULARIKAS A D. The Handbook of formulas and tables for signal processing[M]. Boca Raton: CRC Press, 1999.
[7] HAMMING R W. Digital filters: Dover books on engineering[M]. 3rd edn. New York: Dover Publications, 2007.
[8] HARRIS F J. On the use of windows for harmonic analysis with the discrete Fourier transform[J]. Proceedings of the IEEE, 1978, 66(1): 51-83.
[9] ISERMANN R, MÜNCHHOF M. Identification of dynamic systems: an introduction with applications[M]. Heidelberg: Springer, 2011.
[10] Best R. Wavelets: an introduction for potential users, part 2[J]. Technisches Messen, 2000, 67: 182-187.
[11] PROAKIS J G, MANOLAKIS D G. Digital signal processing[M]. 4th edn. Upper Saddle River: Prentice-Hall, 2007.
[12] WELCH P. On the variance of time and frequency averages over modified periodograms[C]. IEEE International Conference on Acoustics, Speech, and Signal Processing. New York: IEEE, 1977: 58-62.

Chapter 5

第 5 章 最小二乘参数辨识

最小二乘法是一种基本的模型参数辨识方法，在以参数估计为核心的系统辨识问题中应用广泛，可以用于动态系统和静态系统、线性系统和非线性系统、离线系统和在线系统等多种系统的辨识。在随机环境下，最小二乘法不需要观测数据提供概率统计方面的信息，但却具有相当好的统计特性，为系统辨识问题提供了良好的解决方案。最小二乘法容易理解和掌握，所拟定的辨识算法在实施上也比较简单。此外，许多用于系统辨识和参数估计的算法往往也可以解释为最小二乘法。因此，在系统辨识领域中，最小二乘法是一种非常重要的工具，已经形成了比较完善的方法体系[1-4]。

本章主要介绍最小二乘的基本原理和辨识方法，包括一般最小二乘法、加权最小二乘法、递推最小二乘法、增广最小二乘法、广义最小二乘法、辅助变量法、偏差校正法和随机逼近法等。

5.1 最小二乘法

5.1.1 最小二乘基本原理

首先考虑利用最小二乘法辨识一个单输入单输出系统（Single Input Single Output，SISO）系统。由于辨识时只考虑系统的输入输出特性，不强调系统的内部结构，同时假设观测数据和干扰通道的统计特性已知，整个辨识模型具有如图 5-1 所示的“灰箱”结构。

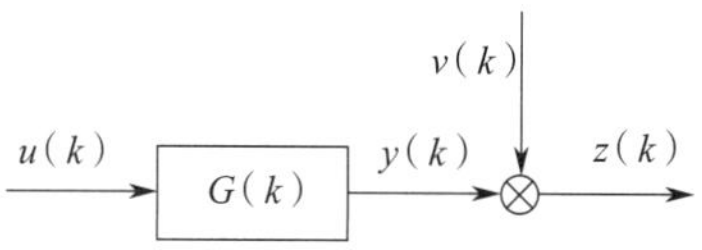

图 5-1 SISO 系统“灰箱”结构

图 5-1 所示系统的输入 $u(k)$ 和输出的观测值 $z(k)$ 可以通过测量得到；$G(k)$ 是系统模型，描述系统的输入输出特性；$v(k)$ 是测量噪声。一般地，SISO 系统的辨识模型结构为

$$G(z)=\frac{y(z)}{u(z)}=\frac{b_1z^{-1}+b_2z^{-2}+\cdots+b_nz^{-n}}{1+a_1z^{-1}+a_2z^{-2}+\cdots+a_nz^{-n}} \tag{5.1.1}$$

则系统输出的观测值 $z(k)$ 对应的差分方程为

$$z(k)=-\sum_{i=1}^{n}a_iy(k-1)+\sum_{i=1}^{n}b_iu(k-1)+v(k) \tag{5.1.2}$$

式中：$z(k)$ 为系统输出量的第 k 次观测值；$y(k-1)$ 为系统输出量的第 $k-1$ 次真值；$u(k-1)$ 为系统的第 $k-1$ 次输入值；$v(k)$ 是均值为 0 的随机噪声。

最小二乘法的辨识流程如图 5-2 所示，其基本任务是估计带辨识系统的模型参数 $\boldsymbol{\theta}=\{a_i\}\cup\{b_i\}$，使系统模型能够最优地拟合 N 次实验获取的观测值 $\{\{z_1(k)\},\{z_2(k)\},\cdots,\{z_N(k)\}\}$。最小二乘法是一种基本的参数估计方法，其基本原理是在待辨识系统的观测数据 $\{z(k)\}$ 和系统模型的预测数据 $\hat{y}(k)$ 之间构建一个准则函数 $J(\boldsymbol{\theta})=\sum[f(\boldsymbol{\theta},u)-z]^2$，通过求解 $J(\boldsymbol{\theta})$ 最小优化问题的最优解得到待辨识系统的参数估计值，从而将参数估计问题转化为最小化误差平方和的优化问题。由于准则函数 $J(\boldsymbol{\theta})$ 中的平方运算（“二乘”），且求解优化问题的目标是最小化误差平方，所以称这种方法为最小二乘估计方法，简称最小二乘法。

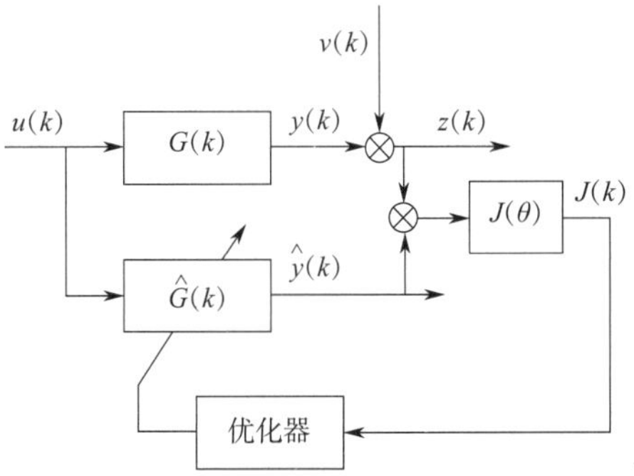

图 5-2　最小二乘法辨识流程

若定义

$$\boldsymbol{h}(k)=[-y(k-1),-y(k-2),\cdots-y(k-n),u(k-1),u(k-2),\cdots,u(k-n)] \tag{5.1.3}$$

$$\boldsymbol{\theta}=[a_1,a_2,\cdots,a_n,b_1,b_2,\cdots,b_n]^{\mathrm{T}} \tag{5.1.4}$$

系统输出的观测值 $z(k)$ 对应的差分方程可以改写为

$$z(k)=\boldsymbol{h}(k)\boldsymbol{\theta}+v(k) \tag{5.1.5}$$

对于 $k=1,2,\cdots,m$ 次测试中所有观测值构成的向量 $\boldsymbol{Z}_m=[z(1),z(2),\cdots,z(m)]^{\mathrm{T}}$，上述方程可以写成矩阵形式

$$\boldsymbol{Z}_m=\boldsymbol{H}_m\boldsymbol{\theta}+\boldsymbol{V}_m \tag{5.1.6}$$

式中：$\boldsymbol{H}_m=[\boldsymbol{h}(1),\boldsymbol{h}(2),\cdots,\boldsymbol{h}(m)]^{\mathrm{T}}$；$\boldsymbol{V}_m=[v(1),v(2),\cdots,v(m)]^{\mathrm{T}}$。

对于稳态系统来说，m 次测量的观测值就是在输入作用下系统的稳态值。对于动态系统来说，一般是一段时间内多次采样的观测值。

将参数估计问题转化为最小化误差平方和的优化问题即寻找 $\boldsymbol{\theta}$ 的估计值 $\hat{\boldsymbol{\theta}}$，使得各次测量值 $\boldsymbol{Z}_m$ 与待辨识模型在 $\hat{\boldsymbol{\theta}}$ 参数条件下的测量估计值 $\hat{\boldsymbol{Z}}_m$ 之差的平方和最小，即

$$J(\hat{\boldsymbol{\theta}})=(\boldsymbol{Z}_m-\boldsymbol{H}_m\hat{\boldsymbol{\theta}})^{\mathrm{T}}(\boldsymbol{Z}_m-\boldsymbol{H}_m\hat{\boldsymbol{\theta}})=\min \tag{5.1.7}$$

根据极值定理有

$$\frac{\partial J}{\partial\hat{\boldsymbol{\theta}}}=-2\boldsymbol{H}_m^{\mathrm{T}}(\boldsymbol{Z}_m-\boldsymbol{H}_m\hat{\boldsymbol{\theta}})=0 \tag{5.1.8}$$

上述方程的解为最小化误差平方和问题的最优解，也是最小二乘法得到参数的

估计值 $\hat{\boldsymbol{\theta}}=(\boldsymbol{H}_m^{\mathrm{T}}\boldsymbol{H}_m)^{-1}\boldsymbol{H}_m^{\mathrm{T}}\boldsymbol{Z}_m$。

观察矩阵形式的差分方程，可以得到最小二乘的几何解释。将 $\boldsymbol{H}_m=[\boldsymbol{h}(1),\boldsymbol{h}(2),\cdots,\boldsymbol{h}(m)]^{\mathrm{T}}$ 视为 m 维空间中基向量的线性组合，$\boldsymbol{H}_m\hat{\boldsymbol{\theta}}$ 是对 $\boldsymbol{Z}_m$ 的估计，等于 $\boldsymbol{Z}_m$ 在基向量 $\{\boldsymbol{h}(1),\boldsymbol{h}(2),\cdots,\boldsymbol{h}(m)\}$ 张成的空间中的投影。以二维空间为例，最小二乘原理的几何解释如图 5-3 所示。平面 π 由其空间基底向量 $\boldsymbol{h}(1)$ 和 $\boldsymbol{h}(2)$ 张成，估计值 $\boldsymbol{H}_2\hat{\boldsymbol{\theta}}$ 位于平面 π 内。当 $\boldsymbol{H}_2\hat{\boldsymbol{\theta}}$ 等于 $\boldsymbol{Z}_2$ 在平面 π 上的投影时，$J(\hat{\boldsymbol{\theta}})$ 达到最小。

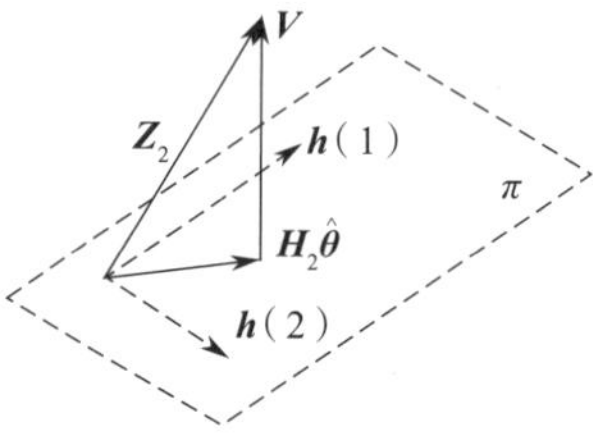

图 5-3　最小二乘的几何解释

5.1.2　最小二乘参数估计的性质

系统变量观测过程中会不可避免地受到观测误差 $v(k)$ 影响，最小二乘法对系统参数的辨识实际上是根据观测数据对系统参数进行估计，所以系统参数的最小二乘辨识方法也称为最小二乘参数估计。最小二乘参数估计不需要提供观测数据概率统计方面的信息，但却具有相当好的统计特性，即无偏性、有效性和一致性[5]。

最小二乘法具有无偏性，即估计参数的数学期望等于被估计参数的真实值

$$E(\hat{\boldsymbol{\theta}})=\boldsymbol{\theta} \tag{5.1.9}$$

满足上述条件的估计称为无偏估计，无偏估计是用样本统计量来估计总体参数时的一种无偏推断，无偏性是一种用于评价估计量优良性的重要准则。根据最小二乘的参数估计误差

$$\tilde{\boldsymbol{\theta}}=\boldsymbol{\theta}-\hat{\boldsymbol{\theta}}=\boldsymbol{\theta}-(\boldsymbol{H}_m^{\mathrm{T}}\boldsymbol{H}_m)^{-1}\boldsymbol{H}_m^{\mathrm{T}}\boldsymbol{Z}_m \tag{5.1.10}$$

由于 $v(k)$ 服从均值为 0 的正态分布，所以 $E(\boldsymbol{V}_m)=0$，故而

$$\begin{aligned}E(\tilde{\boldsymbol{\theta}})&=E[(\boldsymbol{H}_m^{\mathrm{T}}\boldsymbol{H}_m)^{-1}(\boldsymbol{H}_m^{\mathrm{T}}\boldsymbol{H}_m)\boldsymbol{\theta}-(\boldsymbol{H}_m^{\mathrm{T}}\boldsymbol{H}_m)^{-1}\boldsymbol{H}_m^{\mathrm{T}}\boldsymbol{Z}_m]\\&=(\boldsymbol{H}_m^{\mathrm{T}}\boldsymbol{H}_m)^{-1}\boldsymbol{H}_m^{\mathrm{T}}E(\boldsymbol{H}_m\boldsymbol{\theta}-\boldsymbol{Z}_m)\\&=-(\boldsymbol{H}_m^{\mathrm{T}}\boldsymbol{H}_m)^{-1}\boldsymbol{H}_m^{\mathrm{T}}E(\boldsymbol{V}_m)\\&=0\end{aligned} \tag{5.1.11}$$

1）最小二乘法具有有效性，也称为最小方差性或最优性。有效性是指在所有的线性、无偏估计量中，最小二乘估计量的方差最小。这意味着，在满足一定的条件下，最小二乘法得到的参数估计值具有较小的方差，更加准确和可靠。在使用最小二乘法进行参数辨识时，需要通过样本数据得到误差最小的最佳参数估计量，从而得到真实系统的辨识模型。对于 m 次测量，最小二乘估计值的均方误差为

$$E(\tilde{\boldsymbol{\theta}}\tilde{\boldsymbol{\theta}}^{\mathrm{T}})=(\boldsymbol{H}_m^{\mathrm{T}}\boldsymbol{H}_m)^{-1}\boldsymbol{H}_m^{\mathrm{T}}E(\boldsymbol{V}_m\boldsymbol{V}_m^{\mathrm{T}})\boldsymbol{H}_m(\boldsymbol{H}_m^{\mathrm{T}}\boldsymbol{H}_m)^{-1} \tag{5.1.12}$$

对于独立同分布的零均值测量噪声 $v(k)$，存在 $E(\boldsymbol{V}_m\boldsymbol{V}_m^{\mathrm{T}})=\sigma^2\boldsymbol{I}$，其中 $\boldsymbol{I}$ 是单位矩阵。因此，最小二乘估计均方误差为

$$\begin{aligned}E(\tilde{\boldsymbol{\theta}}\tilde{\boldsymbol{\theta}}^{\mathrm{T}})&=(\boldsymbol{H}_m^{\mathrm{T}}\boldsymbol{H}_m)^{-1}\boldsymbol{H}_m^{\mathrm{T}}\sigma^2\boldsymbol{I}\boldsymbol{H}_m(\boldsymbol{H}_m^{\mathrm{T}}\boldsymbol{H}_m)^{-1}\\&=\sigma^2(\boldsymbol{H}_m^{\mathrm{T}}\boldsymbol{H}_m)^{-1}\end{aligned}\tag{5.1.13}$$

式中：$\sigma^2(\boldsymbol{H}_m^{\mathrm{T}}\boldsymbol{H}_m)^{-1}$ 是均方误差估计中的最小量。

因此，对于 m 次测量，最小二乘估计量是有效估计。

2）最小二乘法具有一致性。一致性是指当样本量增加时，估计出的模型参数趋于无限接近于真实总体参数的性质，也就是说随着测量次数 m 的增加有

$$\lim_{m\to\infty}p(|\hat{\boldsymbol{\theta}}_m-\boldsymbol{\theta}|>\varepsilon)=0\tag{5.1.14}$$

最小二乘法的一致性可以通过大数定律得到证明。根据大数定律，当样本量趋于无穷大时，样本均值将趋于总体均值。同样地，当样本量趋于无穷大时，使用最小二乘法得到的模型参数估计值也将趋于真实总体参数。因此，随着样本量的增加，最小二乘法得到的模型参数估计值将变得越来越准确和可靠。

需要注意的是，在使用最小二乘法进行参数估计时，需要满足一些基本假设条件，如观测误差项服从均值为0、方差不变、不相关的正态分布；自变量和因变量之间是线性关系；自变量矩阵具有满秩特性等。如果这些假设条件得到满足，则最小二乘法得到的参数估计值具有最小方差性或最优性，可以用于对总体参数的推断和估计。

5.1.3　最小二乘参数估计方法

最小二乘参数估计方法的一般任务是根据 n 组输入信号 $u(k)$ 和观测量 $z(k)$ 确定待辨识系统模型中的参数 $\boldsymbol{\theta}$[5]。最小二乘参数估计方法的流程如下。

第一步，根据待辨识模型确定需要估计的参数 $\boldsymbol{\theta}$。对于 SISO 系统

$$z(k)=-\sum_{i=1}^{n}a_iy(k-1)+\sum_{i=1}^{n}b_iu(k-1)+v(k)\tag{5.1.15}$$

式中：待辨识的系统参数为 $\boldsymbol{\theta}=\{a_i\}\cup\{b_i\}$。

第二步，通过多次测量构建待辨识系统的输入信号 $u(k)$ 和观测量 $z(k)$ 的数据集 $(\boldsymbol{Z}_m,\boldsymbol{H}_m)$，其中 $\boldsymbol{Z}_m=[z(1),z(2),\cdots,z(m)]^{\mathrm{T}}$，$\boldsymbol{H}_m=[\boldsymbol{h}(1),\boldsymbol{h}(2),\cdots,\boldsymbol{h}(m)]^{\mathrm{T}}$。

第三步，根据二次型准则函数写出求解参数 $\boldsymbol{\theta}$ 使得误差 $J(\boldsymbol{\theta})$ 最小的最优化问题形式：

$$J(\hat{\boldsymbol{\theta}})=(\boldsymbol{Z}_m-\boldsymbol{H}\hat{\boldsymbol{\theta}})^{\mathrm{T}}(\boldsymbol{Z}_m-\boldsymbol{H}\hat{\boldsymbol{\theta}})=\min\tag{5.1.16}$$

第四步，根据最值条件得到方程：

$$-2\boldsymbol{H}_m^{\mathrm{T}}(\boldsymbol{Z}_m-\boldsymbol{H}_m\hat{\boldsymbol{\theta}})=0\tag{5.1.17}$$

第五步，求解第四步方程得到参数的估计值：

$$\hat{\boldsymbol{\theta}}=(\boldsymbol{H}_m^{\mathrm{T}}\boldsymbol{H}_m)^{-1}\boldsymbol{H}_m^{\mathrm{T}}\boldsymbol{Z}_m\tag{5.1.18}$$

5.1.4 仿真实例

【例 5.1】对于某磁盘电机系统，假设电枢电压 $u(k)$ 与磁盘电机轴的转速 $y(k)$ 的待辨识系统模型为

$$y(k)=au(k)+b$$

根据表 5-1 给出的电机在稳态时的转速输出和磁盘电机的线性模型辨识模型中的参数，并求解当电枢电压为 5 V 时，电机轴的转速。

表 5-1 磁盘电机轴的转速观测值

电枢电压 (V)	1	1.4	1.8	2.2	2.6	3.0	3.4	3.8	4.2
转速 (rad/s)	0.67	1.03	1.28	1.69	1.90	2.16	2.49	2.86	3.15

解：

1）由磁盘电机的线性模型可知，待辨识的参数为 $\boldsymbol{\theta}=[a,b]$。

2）辨识所用的数据集为

$$\boldsymbol{Z}_m=[0.67\quad 1.03\quad 1.28\quad 1.69\quad 1.90\quad 2.16\quad 2.49\quad 2.86\quad 3.15]^{\mathrm{T}}$$

$$\boldsymbol{H}_m=[1\quad 1.4\quad 1.8\quad 2.2\quad 2.6\quad 3.0\quad 3.4\quad 3.8\quad 4.2]^{\mathrm{T}}$$

3）最优化问题为 $J(\hat{\boldsymbol{\theta}})=(\boldsymbol{Z}_m-\boldsymbol{H}\hat{\boldsymbol{\theta}})^{\mathrm{T}}(\boldsymbol{Z}_m-\boldsymbol{H}\hat{\boldsymbol{\theta}})=\min$。

4）最值条件为

$$-2\boldsymbol{H}^{\mathrm{T}}(\boldsymbol{Z}_m-\boldsymbol{H}\hat{\boldsymbol{\theta}})=0$$

5）利用 MATLAB 仿真程序（chap5_1_1.m）求解得

$$\hat{\boldsymbol{\theta}}=(\boldsymbol{H}_m^{\mathrm{T}}\boldsymbol{H}_m)^{-1}\boldsymbol{H}_m^{\mathrm{T}}\boldsymbol{Z}_m=[0.76,-0.07]$$

则磁盘电机系统模型为

$$y(k)=0.76u(k)-0.07$$

6）当电机电枢电压为 $u=5$ V 时，电机轴的转速为

$$w=0.76\times 5-0.07=3.73$$

仿真程序见 chap5_1_1.m，辨识结果如图 5-4 所示，左图为磁盘电机轴的转速观测值，右图直线为辨识出的磁盘电机模型输出。

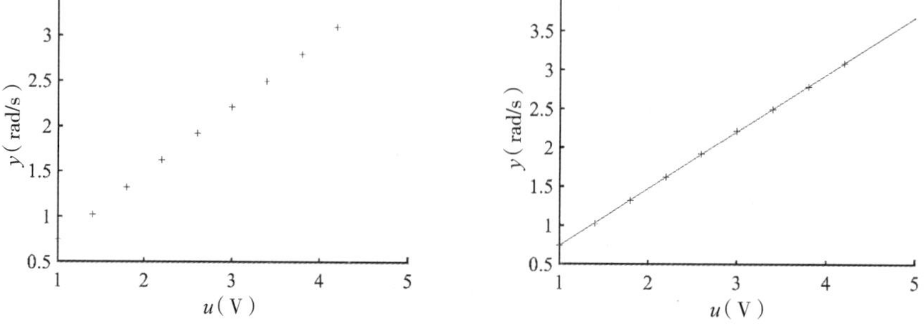

图 5-4 实测机最小二乘法参数辨识结果

仿真程序（chap5_1_1.m）：

```
global script_name figs_path;
script_name = 'chap5_1_1';
figs_path = './figs/waiting';
%% 仿真数据设定
time_step_l = 0.001;
time_max = 3;
time = 0:time_step_l:time_max;
T=1:0.4:4.2;   % 时间
R = [];
for a = T
    din = step(tf([a], [1]), time);
    r = get_sim_data(time_step_l, din, 'noise_model', c2d(tf([1], [1, 0.5, 
2]), time_step_l, 'z'));
    R = [R, r(end, 1)];
end
[m,n]=size(T);
t=0;
z=0;
tz=0;
tt=0;
for i=1:n
    t=t+T(i);
    tt=tt+T(i)*T(i);
    z=z+R(i);
    tz=tz+T(i)*R(i);
end
a=(tt*z-t*tz)/(n*tt-t*t);
b=(n*tz-t*z)/(n*tt-t*t);
R1=a+5*b;
%% 最小二乘拟合
A=polyfit(T,R,1);
z=polyval(A,T);
%% 作图
figure1 = new_figure('y(rad/s)','u(V)');
plot(T,R,'b+')
xlim([1, 5])
ylim([0, 4])
```

```
save2fig(figure1);
figure2 = new_figure('y(rad/s)','u(V)');
plot(T,R,'b+')
hold on
plot(T,z,'r');
plot([5], R1);
plot([T(end), 5], [R(end), R1]);
xlim([1, 5])
ylim([0, 4])
save2fig(figure2);
```


【例 5.2】对于某磁盘电机系统,假设电枢电压 $u(k)$ 与磁盘电机轴的转速 $z(k)$ 的待辨识系统模型为

$$z(k)+a_1z(k-1)+a_2z(k-2)=b_1u(k-1)+b_2u(k-2)$$

其参数真值为 $a_1=-1$, $a_2=0.7$, $b_1=-0.5$, $b_2=0.5$。使用 4 阶 M 序列作为输入,采集一段时间内的电机轴的转速作为观测值,辨识磁盘电机系统模型。

解:

1)由磁盘电机系统的模型可知,待辨识的参数为 $\boldsymbol{\theta}=[a_1,a_2,b_1,b_2]$。

2)利用仿真程序生成辨识所用的 M 序列,部分时间段内的电机电枢电压与电机角速度输出如图 5-5 所示,构建数据集 $(\boldsymbol{Z}_m,\boldsymbol{H}_m)$。

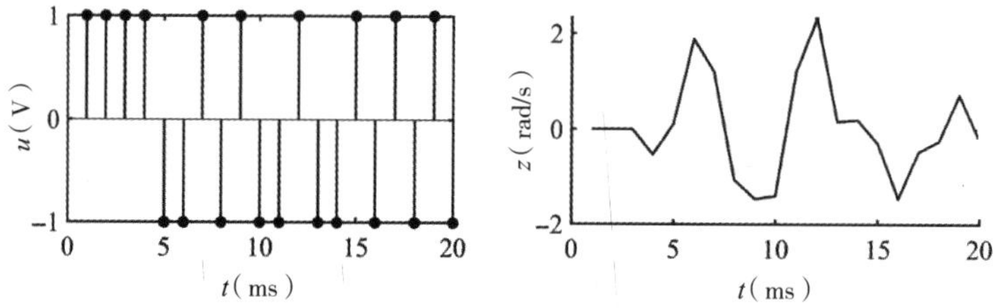

图 5-5　电机电枢电压与电机轴转速输出

3)最优化问题为 $J(\hat{\boldsymbol{\theta}})=(\boldsymbol{Z}_m-\boldsymbol{H}_m\hat{\boldsymbol{\theta}})^{\mathrm{T}}(\boldsymbol{Z}_m-\boldsymbol{H}_m\hat{\boldsymbol{\theta}})=\min$。

4)最值条件为

$$-2\boldsymbol{H}_m^{\mathrm{T}}(\boldsymbol{Z}_m-\boldsymbol{H}_m\hat{\boldsymbol{\theta}})=0$$

5)利用 MATLAB 仿真程序(chap5_1_2.m)进行辨识,结果为

$$\hat{\boldsymbol{\theta}}=(\boldsymbol{H}_m^{\mathrm{T}}\boldsymbol{H}_m)^{-1}\boldsymbol{H}_m^{\mathrm{T}}\boldsymbol{Z}_m=[-0.91,0.73,-0.48,0.59]$$

则辨识得到的磁盘电机系统模型为

$$z(k)-0.91z(k-1)+0.73z(k-2)=-0.48u(k-1)+0.59u(k-2)$$

仿真程序(chap5_1_2.m):

```
global script_name figs_path;
script_name = 'chap5_1_2';
figs_path = './figs/waiting';
```

```
%% configuration for simulation
sim_time = SimTime(3, 0.001);
% M sequence
u = get_M_sequence(sim_time.step_num, 1);
% Z
z = simple_get_sim_data(sim_time, u, 'a1', -1, 'a2', 0.7, 'b1', -0.5, 'b2', 0.5,
'c1', 0, 'c2', 0);
%给出样本的系数矩阵
H=[
   -z(2) -z(1) u(2) u(1);
   -z(3) -z(2) u(3) u(2);
   -z(4) -z(3) u(4) u(3);
   -z(5) -z(4) u(5) u(4);
   -z(6) -z(5) u(6) u(5);
   -z(7) -z(6) u(7) u(6);
   -z(8) -z(7) u(8) u(7);
   -z(9) -z(8) u(9) u(8);
   -z(10) -z(9) u(10) u(9);
   -z(11) -z(10) u(11) u(10);
   -z(12) -z(11) u(12) u(11);
   -z(13) -z(12) u(13) u(12);
   -z(14) -z(13) u(14) u(13);
   -z(15) -z(14) u(15) u(14)
   ];
%给出样本的观测矩阵
Z=[z(3);z(4);z(5);z(6);z(7);z(8);z(9);z(10);z(11);z(12);z(13);z(14);z(15)
;z(16)];
%计算参数
c=inv(H'*H)*H'*Z;
%分离参数
a1=c(1), a2=c(2), b1=c(3), b2=c(4)
%% 作图
m_sequence_fig = new_figure('u(V)', 't(ms)');
stem(u(1:20))
save2fig(m_sequence_fig);
motor_output_fig = new_figure('z(rad/s)', 't(ms)');
plot(z(1:20));
save2fig(motor_output_fig);
```

下面给出本例题和本章其他例题中使用的一些子程序的程序代码。

(1)仿真时长子程序:SimTime.m

```
classdef SimTime
    % SimTime 仿真环境-时长
    properties
        length
        interval
        step_num
        steps
    end
    methods
        function obj = SimTime(length,interval)
            obj.length = length;
            obj.interval = interval;
            obj.steps = 0:interval:length-interval;
            obj.step_num = size(obj.steps, 2);
        end
    end
end
```

(2)磁盘电机模型程序:simple_get_sim_data

```
function R = simple_get_sim_data(sim_time, din, varargin)
%get_sim_data 获取仿真数据,默认白噪声,通过设置参数 c 改变噪声属性
%% 默认参数设定
    p = inputParser;
    addParameter(p,'a1', -1);
    addParameter(p,'a2', 0.7);
    addParameter(p,'b1', -0.5);
    addParameter(p,'b2', 0.5);
    addParameter(p,'c1', 0);
    addParameter(p,'c2', 0);
    addParameter(p,'v', 2*rand(sim_time.step_num, 1)-1);
    %% 传递参数
    parse(p,varargin{:});
    a1 = p.Results.a1;
    a2 = p.Results.a2;
    b1 = p.Results.b1;
    b2 = p.Results.b2;
    c1 = p.Results.c1;
```

```
    c2 = p.Results.c2;
    v = p.Results.v;
    %% 初始化参数
    step_num = sim_time.step_num;
    R = zeros(step_num+2,1);
    %% 生成噪声
    e(1)=v(1);
    e(2)=v(2);
    for i=3:step_num
        e(i)=-c1*e(i-1)-c2*e(i-2)+v(i);
    end
    %% 仿真
    for i=4:step_num
        R(i)=-a1*R(i-1)-a2*R(i-2)+b1*din(i-1)+b2*din(i-2)+e(i);
    end
    %% 输出
    R = R(1:end-2)';
end
```

(3)M 序列生成程序:get_M_sequence.m

```
function u = get_M_sequence(length, strength)
    u=idinput(2*length,'prbs')';   %生成 M 序列
    bias = randi(length);
    u = u(bias:bias+length);
end
```

(4)作图程序:new_figure.m

```
function figure1 = new_figure(y_name,x_name)
%NEW_FIGURE 新建一个图窗口
% 设置字体、坐标轴标签、线宽、颜色
figure1 = figure;
% 创建 axes
axes1 = axes('Parent',figure1);
% 创建 ylabel
ylabel(y_name);
% 创建 xlabel
xlabel(x_name);
box(axes1,'on');
% 设置其余坐标区属性
set(axes1,'FontName','Times New Roman','FontSize',18);
```

```
set(axes1,'linewidth',1.5);
hold on;
end
```

(5)图像存储程序:save2fig.m

```
function save2fig(figure)
figure;
global script_name figs_path;
path = [figs_path,'/',script_name,'_', num2str(figure.Number),'.fig'];
savefig(path);
disp(['save figure to ', path])
end
```

(6)图像转换程序:fig2tifIn.m

```
function fig2tifIn(src_folder, dst_folder)
   folder = dir(src_folder);
   folders = folder(3:end);
   for i =1:length(folders)
        path = [folders(i).folder, '/', folders(i).name];
        if isfile(path)
           disp(path);
           fig = open(path);
              print(fig, [dst_folder,'/',folders(i).name(1:end-3),'tif'], '-r600', '-dtiff');
           close;
        end
      end
end
```

5.2 加权最小二乘法

一般最小二乘法的估计参数为 $\hat{\boldsymbol{\theta}}=(\boldsymbol{H}_m^{\mathrm{T}}\boldsymbol{H}_m)^{-1}\boldsymbol{H}_m^{\mathrm{T}}\boldsymbol{Z}_m$,对测量数据同等看待、不分优劣,这是其估计精度不高的原因之一。由于各次实验很难在相同条件下进行,测量数据中包含的观测误差 $v(k)$ 各不相同,有的实验中的 $v(k)$ 较大,有的实验中的 $v(k)$ 较小。因为最小二乘实验并不能真正重复无穷多次,测量数据中包含的观测误差 $v(k)$ 不同会对最小二乘参数估计的结果产生影响。于是,需要改进一般最小二乘法,使其区别对待各次实验中取得的观测数据,也就是加权最小二乘法。

5.2.1 加权最小二乘基本原理

在一般最小二乘法的基本原理基础上，加权最小二乘法根据各次实验测量数据的置信度选取权重 w，将原来单次实验的准则函数 $J(\boldsymbol{\theta})$ 变为 $J_w(\boldsymbol{\theta}) = wJ(\boldsymbol{\theta})$，即“加权”。利用对不同实验测量值的置信度的了解，采用加权的办法分别对待各测量值，对置信度高的测量值赋予较大的权重，对置信度低的测量值赋予较小的权重，减小置信度低的测量值对参数估计造成的影响。这就是加权最小二乘法的基本原理。

针对多次实验，加权最小二乘法的准则函数为

$$J(\hat{\boldsymbol{\theta}}) = (\boldsymbol{Z}_m - \boldsymbol{H}_m\hat{\boldsymbol{\theta}})^{\mathrm{T}}\boldsymbol{W}_m(\boldsymbol{Z}_m - \boldsymbol{H}_m\hat{\boldsymbol{\theta}}) \tag{5.2.1}$$

式中：$\boldsymbol{W}_m$ 为加权矩阵，是对称镇定矩阵。

一般情况下，$\boldsymbol{W}_m$ 取对角阵，即

$$\boldsymbol{W}_m = diag[w_1, w_2, \cdots, w_m] \tag{5.2.2}$$

与一般最小二乘估计方法一样，根据极值定理给出准则函数值最小优化问题的求解条件：

$$\frac{\partial J}{\partial \hat{\boldsymbol{\theta}}} = -2\boldsymbol{H}_m^{\mathrm{T}}\boldsymbol{W}_m(\boldsymbol{Z}_m - \boldsymbol{H}_m\hat{\boldsymbol{\theta}}) = 0 \tag{5.2.3}$$

满足条件的解为

$$\hat{\boldsymbol{\theta}} = (\boldsymbol{H}_m^{\mathrm{T}}\boldsymbol{W}_m\boldsymbol{H}_m)^{-1}\boldsymbol{H}_m^{\mathrm{T}}\boldsymbol{W}_m\boldsymbol{Z}_m \tag{5.2.4}$$

当测量噪声 $\boldsymbol{V}_m$ 服从均值为 0、方差为 $\boldsymbol{R}$ 的正态分布时，加权最小二乘估计仍然具有无偏性、一致性和有效性。

加权最小二乘法的估计误差为

$$\tilde{\boldsymbol{\theta}} = \boldsymbol{\theta} - \hat{\boldsymbol{\theta}} = \boldsymbol{\theta} - (\boldsymbol{H}_m^{\mathrm{T}}\boldsymbol{W}_m\boldsymbol{H}_m)^{-1}\boldsymbol{H}_m^{\mathrm{T}}\boldsymbol{W}_m\boldsymbol{Z}_m \tag{5.2.5}$$

由于 $E(\boldsymbol{V}_m) = 0$，有

$$\begin{aligned} E(\tilde{\boldsymbol{\theta}}) &= E[(\boldsymbol{H}_m^{\mathrm{T}}\boldsymbol{W}_m\boldsymbol{H}_m)^{-1}(\boldsymbol{H}_m^{\mathrm{T}}\boldsymbol{W}_m\boldsymbol{H}_m)\boldsymbol{\theta} - (\boldsymbol{H}_m^{\mathrm{T}}\boldsymbol{W}_m\boldsymbol{H}_m)^{-1}\boldsymbol{H}_m^{\mathrm{T}}\boldsymbol{W}_m\boldsymbol{Z}_m] \\ &= (\boldsymbol{H}_m^{\mathrm{T}}\boldsymbol{W}_m\boldsymbol{H}_m)^{-1}\boldsymbol{H}_m^{\mathrm{T}}\boldsymbol{W}_m E(\boldsymbol{H}_m\boldsymbol{\theta} - \boldsymbol{Z}_m) \\ &= -(\boldsymbol{H}_m^{\mathrm{T}}\boldsymbol{W}_m\boldsymbol{H}_m)^{-1}\boldsymbol{H}_m^{\mathrm{T}}\boldsymbol{W}_m E(\boldsymbol{V}_m) \\ &= 0 \end{aligned} \tag{5.2.6}$$

加权最小二乘法的误差期望也为 0，故加权最小二乘法也具有无偏性。加权最小二乘法的有效性需要引入特殊条件 $\boldsymbol{W}_m = \boldsymbol{R}^{-1}$。在此条件下，加权最小二乘法参数估计值为

$$\hat{\boldsymbol{\theta}} = (\boldsymbol{H}_m^{\mathrm{T}}\boldsymbol{R}^{-1}\boldsymbol{H}_m)^{-1}\boldsymbol{H}_m^{\mathrm{T}}\boldsymbol{R}^{-1}\boldsymbol{Z}_m \tag{5.2.7}$$

采取的估计方法为马尔科夫估计，其估计值与真实参数 $\boldsymbol{\theta}$ 的方差的期望为

$$\begin{aligned} E(\tilde{\boldsymbol{\theta}}\tilde{\boldsymbol{\theta}}^{\mathrm{T}}) &= (\boldsymbol{H}_m^{\mathrm{T}}\boldsymbol{W}_m\boldsymbol{H}_m)^{-1}\boldsymbol{H}_m^{\mathrm{T}}\boldsymbol{W}_m\boldsymbol{R}\boldsymbol{W}_m\boldsymbol{H}_m(\boldsymbol{H}_m^{\mathrm{T}}\boldsymbol{W}_m\boldsymbol{H}_m)^{-1} \\ &= (\boldsymbol{H}_m^{\mathrm{T}}\boldsymbol{R}^{-1}\boldsymbol{H}_m)^{-1}\boldsymbol{H}_m^{\mathrm{T}}(\boldsymbol{R}^{-1}\boldsymbol{I})\boldsymbol{H}_m(\boldsymbol{H}_m^{\mathrm{T}}\boldsymbol{R}^{-1}\boldsymbol{H}_m)^{-1} \\ &= (\boldsymbol{H}_m^{\mathrm{T}}\boldsymbol{R}^{-1}\boldsymbol{H}_m)^{-1} \end{aligned} \tag{5.2.8}$$

利用施瓦茨不等式可以证明 $\boldsymbol{W}_m = \boldsymbol{R}^{-1}$ 是加权最小二乘估计为有效估计的充分必要条件。假设矩阵 $\boldsymbol{A}$ 和矩阵 $\boldsymbol{B}$ 分别为 $m \times n$ 和 $m \times p$ 维矩阵，且 $\boldsymbol{A}\boldsymbol{A}^{\mathrm{T}}$ 满秩，则有

$$[\boldsymbol{B}-\boldsymbol{A}^{\mathrm{T}}(\boldsymbol{A}\boldsymbol{A}^{\mathrm{T}})^{-1}\boldsymbol{A}\boldsymbol{B}]^{\mathrm{T}}[\boldsymbol{B}-\boldsymbol{A}^{\mathrm{T}}(\boldsymbol{A}\boldsymbol{A}^{\mathrm{T}})^{-1}\boldsymbol{A}\boldsymbol{B}]=\boldsymbol{B}\boldsymbol{B}^{\mathrm{T}}-\boldsymbol{B}^{\mathrm{T}}\boldsymbol{A}^{\mathrm{T}}(\boldsymbol{A}\boldsymbol{A}^{\mathrm{T}})^{-1}\boldsymbol{A}\boldsymbol{B}\geqslant 0 \quad (5.2.9)$$

即 $\boldsymbol{B}\boldsymbol{B}^{\mathrm{T}}\geqslant\boldsymbol{B}^{\mathrm{T}}\boldsymbol{A}^{\mathrm{T}}(\boldsymbol{A}\boldsymbol{A}^{\mathrm{T}})^{-1}\boldsymbol{A}\boldsymbol{B}$，这就是施瓦茨不等式。

根据矩阵理论，将正定矩阵 $\boldsymbol{R}$ 分解为 $\boldsymbol{R}=\boldsymbol{C}^{\mathrm{T}}\boldsymbol{C}$，令

$$\boldsymbol{A}=\boldsymbol{H}_m^{\mathrm{T}}\boldsymbol{C}^{-1} \quad (5.2.10)$$

$$\boldsymbol{B}=\boldsymbol{C}\boldsymbol{W}_m\boldsymbol{H}_m(\boldsymbol{H}_m^{\mathrm{T}}\boldsymbol{W}_m\boldsymbol{H}_m)^{-1} \quad (5.2.11)$$

可得

$$E(\tilde{\boldsymbol{\theta}}\tilde{\boldsymbol{\theta}}^{\mathrm{T}})=(\boldsymbol{H}_m^{\mathrm{T}}\boldsymbol{W}_m\boldsymbol{H}_m)^{-1}\boldsymbol{H}_m^{\mathrm{T}}\boldsymbol{W}_m\boldsymbol{R}\boldsymbol{W}_m\boldsymbol{H}_m(\boldsymbol{H}_m^{\mathrm{T}}\boldsymbol{W}_m\boldsymbol{H}_m)^{-1}\geqslant(\boldsymbol{H}_m^{\mathrm{T}}\boldsymbol{R}^{-1}\boldsymbol{H}_m)^{-1} \quad (5.2.12)$$

当且仅当 $\boldsymbol{W}_m=\boldsymbol{R}^{-1}$ 时，均方误差 $E(\tilde{\boldsymbol{\theta}}\tilde{\boldsymbol{\theta}}^{\mathrm{T}})$ 取最小值 $(\boldsymbol{H}_m^{\mathrm{T}}\boldsymbol{R}^{-1}\boldsymbol{H}_m)^{-1}$。

5.2.2 加权最小二乘参数估计方法

加权最小二乘参数估计方法的一般任务是根据 n 组输入信号 $u(k)$ 和观测量 $z(k)$ 确定待辨识模型中的参数 $\boldsymbol{\theta}$。加权最小二乘参数估计方法的流程如下。

第一步，根据待辨识模型确定需要估计的参数 $\boldsymbol{\theta}$。对于 SISO 系统，有

$$z(k)=-\sum_{i=1}^{n}a_i y(k-1)+\sum_{i=1}^{n}b_i u(k-1)+v(k) \quad (5.2.13)$$

待辨识系统参数与最小二乘方法一致，即 $\boldsymbol{\theta}=\{a_i\}\cup\{b_i\}$。

第二步，通过多次测量构建待辨识模型的输入信号 $u(k)$ 和观测量 $z(k)$ 的数据集 $(\boldsymbol{Z}_m,\boldsymbol{H}_m)$，其中 $\boldsymbol{Z}_m=[z(1),z(2),\cdots,z(m)]^{\mathrm{T}}$，$\boldsymbol{H}_m=[\boldsymbol{h}(1),\boldsymbol{h}(2),\cdots,\boldsymbol{h}(m)]^{\mathrm{T}}$。这一步同样与最小二乘方法一致。

第三步，根据对多次实验数据置信度的了解，设定加权矩阵 $\boldsymbol{W}_m=diag[w_1,w_2,...,w_m]$。

第四步，根据二次型准则函数写出求解参数 $\boldsymbol{\theta}$ 使得误差 $J(\boldsymbol{\theta})$ 最小的最优化问题形式

$$J(\hat{\boldsymbol{\theta}})=(\boldsymbol{Z}_m-\boldsymbol{H}_m\hat{\boldsymbol{\theta}})^{\mathrm{T}}\boldsymbol{W}_m(\boldsymbol{Z}_m-\boldsymbol{H}_m\hat{\boldsymbol{\theta}})=\min \quad (5.2.14)$$

第五步，根据最值条件得到方程

$$\frac{\partial J}{\partial\hat{\boldsymbol{\theta}}}=-2\boldsymbol{H}_m^{\mathrm{T}}\boldsymbol{W}_m(\boldsymbol{Z}_m-\boldsymbol{H}_m\hat{\boldsymbol{\theta}})=0 \quad (5.2.15)$$

第六步，求解第五步方程得

$$\hat{\boldsymbol{\theta}}=(\boldsymbol{H}_m^{\mathrm{T}}\boldsymbol{W}_m\boldsymbol{H}_m)^{-1}\boldsymbol{H}_m^{\mathrm{T}}\boldsymbol{W}_m\boldsymbol{Z}_m \quad (5.2.16)$$

5.2.3 仿真实例

【**例 5.3**】对于某磁盘电机系统，电枢电压 $u(k)$ 与磁盘电机轴上转角 $z(k)$ 的待辨识系统模型为

$$z(k)+a_1z(k-1)+a_2z(k-2)=b_1u(k-1)+b_2u(k-2)$$

该模型的参数真值为 $a_1=-1$，$a_2=0.7$，$b_1=-0.5$，$b_2=0.5$。使用 4 阶 M 序列作为输

入，采集一段时间内的电机输出角速度作为观测值，其中多次观测值的权重为 $[1,2,1,2,1,1,1,2,1,2,1,2,1,2]$，利用加权最小二乘法辨识该磁盘电机系统的模型。

解：

1）由磁盘电机的模型可知，待辨识的参数 $\boldsymbol{\theta}=[a_1,a_2,b_1,b_2]$。

2）利用程序生成辨识所用的 M 序列，部分时间段内的电机电枢电压与电机输出角速度如图 5-6 所示，构建数据集 $(\boldsymbol{Z}_m,\boldsymbol{H}_m)$。

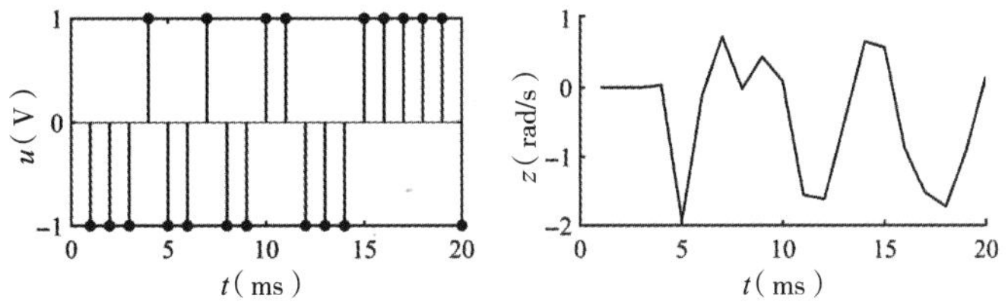

图 5-6　电机电枢电压与电机角速度输出

3）最优化问题为

$$J(\hat{\boldsymbol{\theta}})=(\boldsymbol{Z}_m-\boldsymbol{H}\hat{\boldsymbol{\theta}})^{\mathrm{T}}\boldsymbol{W}_m(\boldsymbol{Z}_m-\boldsymbol{H}\hat{\boldsymbol{\theta}})=\min$$

4）最值条件为

$$\frac{\partial J}{\partial\hat{\boldsymbol{\theta}}}=-2\boldsymbol{H}_m^{\mathrm{T}}\boldsymbol{W}_m(\boldsymbol{Z}_m-\boldsymbol{H}_m\hat{\boldsymbol{\theta}})=0$$

5）利用 MATLAB 仿真程序（chap5_2.m）求解得

$$\hat{\boldsymbol{\theta}}=(\boldsymbol{H}_m^{\mathrm{T}}\boldsymbol{W}_m\boldsymbol{H}_m)^{-1}\boldsymbol{H}_m^{\mathrm{T}}\boldsymbol{W}_m\boldsymbol{Z}_m=[-0.85,0.40,-0.61,0.55]$$

则辨识得到的磁盘电机系统模型为

$$z(k)-0.85z(k-1)+0.40z(k-2)=-0.61u(k-1)+0.55u(k-2)$$

仿真程序（chap5_2.m）：

```
global script_name figs_path;
script_name = 'chap5_2';
figs_path = './figs/waiting';
%% configuration for simulation
sim_time = SimTime(3, 0.001);
% M sequence
u = get_M_sequence(sim_time.step_num, 1);
% Z
z = simple_get_sim_data(sim_time, u, 'a1', -1, 'a2', 0.7, 'b1', -0.5, 'b2', 0.5,
'c1', 0, 'c2', 0);
%给出样本的系数矩阵
H=[-z(2) -z(1) u(2) u(1);-z(3) -z(2) u(3) u(2);-z(4) -z(3) u(4) u(3);-z(5) -z(4)
u(5) u(4);-z(6) -z(5) u(6) u(5);-z(7) -z(6) u(7) u(6);-z(8) -z(7) u(8) u(7);-z(9)
-z(8) u(9) u(8);-z(10) -z(9) u(10) u(9);-z(11) -z(10) u(11) u(10);-z(12) -z(11)
u(12) u(11);-z(13) -z(12) u(13) u(12);-z(14) -z(13) u(14) u(13);-z(15) -z(14)
```

```
u(15) u(14)];
    %给出样本的观测矩阵
    Z=[z(3);z(4);z(5);z(6);z(7);z(8);z(9);z(10);z(11);z(12);z(13);z(14);z(15)
;z(16)];
    %计算参数
    W = diag([1,2,1,2,1,1,1,2,1,2,1,2,1,2]);
    c=inv(H'*W*H)*H'*W*Z;
    %分离参数
    a1=c(1); a2=c(2); b1=c(3); b2=c(4);
    %% 作图
    m_sequence_fig = new_figure('u(V)', 't(ms)');
    stem(u(1:20))
    save2fig(m_sequence_fig);
    motor_output_fig = new_figure('z(rad/s)', 't(ms)');
    plot(z(1:20));
    save2fig(motor_output_fig);
```


5.3 递推最小二乘法

最小二乘法利用实验数据对未知系统参数进行辨识,在完成所有实验并采集所有观测数据后,一次性求得系统待辨识参数的估计值,这种方法称为一次完成法或批处理法。采用批处理法辨识系统参数方便快捷,但是当实验次数与数据量较大时,矩阵求逆的计算量会急剧增加,将给计算机的存储与计算带来极大的负担。这使批处理法无法部署在小型计算机上,难以实现在线辨识,并且不能跟踪估计随时间变化的动态系统参数。为了扩大辨识算法的部署范围,同时为了实时辨识动态系统和时变参数,可以将一般最小二乘参数估计方法转换为参数递推的递推最小二乘法——递推最小二乘法[6-7]。

5.3.1 递推最小二乘法基本原理

递推最小二乘法分多次利用实验数据对参数进行估计,每次获取实验数据后,在前一次估计的基础上用新的实验数据对历史估计的模型参数进行修正,从而得到新的参数估计值,直到估计值的误差在满意范围之内时停止修正。这种多次估计,每次利用前一次的估计结果,一次接一次地修正参数估计值的过程就是“递推”。递推最小二乘法的参数估计值表示为

$$\hat{\boldsymbol{\theta}}(k)=\hat{\boldsymbol{\theta}}(k-1)+\delta(k) \tag{5.3.1}$$

式中：$\hat{\boldsymbol{\theta}}(k)$ 为当前的参数估计值；$\hat{\boldsymbol{\theta}}(k-1)$ 为前一次估计值；$\delta(k)$ 为本次估计的修正项。

式（5.3.1）的含义是当前的参数估计值 $\hat{\boldsymbol{\theta}}(k)$ 在前一次估计值 $\hat{\boldsymbol{\theta}}(k-1)$ 的基础上，利用新的测量数据对前一次估计进行修正。

以 SISO 系统为辨识对象，系统模型为

$$z(k)=-\sum_{i=1}^{n}a_i y(k-1)+\sum_{i=1}^{n}b_i u(k-1)+v(k) \tag{5.3.2}$$

$$z(k)=\boldsymbol{h}(k)\boldsymbol{\theta}+v(k) \tag{5.3.3}$$

利用前 m 次实验数据进行最小二乘辨识，模型为

$$\boldsymbol{Z}_m=\boldsymbol{H}_m\boldsymbol{\theta}_m+\boldsymbol{V}_m \tag{5.3.4}$$

得到参数估计值

$$\hat{\boldsymbol{\theta}}_m=(\boldsymbol{H}_m^{\mathrm{T}}\boldsymbol{W}_m\boldsymbol{H}_m)^{-1}\boldsymbol{H}_m^{\mathrm{T}}\boldsymbol{W}_m\boldsymbol{Z}_m \tag{5.3.5}$$

第 $m+1$ 次实验数据满足

$$z(m+1)=\boldsymbol{h}(m+1)\boldsymbol{\theta}+v(m+1) \tag{5.3.6}$$

基于前 $m+1$ 次实验数据的最小二乘辨识模型为

$$\boldsymbol{Z}_{m+1}=\boldsymbol{H}_{m+1}\boldsymbol{\theta}_{m+1}+\boldsymbol{V}_{m+1} \tag{5.3.7}$$

参数估计值为

$$\hat{\boldsymbol{\theta}}_{m+1}=(\boldsymbol{H}_{m+1}^{\mathrm{T}}\boldsymbol{W}_{m+1}\boldsymbol{H}_{m+1})^{-1}\boldsymbol{H}_{m+1}^{\mathrm{T}}\boldsymbol{W}_{m+1}\boldsymbol{Z}_{m+1} \tag{5.3.8}$$

设

$$\boldsymbol{P}_m=[\boldsymbol{H}_m^{\mathrm{T}}\boldsymbol{W}_m\boldsymbol{H}_m]^{-1} \tag{5.3.9}$$

$$\boldsymbol{P}_{m+1}=[\boldsymbol{H}_{m+1}^{\mathrm{T}}\boldsymbol{W}_{m+1}\boldsymbol{H}_{m+1}]^{-1} \tag{5.3.10}$$

则

$$\begin{aligned}\hat{\boldsymbol{\theta}}_m&=\boldsymbol{P}_m\boldsymbol{H}_m^{\mathrm{T}}\boldsymbol{W}_m\boldsymbol{Z}_m\\ \hat{\boldsymbol{\theta}}_{m+1}&=\boldsymbol{P}_{m+1}\boldsymbol{H}_{m+1}^{\mathrm{T}}\boldsymbol{W}_{m+1}\boldsymbol{Z}_{m+1}\\ &=\boldsymbol{P}_{m+1}\boldsymbol{H}_m^{\mathrm{T}}\boldsymbol{W}_m\boldsymbol{Z}_m+\boldsymbol{P}_{m+1}\boldsymbol{h}^{\mathrm{T}}(m+1)w(m+1)z(m+1)\end{aligned} \tag{5.3.11}$$

根据 $(\boldsymbol{A}+\boldsymbol{BD})^{-1}=\boldsymbol{A}^{-1}-\boldsymbol{A}^{-1}\boldsymbol{B}(\boldsymbol{I}+\boldsymbol{DA}^{-1}\boldsymbol{B})\boldsymbol{DA}^{-1}$，有

$$\begin{aligned}\boldsymbol{P}_{m+1}&=[\boldsymbol{H}_m^{\mathrm{T}}\boldsymbol{W}_m\boldsymbol{H}_m+\boldsymbol{h}^{\mathrm{T}}(m+1)w(m+1)\boldsymbol{h}(m+1)]^{-1}\\ &=[\boldsymbol{P}_m^{-1}+\boldsymbol{h}^{\mathrm{T}}(m+1)w(m+1)\boldsymbol{h}(m+1)]^{-1}\\ &=\boldsymbol{P}_m-\boldsymbol{P}_m\boldsymbol{h}^{\mathrm{T}}(m+1)\left[\boldsymbol{I}+w(m+1)\boldsymbol{h}(m+1)\boldsymbol{P}_m^{\mathrm{T}}\boldsymbol{h}^{\mathrm{T}}(m+1)\right]^{-1}w(m+1)\boldsymbol{h}(m+1)\boldsymbol{P}_m\\ &=\boldsymbol{P}_m-\boldsymbol{P}_m\boldsymbol{h}^{\mathrm{T}}(m+1)\left[w^{-1}(m+1)+\boldsymbol{h}(m+1)\boldsymbol{P}_m^{\mathrm{T}}\boldsymbol{h}^{\mathrm{T}}(m+1)\right]^{-1}\boldsymbol{h}(m+1)\boldsymbol{P}_m\end{aligned} \tag{5.3.12}$$

将其代入式（5.3.11）中，得到

$$\hat{\boldsymbol{\theta}}_{m+1}=\hat{\boldsymbol{\theta}}_m+\boldsymbol{P}_{m+1}\boldsymbol{h}^{\mathrm{T}}(m+1)w(m+1)[z(m+1)-\boldsymbol{h}(m+1)\hat{\boldsymbol{\theta}}_m] \tag{5.3.13}$$

将 $\boldsymbol{K}_{m+1}=\boldsymbol{P}_{m+1}\boldsymbol{h}^{\mathrm{T}}(m+1)w(m+1)$ 作为增益矩阵，可得

$$\begin{aligned} \boldsymbol{K}_{m+1} &= [\boldsymbol{P}_m^{-1} + \boldsymbol{h}^{\mathrm{T}}(m+1)w(m+1)\boldsymbol{h}(m+1)]^{-1}\boldsymbol{h}^{\mathrm{T}}(m+1)w(m+1) \\ &= \{[\boldsymbol{h}^{\mathrm{T}}(m+1)w(m+1)]^{-1}\boldsymbol{P}_m^{-1} + \boldsymbol{h}(m+1)\}^{-1} \\ &= \{w^{-1}(m+1)[\boldsymbol{P}_m\boldsymbol{h}^{\mathrm{T}}(m+1)]^{-1} + \boldsymbol{h}(m+1)[\boldsymbol{P}_m\boldsymbol{h}^{\mathrm{T}}(m+1)][\boldsymbol{P}_m\boldsymbol{h}^{\mathrm{T}}(m+1)]^{-1}\}^{-1} \\ &= \boldsymbol{P}_m\boldsymbol{h}^{\mathrm{T}}(m+1)\left[w^{-1}(m+1) + \boldsymbol{h}(m+1)\boldsymbol{P}_m\boldsymbol{h}^{\mathrm{T}}(m+1)\right]^{-1} \end{aligned} \tag{5.3.14}$$

递推最小二乘法具有明显的物理意义：$\hat{\boldsymbol{\theta}}_m$ 为前一时刻估计值，$\boldsymbol{h}(m+1)\hat{\boldsymbol{\theta}}_m$ 是在 m 次测量的基础上对本次测量值的预测，$z(m+1)$ 是当前时刻的测量值，而 $z(m+1)-\boldsymbol{h}(m+1)\hat{\boldsymbol{\theta}}_m$ 为预测误差。由于预测误差实际上是由前一时刻估计值 $\hat{\boldsymbol{\theta}}_m$ 与实际参数的偏差造成的，因此当前参数的估计值 $\hat{\boldsymbol{\theta}}_{m+1}$ 必须根据预测误差对 $\hat{\boldsymbol{\theta}}_m$ 进行修正来获得，修正的增益矩阵为 $\boldsymbol{K}_{m+1}$，即式（5.3.14）。递推最小二乘法根据前次测量数据得到的 $\boldsymbol{P}_m$ 及新的测量数据可以计算出增益矩阵 $\boldsymbol{K}_{m+1}$，从而由 $\hat{\boldsymbol{\theta}}_m$ 递推算出 $\hat{\boldsymbol{\theta}}_{m+1}$，同时可计算出下一次递推计算所需的 $\boldsymbol{P}_{m+1}$。

5.3.2 递推最小二乘参数估计方法

利用递推最小二乘法进行参数估计需要经过以下步骤。

第一步，确定递推计算的初始值。初始值的确定有两种方式。第一种方式是根据一批数据，利用一般最小二乘参数估计方法获取前 m 次实验条件下的参数估计值 $\hat{\boldsymbol{\theta}}_m=(\boldsymbol{H}_m{}^{\mathrm{T}}\boldsymbol{H}_m)^{-1}\boldsymbol{H}_m{}^{\mathrm{T}}\boldsymbol{Z}_m$ 和 $\boldsymbol{P}_m=[\boldsymbol{H}_m\boldsymbol{W}_m\boldsymbol{H}_m]^{-1}$。第二种方式是任意假设 $\hat{\boldsymbol{\theta}}_0$ 和 $\boldsymbol{P}_0$，通过递推算法进行迭代。为了方便起见，可以取 $\hat{\boldsymbol{\theta}}_0=0$，$\boldsymbol{P}_0=\alpha\boldsymbol{I}$，$\alpha$ 为正实数。随着递推的进行，初始值 $\hat{\boldsymbol{\theta}}_0$ 和 $\boldsymbol{P}_0$ 对参数估计结果的影响会越来越小。

第二步，将新的 m 次测量作为待辨识模型的输入信号 $u(k)$ 和观测量 $z(k)$ 组成的数据集 $(\boldsymbol{Z}_m,\boldsymbol{H}_m)$，其中 $\boldsymbol{Z}_m=[z(1),z(2),\cdots,z(m)]^{\mathrm{T}}$，$\boldsymbol{H}_m=[\boldsymbol{h}(1),\boldsymbol{h}(2),\cdots,\boldsymbol{h}(m)]^{\mathrm{T}}$。这里 m 为某一批次测量数据中的样本数量，不同批次可选取不同的 m 值。

第三步，根据一般最小二乘参数估计方程和递推准则，写出递推方程组：

$$\begin{cases} \hat{\boldsymbol{\theta}}_{m+1} = \hat{\boldsymbol{\theta}}_m + \boldsymbol{K}_{m+1}\left[z(m+1) - \boldsymbol{h}(m+1)\hat{\boldsymbol{\theta}}_m\right] \\ \boldsymbol{P}_{m+1} = \boldsymbol{P}_m - \boldsymbol{P}_m\boldsymbol{h}^{\mathrm{T}}(m+1)\left[w^{-1}(m+1) + \boldsymbol{h}(m+1)\boldsymbol{P}_m{}^{\mathrm{T}}\boldsymbol{h}^{\mathrm{T}}(m+1)\right]^{-1}\boldsymbol{h}(m+1)\boldsymbol{P}_m \\ \boldsymbol{K}_{m+1} = \boldsymbol{P}_m\boldsymbol{h}^{\mathrm{T}}(m+1)\left[w^{-1}(m+1) + \boldsymbol{h}(m+1)\boldsymbol{P}_m\boldsymbol{h}^{\mathrm{T}}(m+1)\right]^{-1} \end{cases} \tag{5.3.15}$$

第四步，计算递推最小二乘法参数估计精度，表达式为：

$$e = \left|\frac{\hat{\boldsymbol{\theta}}_{m+1} - \hat{\boldsymbol{\theta}}_m}{\hat{\boldsymbol{\theta}}_m}\right| \tag{5.3.16}$$

若精度满足要求 $e<\varepsilon$，ε 为适当小的常数，则停止迭代，若不满足则重复第二步到第三步的过程，直到参数估计精度满足要求为止。

5.3.3 仿真实例

【例 5.4】对于某磁盘电机系统，电枢电压 $u(k)$ 与磁盘电机轴的转速 $z(k)$ 的待辨识系统模型为

$$z(k)+a_1z(k-1)+a_2z(k-2)=b_1u(k-1)+b_2u(k-2)$$

该模型的参数真值为 $a_1=-1$，$a_2=0.7$，$b_1=-0.5$，$b_2=0.5$。使用 4 段 M 序列作为输入，采集一段时间内的电机输出角速度作为观测值，利用递推最小二乘法辨识磁盘电机系统模型。

解：

1）由磁盘电机的模型可知，待辨识的参数为 $\boldsymbol{\theta}=[a_1,a_2,b_1,b_2,]$。设初值为 $\hat{\boldsymbol{\theta}}_0=0$、$\boldsymbol{P}_0=\boldsymbol{I}$。

2）利用仿真程序生成辨识所用的 M 序列，部分时间段内的电机电枢电压与电机轴的转速输出如图 5-7 所示，构建数据集 $(\boldsymbol{Z}_m,\boldsymbol{H}_m)$。

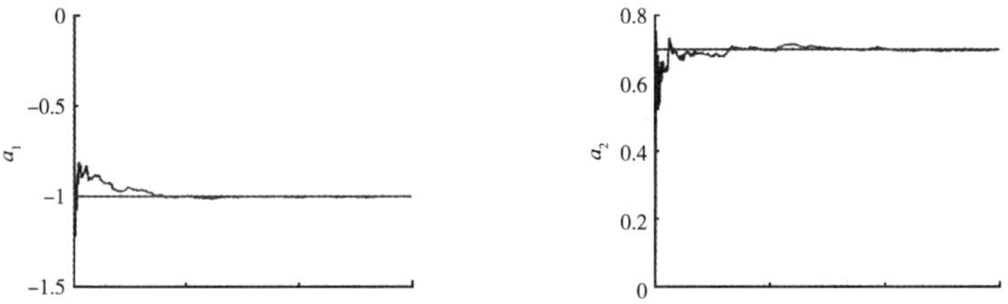

图 5-7　电机电枢电压与电机轴的转速输出

3）递推方程组为：

$$\begin{cases}\hat{\boldsymbol{\theta}}_{m+1}=\hat{\boldsymbol{\theta}}_m+\boldsymbol{K}_{m+1}\left[z(m+1)-\boldsymbol{h}(m+1)\hat{\boldsymbol{\theta}}_m\right]\\ \boldsymbol{P}_{m+1}=\boldsymbol{P}_m-\boldsymbol{P}_m\boldsymbol{h}^{\mathrm{T}}(m+1)\left[w^{-1}(m+1)+\boldsymbol{h}(m+1)\boldsymbol{P}_m{}^{\mathrm{T}}\boldsymbol{h}^{\mathrm{T}}(m+1)\right]^{-1}\boldsymbol{h}(m+1)\boldsymbol{P}_m\\ \boldsymbol{K}_{m+1}=\boldsymbol{P}_m\boldsymbol{h}^{\mathrm{T}}(m+1)\left[w^{-1}(m+1)+\boldsymbol{h}(m+1)\boldsymbol{P}_m\boldsymbol{h}^{\mathrm{T}}(m+1)\right]^{-1}\end{cases}$$

4）利用 MATLAB 仿真程序（chap5_3.m）经过 3 000 次（step）递推，解得：

$$\hat{\boldsymbol{\theta}}=[-1.00,0.70,-0.50,0.50]$$

每次递推得到的参数值如图 5-8 所示。

5）辨识得到的磁盘电机系统模型为：

$$z(k)-z(k-1)+0.7z(k-2)=-0.5u(k-1)+0.5u(k-2)$$

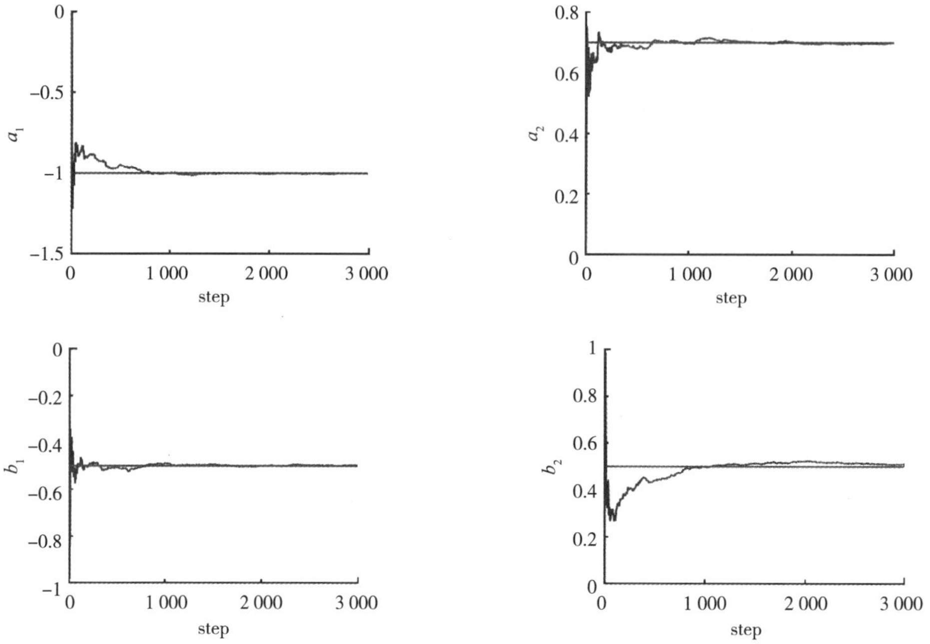

图 5-8　递推最小二乘法参数辨识结果

仿真程序(chap5_3.m):

```
global script_name figs_path;
script_name = 'chap5_3';
figs_path = './figs/waiting';
%% configuration for simulation
sim_time = SimTime(3, 0.001);
% M sequence
u = get_M_sequence(sim_time.step_num, 1);
% Z
z = simple_get_sim_data(sim_time, u, 'a1', -1, 'a2', 0.7, 'b1', -0.5, 'b2', 0.5, 
'c1', 0, 'c2', 0);
%% 递推最小二乘辨识
step = sim_time.step_num;
c0=[0.001 0.001 0.001 0.001]';
p0=10^3*eye(4,4);
E=0.000000005;  %相对误差
c=[c0,zeros(4,59)];  %被辨识参数矩阵的初始值及大小
e=zeros(4,step);  %相对误差的初始值及大小
lamt=1;
for k=3:step
    h1=[-z(k-1),-z(k-2),u(k-1),u(k-2)]';
```

```
        k1=p0*h1*inv(h1'*p0*h1+1*lamt);   %求出K值
        new=z(k)-h1'*c0;
        c1=c0+k1*new;   %求被辨识参数c
        p1=1/lamt*(eye(4)-k1*h1')*p0;
        e1=(c1-c0)./c0;   %求参数当前值与上一次的值的差值
        e(:,k)=e1; %把当前相对变化的列向量加入误差矩阵的最后一列
        c(:,k)=c1;   %把辨识参数c列向量加入辨识参数矩阵的最后一列
        c0=c1;   %新获得的参数作为下一次递推的旧参数
        p0=p1;
        if norm(e1)<=E
            break;   %若参数收敛满足要求,终止计算
    end
end
%% 分离参数
a1=c(1,:); a2=c(2,:); b1=c(3,:); b2=c(4,:);
ea1=e(1,:); ea2=e(2,:); eb1=e(3,:); eb2=e(4,:);
%% 作图
m_sequence_fig = new_figure('u(V)', 't(ms)');
stem(u(1, 1:20))
save2fig(m_sequence_fig);
motor_output_fig = new_figure('z(rad/s)', 't(ms)');
plot(z(1, 1:20));
save2fig(motor_output_fig);
i=1:step;
a1_fig = new_figure('a1','step');
plot(i,a1) %绘制辨识结果曲线
plot([1, step], [-1, -1]);
save2fig(a1_fig);
a2_fig = new_figure('a2','step');
plot(i,a2) %绘制辨识结果曲线
plot([1, step], [0.7, 0.7]);
save2fig(a2_fig);
b1_fig = new_figure('b1','step');
plot(i,b1) %绘制辨识曲线
plot([1, step], [-0.5, -0.5]);
save2fig(b1_fig);
b2_fig = new_figure('b2','step');
plot(i,b2) %绘制辨识结果曲线
```

```
plot([1, step], [0.5, 0.5]);
save2fig(b2_fig);
err_fig = new_figure('E-Value','Step');
plot(i,ea1,'k',i,ea2,'b',i,eb1,'r',i,eb2,'g');%绘制辨识结果的收敛情况
legend('a1','a2','b1','b2');
save2fig(err_fig);
```


5.4 增广最小二乘法

在使用最小二乘法时，需要满足观测误差项服从均值为 0、方差不变、不相关的正态分布等条件。只有这些假设条件得到满足，最小二乘法得到的参数估计值才具有最小方差性或最优性，可以用于对总体参数的推断和估计。为了将最小二乘法推广应用于非零均值噪声条件下的模型辨识问题，可以在待辨识模型中引入噪声模型，这种方法就是增广最小二乘法[8]。

5.4.1 增广最小二乘法基本原理

如果模型噪声的均值不为 0，则最小二乘法不能给出无偏、一致、有效估计，这是最小二乘法存在的一个问题。为了解决这个问题，扩大待辨识模型所描述的系统范围，可以将观测噪声的传递通道同样加入待辨识系统模型，即“增广”，使整个待辨识系统的噪声输入仍然满足均值为 0、方差不变、互不相关的正态分布条件，这就是增广最小二乘法。

考虑一般的 SISO 系统，其模型为

$$A(z^{-1})z(k)=B(z^{-1})u(k)+H(z^{-1})v(k) \tag{5.4.1}$$

式中：$H(z^{-1})$ 为噪声通道模型；$A(z^{-1})$ 和 $B(z^{-1})$ 为多项式算子，分别记作

$$A(z^{-1})=1+a_1z^{-1}+a_2z^{-2}+\cdots+a_nz^{-n} \tag{5.4.2}$$

$$B(z^{-1})=b_1z^{-1}+b_2z^{-2}+\cdots+b_nz^{-n} \tag{5.4.3}$$

最小二乘法辨识系统模型的观测输出的差分方程为

$$z(k)=\boldsymbol{h}(k)\boldsymbol{\theta}+v(k) \tag{5.4.4}$$

根据 $H(z^{-1})$ 的形式，辨识方法可以分为三种类型。

1）当 $H(z^{-1})=D(z^{-1})=1+d_1z^{-1}+d_2z^{-2}+\cdots+d_nz^{-n}$ 时，设置参数向量 $\boldsymbol{\theta}$ 的表达式为

$$\boldsymbol{\theta}=[a_1,a_2,\cdots,a_n,b_1,b_2,\cdots,b_n,d_1,d_2,\cdots,d_n]^{\mathrm{T}} \tag{5.4.5}$$

设置数据向量 $\boldsymbol{h}(k)$ 的表达式为

$$\begin{aligned}\boldsymbol{h}(k)=[&-z(k-1),-z(k-2),\cdots-z(k-n),u(k-1),u(k-2),\cdots,\\&u(k-n),\hat{v}(k-1),\hat{v}(k-2),\cdots,\hat{v}(k-n)]\end{aligned} \tag{5.4.6}$$

式中：$\hat{v}(k)$ 为 k 时刻的噪声估计值，且有

$$\hat{v}(k) = z(k) - \boldsymbol{h}(k)\hat{\boldsymbol{\theta}}(k-1) \tag{5.4.7}$$

式(5.4.7)中的 $\hat{v}(k)$ 是由模型参数估计值 $\hat{\boldsymbol{\theta}}(k-1)$ 计算得到的，所以 $H(z^{-1}) = D(z^{-1}) = 1 + d_1 z^{-1} + d_2 z^{-2} + \cdots + d_n z^{-n}$ 情况下的增广最小二乘法估计显然是一种递推方法。

2）当 $H(z^{-1}) = \dfrac{1}{C(z^{-1})} = \dfrac{1}{1 + c_1 z^{-1} + c_2 z^{-2} + \cdots + c_n z^{-n}}$ 时，设置参数向量 $\boldsymbol{\theta}$ 的表达式为

$$\boldsymbol{\theta} = [a_1, a_2, \cdots, a_n, b_1, b_2, \cdots, b_n, c_1, c_2, \cdots, c_n]^{\mathrm{T}} \tag{5.4.8}$$

设置数据向量 $\boldsymbol{h}(k)$ 的表达式为

$$\begin{aligned}\boldsymbol{h}(k) = [&-z(k-1), -z(k-2), \cdots, -z(k-n), u(k-1), u(k-2), \cdots,\\ &u(k-n), \hat{v}(k-1), \hat{v}(k-2), \cdots, \hat{v}(k-n)]\end{aligned} \tag{5.4.9}$$

式中：$\hat{v}(k)$ 为 k 时刻的噪声估计值，且有

$$\hat{v}(k) = z(k) + \sum_{i=1}^{n} \hat{a}_i(k-1) z(k-i) - \sum_{i=1}^{n} \hat{b}_i(k-1) u(k-i) \tag{5.4.10}$$

由于 $\hat{v}(k)$ 是由上一步的模型参数估计值 $\{\hat{a}_i(k-1)\} \cup \{\hat{b}_i(k-1)\}$ 计算得到的，所以 $H(z^{-1}) = \dfrac{1}{C(z^{-1})} = \dfrac{1}{1 + c_1 z^{-1} + c_2 z^{-2} + \cdots + c_n z^{-n}}$ 情况下的增广最小二乘法估计显然也是一种递推方法。

3）当 $H(z^{-1}) = \dfrac{D(z^{-1})}{C(z^{-1})} = \dfrac{1 + d_1 z^{-1} + d_2 z^{-2} + \cdots + d_n z^{-n}}{1 + c_1 z^{-1} + c_2 z^{-2} + \cdots + c_n z^{-n}}$ 时，设置参数向量 $\boldsymbol{\theta}$ 的表达式为

$$\boldsymbol{\theta} = [a_1, a_2, \cdots, a_n, b_1, b_2, \cdots, b_n, c_1, c_2, \cdots, c_n, d_1, d_2, \cdots, d_n]^{\mathrm{T}} \tag{5.4.11}$$

设置数据向量 $\boldsymbol{h}(k)$ 的表达式为

$$\begin{aligned}\boldsymbol{h}(k) = [&-z(k-1), -z(k-2), \cdots - z(k-n), u(k-1), u(k-2), \cdots,\\ &u(k-n), -\hat{v}_{\mathrm{e}}(k-1), -\hat{v}_{\mathrm{e}}(k-2), \cdots,\\ &-\hat{v}_{\mathrm{e}}(k-n), \hat{v}(k-1), \hat{v}(k-2), \cdots, \hat{v}(k-n)]\end{aligned} \tag{5.4.12}$$

式中：$-\hat{v}_{\mathrm{e}}(k)$ 和 $\hat{v}(k)$ 为 k 时刻的噪声估计值，且有

$$\begin{cases}\hat{v}_{\mathrm{e}}(k) = z(k) + \displaystyle\sum_{i=1}^{n} \hat{c}_i(k-1) \hat{v}_{\mathrm{e}}(k-i) - \sum_{i=1}^{n} \hat{d}_i(k-1) \hat{v}(k-i)\\ \hat{v}(k) = \hat{v}_{\mathrm{e}}(k) + \displaystyle\sum_{i=1}^{n} \hat{a}_i(k-1) z(k-i) - \sum_{i=1}^{n} \hat{b}_i(k-1) u(k-i)\end{cases} \tag{5.4.13}$$

增广最小二乘法是最小二乘法的一种推广，对最小二乘法的一些结论是适用于增广最小二乘法的，同时考虑了噪声模型的辨识。在一般情况下，最小二乘法只能获得系统模型的参数估计，增广最小二乘法还可以获得噪声模型的参数估计。但是，由于忽略了模型参数估计值对噪声估计的影响，因此噪声模型的参数估计值可能是有偏的。

5.4.2 增广最小二乘参数估计方法

增广最小二乘参数估计方法的一般任务是根据 n 组输入信号 $u(k)$ 和观测量 $z(k)$，构造合适的增广数据向量 $\boldsymbol{h}(k)$，计算噪声估计值 $\hat{v}(k)$ 并确定待辨识模型中的参数向量 $\boldsymbol{\theta}$。增广最小二乘参数估计方法的流程如下：

第一步，根据待辨识模型确定需要估计的参数向量 $\boldsymbol{\theta}$。对于 SISO 系统，其模型为

$$A(z^{-1})z(k)=B(z^{-1})u(k)+H(z^{-1})v(k) \tag{5.4.14}$$

根据增广最小二乘法基本原理中 $H(z^{-1})$ 的不同类型，设置对应的参数向量 $\boldsymbol{\theta}$。

第二步，通过多次测量构建待辨识模型的输入信号 $u(k)$ 和观测量 $z(k)$ 的数据集 $(\boldsymbol{Z}_m,\boldsymbol{H}_m)$，其中 $\boldsymbol{Z}_m=[z(1),z(2),\cdots,z(m)]^{\mathrm{T}}$，$\boldsymbol{H}_m$ 为数据矩阵，设置方式参考增广最小二乘法基本原理。

第三步，根据递推最小二乘参数估计方程与递推准则，写出递推方程组

$$\begin{cases}\hat{\boldsymbol{\theta}}_{m+1}=\hat{\boldsymbol{\theta}}_m+\boldsymbol{K}_{m+1}[z(m+1)-\boldsymbol{h}(m+1)\hat{\boldsymbol{\theta}}_m]\\ \boldsymbol{P}_{m+1}=\boldsymbol{P}_m-\boldsymbol{P}_m\boldsymbol{h}^{\mathrm{T}}(m+1)\left[w^{-1}(m+1)+\boldsymbol{h}(m+1)\boldsymbol{P}_m{}^{\mathrm{T}}\boldsymbol{h}^{\mathrm{T}}(m+1)\right]^{-1}\boldsymbol{h}(m+1)\boldsymbol{P}_m\\ \boldsymbol{K}_{m+1}=\boldsymbol{P}_m\boldsymbol{h}^{\mathrm{T}}(m+1)\left[w^{-1}(m+1)+\boldsymbol{h}(m+1)\boldsymbol{P}_m\boldsymbol{h}^{\mathrm{T}}(m+1)\right]^{-1}\end{cases} \tag{5.4.15}$$

第四步，计算增广最小二乘法参数估计精度 e，计算公式为

$$e=\left|\frac{\hat{\boldsymbol{\theta}}_{m+1}-\hat{\boldsymbol{\theta}}_m}{\hat{\boldsymbol{\theta}}_m}\right| \tag{5.4.16}$$

若精度满足要求 $e<\varepsilon$，ε 为适当小的常数，则停止迭代，若不满足则重复第二步到第三步的过程，直到参数估计精度满足要求为止。

5.4.3 仿真实例

【**例 5.5**】对于某磁盘电机系统，电枢电压 $u(k)$ 与磁盘电机轴的转速 $z(k)$ 的待辨识系统模型为

$$z(k)+a_1z(k-1)+a_2z(k-2)=b_1u(k-1)+b_2u(k-2)+c_1v(k)+c_2v(k-1)$$

该模型的参数真值为 $a_1=-1$，$a_2=0.7$，$b_1=-0.5$，$b_2=0.5$，$c_1=-0.01$，$c_2=-0.01$。使用 4 阶 M 序列作为输入，采集一段时间内的电机轴的输出转速作为观测值，观测值的噪声干扰类型为有色噪声，利用增广最小二乘法辨识磁盘电机系统模型。

1）由磁盘电机的模型可知，待辨识的参数为 $\boldsymbol{\theta}=[a_1,a_2,b_1,b_2,c_1,c_2]$。设初值为 $\hat{\boldsymbol{\theta}}_0=0.1\boldsymbol{I}$、$\boldsymbol{P}_0=\boldsymbol{I}$。

2）利用仿真程序生成辨识所用的 M 序列，部分时间段内的电机电枢电压与电机轴转速输出如图 5-9 所示，构建数据集 $(\boldsymbol{Z}_m,\boldsymbol{H}_m)$。

3）递推方程组为

$$\begin{cases}\hat{\boldsymbol{\theta}}_{m+1}=\hat{\boldsymbol{\theta}}_m+\boldsymbol{K}_{m+1}[z(m+1)-\boldsymbol{h}(m+1)\hat{\boldsymbol{\theta}}_m]\\ \boldsymbol{P}_{m+1}=\boldsymbol{P}_m-\boldsymbol{P}_m\boldsymbol{h}^{\mathrm{T}}(m+1)\left[w^{-1}(m+1)+\boldsymbol{h}(m+1)\boldsymbol{P}_m{}^{\mathrm{T}}\boldsymbol{h}^{\mathrm{T}}(m+1)\right]^{-1}\boldsymbol{h}(m+1)\boldsymbol{P}_m\\ \boldsymbol{K}_{m+1}=\boldsymbol{P}_m\boldsymbol{h}^{\mathrm{T}}(m+1)\left[w^{-1}(m+1)+\boldsymbol{h}(m+1)\boldsymbol{P}_m\boldsymbol{h}^{\mathrm{T}}(m+1)\right]^{-1}\end{cases}$$

4）利用 MATLAB 仿真程序（chap5_4.m）经过 3 000 次递推，求解得

$$\hat{\boldsymbol{\theta}}=[-1,0.7,-0.5,0.5,-0.01,-0.01]$$

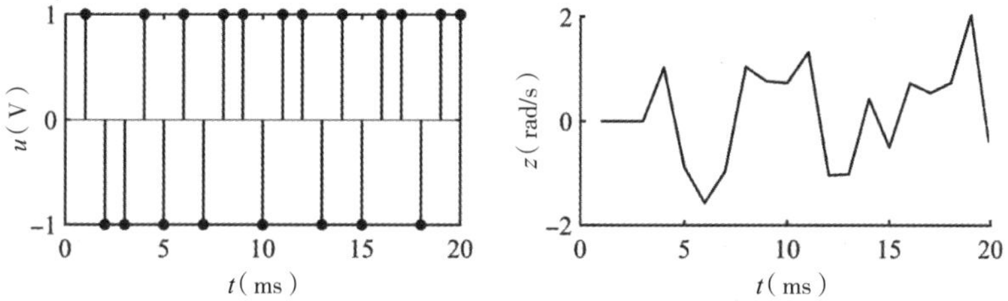

图 5-9　电机电枢电压与电机角速度输出

每次递推得到的参数值如图 5-10 所示。

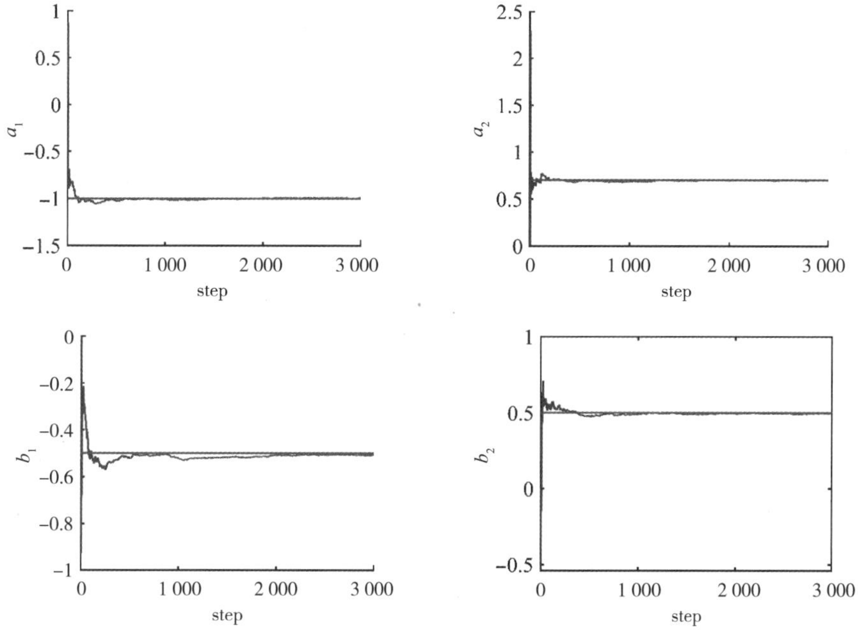

图 5-10　增广最小二乘法参数辨识结果

5）辨识得到的磁盘电机系统模型为

$$z(k)-z(k-1)+0.7z(k-2)=-0.5u(k-1)+0.5u(k-2)-0.01v(k)-0.01v(k-1)$$

仿真程序（chap5_4.m）:

```
global script_name figs_path;
script_name = 'chap5_4';
figs_path = './figs/waiting';
%% configuration for simulation
sim_time = SimTime(3, 0.001);
% M sequence
u = get_M_sequence(sim_time.step_num, 1);
% Z
v = 2*rand(sim_time.step_num, 1)-1;
```

```
z = simple_get_sim_data(sim_time, u, 'a1', -1, 'a2', 0.7, 'b1', -0.5, 'b2', 0.5,
'c1', 0.1, 'c2', 0.2, 'v', v);
%% 增广递推最小二乘辨识
z(2)=0;z(1)=0;
theat0=[0.001 0.001 0.001 0.001 0.001 0.001 0.001]'; %直接给出被辨识参数的初始值,即一个充分小的实向量
p0=10^4*eye(7,7);%初始状态 P0
theat=[theat0,zeros(7,sim_time.step_num-1)]; %被辨识参数矩阵的初始值及大小
for k=3:sim_time.step_num
    h1=[-z(k-1),-z(k-2),u(k-1),u(k-2),v(k),v(k-1),v(k-2)]';
    x=h1'*p0*h1+1;
    x1=inv(x);
    k1=p0*h1*x1; %K
    d1=z(k)-h1'*theat0;
    theat1=theat0+k1*d1;  %辨识参数 c
    theat0=theat1;  %给下一次用
    theat(:,k)=theat1;  %把辨识参数 c 列向量加入辨识参数矩阵
    p1=p0-k1*k1'*[h1'*p0*h1+1];%find p(k)
    p0=p1;  %给下次用
   end  %循环结束
%% 分离参数
a1=theat(1,:); a2=theat(2,:); b1=theat(3,:); b2=theat(4,:);
c1=theat(5,:); c2=theat(6,:); c3=theat(7,:);
%% 作图
m_sequence_fig = new_figure('u(V)', 't(ms)');
stem(u(1, 1:20))
save2fig(m_sequence_fig);
motor_output_fig = new_figure('z(rad/s)', 't(ms)');
plot(z(1, 1:20));
save2fig(motor_output_fig);
step = sim_time.step_num;
i=1:sim_time.step_num;
a1_fig = new_figure('a1','step');
plot(i,a1) %绘制出辨识结果曲线
plot([1, step], [-1, -1]);
save2fig(a1_fig);
a2_fig = new_figure('a2','step');
```

```
plot(i,a2) %绘制辨识结果曲线
plot([1, step], [0.7, 0.7]);
save2fig(a2_fig);
b1_fig = new_figure('b1','step');
plot(i,b1) %绘制辨识结果曲线
plot([1, step], [-0.5, -0.5]);
save2fig(b1_fig);
b2_fig = new_figure('b2','step');
plot(i,b2) %绘制辨识结果曲线
plot([1, step], [0.5, 0.5]);
save2fig(b2_fig);
c1_fig = new_figure('c1','step');
plot(i,c1) %绘制辨识结果曲线
plot([1, step], [1, 1]);
save2fig(c1_fig);
c2_fig = new_figure('c2','step');
plot(i,c2) %绘制辨识结果曲线
plot([1, step], [0.1, 0.1]);
save2fig(c2_fig);
c3_fig = new_figure('c3','step');
plot(i,c3) %绘制辨识结果曲线
plot([1, step], [0.2, 0.2]);
save2fig(c3_fig);
```


5.5 广义最小二乘法

通过将噪声通道纳入待辨识系统范围，增广最小二乘法能够对噪声建模并辨识系统参数。然而，在递推迭代过程中，噪声通道模型参数的收敛速度比待辨识系统的参数收敛速度慢，这导致噪声通道模型的阶数不能太高。在实际工程中，一些系统噪声模型的阶数较高，这时利用增广最小二乘法进行参数辨识，就会导致建模精度的降低。为了解决这一问题，可在增广最小二乘法的基础上引入成形滤波器，将相关噪声转化为白噪声，这种方法就是广义最小二乘法[9]。

5.5.1 广义最小二乘法基本原理

如果模型噪声是均值为非零的有色噪声，为了保持最小二乘估计的无偏性、一致

性和有效性，引入成形滤波器作为噪声通道的模型，将最小二乘辨识对噪声的适应条件从特殊的均值为零的白噪声（“狭义”噪声）扩展到均值为非零的有色噪声（“广义”噪声），这就是广义最小二乘参数估计方法。

在广义最小二乘法中，假设噪声通道的数学模型为

$$v'(k)=\frac{1}{C(z^{-1})}v(k) \tag{5.5.1}$$

则 SISO 系统的数学模型变为

$$A(z^{-1})z(k)=B(z^{-1})u(k)+\frac{1}{C(z^{-1})}v(k) \tag{5.5.2}$$

式中：$A(z^{-1})$、$B(z^{-1})$ 和 $C(z^{-1})$ 为多项式算子，分别记作

$$A(z^{-1})=1+a_1z^{-1}+a_2z^{-2}+\cdots+a_nz^{-n} \tag{5.5.3}$$

$$B(z^{-1})=b_1z^{-1}+b_2z^{-2}+\cdots+b_nz^{-n} \tag{5.5.4}$$

$$C(z^{-1})=1+c_1z^{-1}+c_2z^{-2}+\cdots+c_nz^{-n} \tag{5.5.5}$$

$C(z^{-1})$ 就是成形滤波器，是一个未知的、稳定的、有限阶次的线性滤波器。进一步地，原系统模型式（5.5.2）可以改写为

$$A(z^{-1})C(z^{-1})z(k)=B(z^{-1})C(z^{-1})u(k)+v(k) \tag{5.5.6}$$

这个系统再次成为观测误差是均值为 0 的白噪声系统。对此系统进行最小二乘法辨识仍然能够保证最小二乘估计是无偏估计。

如何设计成形滤波器 $C(z^{-1})$ 是广义最小二乘法的关键。逐次逼近法是利用迭代的方式比较简便地寻找成形滤波器系数的一种方法。该方法首先需要利用一般最小二乘法获得参数估计值 $\hat{\boldsymbol{\theta}}(0)$，即 $\hat{A}(0)$ 和 $\hat{B}(0)$。本次估计不是精确估计，但是可以为之后的步骤提供初值参考。利用上述估计值继续辨识成形滤波器部分参数，得到 $\hat{C}(0)$。至此，$A(z^{-1})C(z^{-1})z(k)=B(z^{-1})C(z^{-1})u(k)+v(k)$ 系统的初始参数全部设置完毕，利用递推最小二乘法更新每一个待辨识参数，直到满足 $\lim\limits_{k\to\infty}C(z^{-1})=1$ 即可停止递推。此时 $v'(k)=\dfrac{1}{C(z^{-1})}v(k)$ 已经白噪声化，$\hat{\boldsymbol{\theta}}$ 就是一个无偏估计。

当存在有色噪声干扰时，广义最小二乘法能够克服一般最小二乘估计的有偏性，估计效果较好，在实际中得到了广泛应用[8]。但是，广义最小二乘法的计算量大，每个循环要调用两次最小二乘法及一次数据滤波，每次循环中系统模型的参数迭代过程为

$$\begin{cases}\hat{\boldsymbol{\theta}}_{m+1}=\hat{\boldsymbol{\theta}}_m+\boldsymbol{K}_{m+1}(\boldsymbol{Z}_{m+1}-\boldsymbol{H}_{m+1}\hat{\boldsymbol{\theta}}_m)\\ \boldsymbol{K}_{m+1}=\boldsymbol{P}_{\mathrm{f}m}\boldsymbol{H}_{\mathrm{f}(m+1)}\left(\boldsymbol{H}_{\mathrm{f}(m+1)}^{\mathrm{T}}\boldsymbol{P}_{\mathrm{f}m}\boldsymbol{H}_{\mathrm{f}(m+1)}+\boldsymbol{I}\right)^{-1}\\ \boldsymbol{P}_{m+1}=(\boldsymbol{I}-\boldsymbol{K}_{m+1}\boldsymbol{H}_{\mathrm{f}(m+1)}^{\mathrm{T}})\boldsymbol{P}_m\end{cases} \tag{5.5.7}$$

误差通道模型的参数迭代过程为

$$\begin{cases}\hat{\boldsymbol{\theta}}_{\mathrm{e}(m+1)}=\hat{\boldsymbol{\theta}}_{\mathrm{e}m}+\boldsymbol{K}_{\mathrm{e}(m+1)}(\boldsymbol{Z}_{\mathrm{e}(m+1)}-\boldsymbol{H}_{\mathrm{e}(m+1)}\hat{\boldsymbol{\theta}}_{\mathrm{f}m})\\ \boldsymbol{K}_{\mathrm{e}(m+1)}=\boldsymbol{P}_{\mathrm{e}m}\boldsymbol{H}_{\mathrm{e}(m+1)}\left(\boldsymbol{H}_{\mathrm{e}(m+1)}^{\mathrm{T}}\boldsymbol{P}_{\mathrm{e}m}\boldsymbol{H}_{\mathrm{e}(m+1)}+\boldsymbol{I}\right)^{-1}\\ \boldsymbol{P}_{\mathrm{e}(m+1)}=(\boldsymbol{I}-\boldsymbol{K}_{\mathrm{e}(m+1)}\boldsymbol{H}_{\mathrm{e}(m+1)}^{\mathrm{T}})\boldsymbol{P}_{\mathrm{e}m}\end{cases} \tag{5.5.8}$$

此外，求解 $A(z^{-1})C(z^{-1})z(k)=B(z^{-1})C(z^{-1})u(k)+v(k)$ 的参数估计值是一个非线性最优化问题，不一定总能保证算法对最优解的收敛性。这使广义最小二乘法的估计结果取决于所选用参数的初始估计值，在没有先验信息的情况下，最小二乘估计值被认为是最好的初始条件。

广义最小二乘法一般采用递推的方式完成参数辨识，也称为广义递推最小二乘法。以上分析表明，广义最小二乘法不能进行反复迭代，其解决方法是将过程模型和噪声模型的辨识设计分开，并在每个递推步骤中，按顺序进行递推，从而不断改善噪声模型的辨识结果。其基本思想是对输入和输出数据进行滤波预处理，然后利用最小二乘法对滤波后的数据进行辨识。但由于实际问题的复杂性，要预先选好滤波器通常是困难的。广义最小二乘法所使用的滤波器是动态的，在迭代过程中根据偏差信息不断调整滤波器参数，以便对输入和输出数据进行实时的白化处理，使模型参数估计成为无偏、一致估计。理论上，广义最小二乘法经过几次迭代后可以找到合适的滤波器。但如果系统噪声较大或模型参数较多，这种迭代处理可能会出现多个局部收敛点，使系统不能收敛到全局极小点上，从而导致模型参数估计出现偏差的可能性。

5.5.2　广义最小二乘参数估计方法

广义最小二乘法的辨识流程如图 5-11 所示。

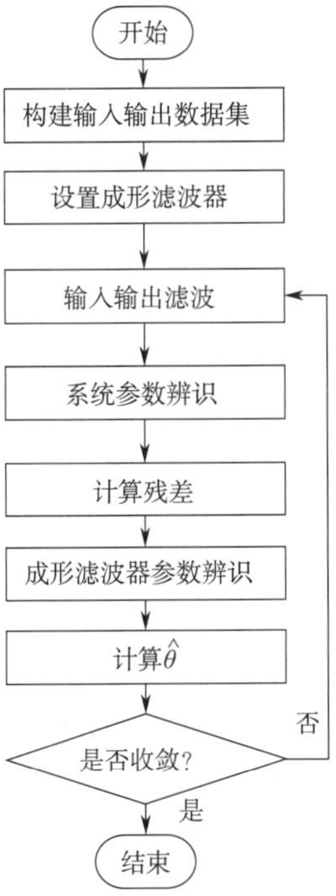

图 5-11　广义最小二乘法的流程图

广义最小二乘法的具体步骤如下。

第一步，根据待辨识模型确定需要估计的参数 $\boldsymbol{\theta}$。对于 SISO 系统，其模型为 $A(z^{-1})z(k)=B(z^{-1})u(k)+\dfrac{1}{C(z^{-1})}v(k)$，确定 $A(z^{-1})$、$B(z^{-1})$ 和 $C(z^{-1})$ 的阶次，设置参数向量 $\boldsymbol{\theta}$。

第二步，确定递推计算的初始值。利用一般最小二乘参数估计方法获取前 m 次实验条件下的参数估计值 $\hat{\boldsymbol{\theta}}_m=(\boldsymbol{H}_m^{\mathrm{T}}\boldsymbol{H}_m)^{-1}\boldsymbol{H}_m^{\mathrm{T}}\boldsymbol{Z}_m$，进而估计 $C(z^{-1})$。

第三步，利用估计出的 $\hat{C}(z^{-1})$ 将新的 m 次测量数据滤波后构建待辨识模型的输入信号 $u_{\mathrm{f}}(k)$ 和观测量 $z_{\mathrm{f}}(k)$ 组成的数据集 $(\boldsymbol{Z}_{\mathrm{f}m},\boldsymbol{H}_{\mathrm{f}m})$，其中

$$\boldsymbol{Z}_{\mathrm{f}m}=[z_{\mathrm{f}}(1),z_{\mathrm{f}}(2),\cdots,z_{\mathrm{f}}(m)]^{\mathrm{T}} \tag{5.5.9}$$

$$\boldsymbol{H}_{\mathrm{f}m}=[h_{\mathrm{f}}(1),h_{\mathrm{f}}(2),\cdots,h_{\mathrm{f}}(m)]^{\mathrm{T}} \tag{5.5.10}$$

这里 m 为某一批次测量数据中的样本数量，不同批次可以选取不同 m 值。

第四步，根据广义最小二乘参数估计方程与递推准则，写出递推方程组，即式（5.5.7）和（5.5.8），计算得到 $\hat{\boldsymbol{\theta}}_{m+1}$、$\boldsymbol{K}_{m+1}$、$\boldsymbol{P}_{m+1}$、$\hat{\boldsymbol{\theta}}_{\mathrm{e}(m+1)}$、$\boldsymbol{K}_{\mathrm{e}(m+1)}$ 和 $\boldsymbol{P}_{\mathrm{e}(m+1)}$。

第五步，计算广义最小二乘法参数估计精度，计算公式为

$$e=\left|\frac{\hat{\boldsymbol{\theta}}_{m+1}-\hat{\boldsymbol{\theta}}_m}{\hat{\boldsymbol{\theta}}_m}\right| \tag{5.5.11}$$

若精度满足要求 $e<\varepsilon$，ε 为适当小的常数，则停止迭代，若不满足则重复第二步到第四步的过程，直到参数估计精度满足要求为止。

5.5.3 仿真实例

【**例 5.6**】对于某磁盘电机系统，电枢电压 $u(k)$ 与磁盘电机轴的转速 $z(k)$ 的待辨识系统模型为

$$z(k)+a_1z(k-1)+a_2z(k-2)=b_1u(k-1)+b_2u(k-2)+v'(k)$$

噪声模型为

$$v'(k)+c_1v'(k-1)+c_2v'(k-2)=v(k)$$

模型的理想参数值为 $c_1=-1.3$ 和 $c_2=0.5$。使用 4 阶 M 序列作为输入，采集一段时间内的电机轴的转速输出作为观测值，观测值的噪声干扰类型为有色噪声，利用广义最小二乘法辨识磁盘电机系统模型。

解：

1）由磁盘电机的模型可知，待辨识的参数向量 $\boldsymbol{\theta}=[a_1,a_2,b_1,b_2,c_1,c_2]^{\mathrm{T}}$。设初值 $\hat{\boldsymbol{\theta}}_0=[0.1,0.1,0.1,0.1,0.1,0.1]$、$\boldsymbol{P}_0=\boldsymbol{I}^{4\times4}$ 和 $\boldsymbol{P}_{\mathrm{e}}=\boldsymbol{I}^{2\times2}$。

2）利用程序生成辨识所用的 M 序列，部分时间段内的电机电枢电压与电机轴的转速输出如图 5-12 所示，构建数据集 $(\boldsymbol{Z}_m,\boldsymbol{H}_m)$。

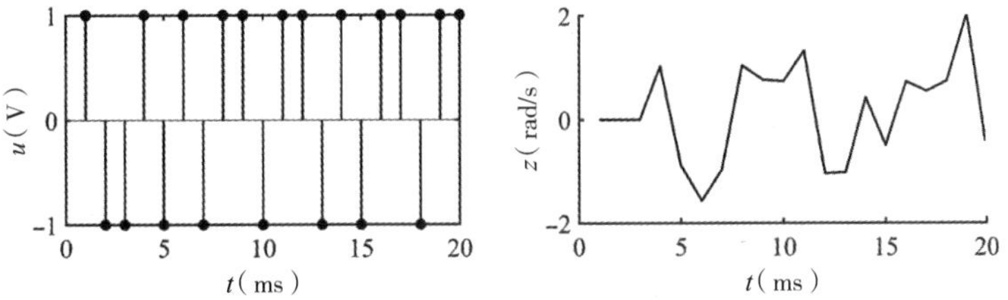

图 5-12　电机电枢电压与电机角速度输出

3)递推方程组为

$$\begin{cases}\hat{\boldsymbol{\theta}}_{m+1}=\hat{\boldsymbol{\theta}}_{m}+\boldsymbol{K}_{m+1}[z(m+1)-\boldsymbol{h}(m+1)\hat{\boldsymbol{\theta}}_{m}]\\ \boldsymbol{P}_{m+1}=\boldsymbol{P}_{m}-\boldsymbol{P}_{m}\boldsymbol{h}^{\mathrm{T}}(m+1)\left[w^{-1}(m+1)+\boldsymbol{h}(m+1)\boldsymbol{P}_{m}{}^{\mathrm{T}}h^{\mathrm{T}}(m+1)\right]^{-1}\boldsymbol{h}(m+1)\boldsymbol{P}_{m}\\ \boldsymbol{K}_{m+1}=P_{m}\boldsymbol{h}^{\mathrm{T}}(m+1)\left[w^{-1}(m+1)+\boldsymbol{h}(m+1)\boldsymbol{P}_{m}\boldsymbol{h}^{\mathrm{T}}(m+1)\right]^{-1}\\ \hat{\boldsymbol{\theta}}_{\mathrm{e}(m+1)}=\hat{\boldsymbol{\theta}}_{\mathrm{e}m}+\boldsymbol{K}_{\mathrm{e}(m+1)}[z_{\mathrm{e}}(m+1)-\boldsymbol{h}_{\mathrm{e}}(m+1)\hat{\boldsymbol{\theta}}_{m}]\\ \boldsymbol{K}_{\mathrm{e}(m+1)}=\boldsymbol{P}_{\mathrm{e}m}\boldsymbol{h}_{\mathrm{e}}(m+1)\left[\boldsymbol{h}_{\mathrm{e}}^{\mathrm{T}}(m+1)\boldsymbol{P}_{\mathrm{e}m}\boldsymbol{h}_{\mathrm{e}}(m+1)+\boldsymbol{I}\right]^{-1}\\ \boldsymbol{P}_{\mathrm{e}(m+1)}=[\boldsymbol{I}-\boldsymbol{K}_{\mathrm{e}(m+1)}\boldsymbol{h}_{\mathrm{e}}^{\mathrm{T}}(m+1)]\boldsymbol{P}_{\mathrm{e}m}\end{cases}$$

4)利用 MATLAB 仿真程序(chap5_5.m)经过 3 000 次递推,求解得

$$\hat{\boldsymbol{\theta}}=[-1,0.7,-0.48,0.48]$$

每次递推得到的参数值如图 5-13 所示。

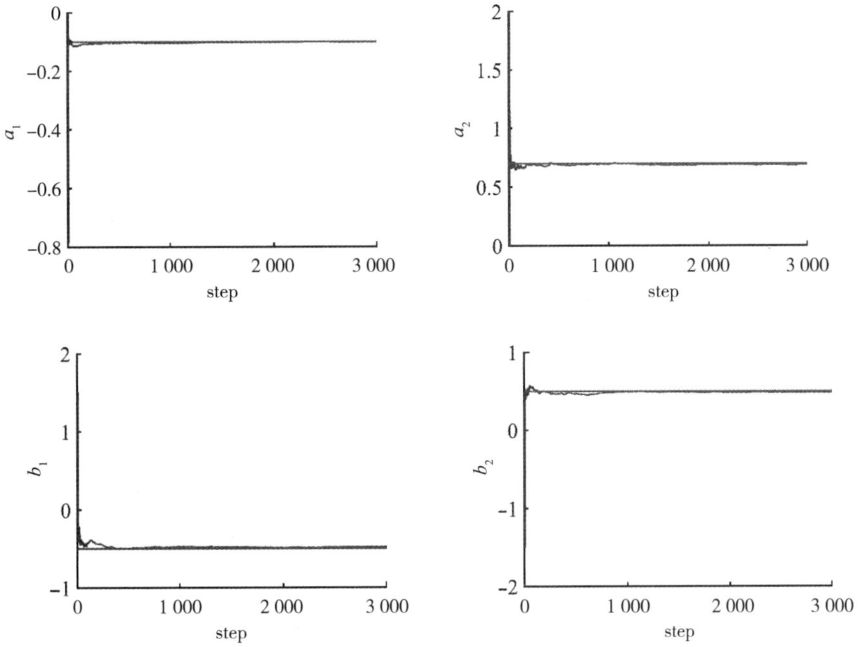

图 5-13　广义最小二乘法参数辨识结果

5）辨识得到的磁盘电机系统模型为

$$z(k)-z(k-1)+0.7z(k-2)=-0.48u(k-1)+0.48u(k-2)$$

仿真程序（chap5_5.m）：

```
global script_name figs_path;
script_name = 'chap5_5';
figs_path = './figs/waiting';
%% configuration for simulation
sim_time = SimTime(3, 0.001);
% M sequence
u = get_M_sequence(sim_time.step_num, 1);
% Z
v = 2*rand(sim_time.step_num, 1)-1;
z = simple_get_sim_data(sim_time, u, 'a1', -1, 'a2', 0.7, 'b1', -0.5, 'b2', 0.5,
'c1', 0.1, 'c2', 0.2, 'v', v);
c1 = 0.1;
c2 = 0.2;

% 真实模型的仿真参数
num = sim_time.step_num - 1;
% 输入变换
u_f=[];
u_f(1)=u(1);
u_f(2)=u(2);
for i=3:1:num
    u_f(i)=u(i)+c1*u(i-1)+c2*u(i-2);
end
% 观测值变换
z_f=[];
z_f(1)=z(1);
z_f(2)=z(2);
for i=3:1:num
    z_f(i)=z(i)+c1*z(i-1)+c2*z(i-2);
end
% 初始化
P=1000000*eye(4);
Theta=zeros(4,num);
P_e=eye(2);
Theta_e=zeros(2,num);
```

```
for i=3:num
    H=[-z(i-1);-z(i-2);u(i-1);u(i-2)];
    H_f=[-z_f(i-1);-z_f(i-2);u_f(i-1);u_f(i-2)];
    K_f=P*H_f/(1+H_f'*P*H_f);
    Theta(:,i)=Theta(:,i-1)+K_f*(z_f(i)-H_f'*Theta(:,i-1));
    P=(eye(4)-K_f*H_f')*P;
    e(i)=z(i)-H'*Theta(:,i);
    H_e=[-e(i-1);-e(i-2)];
    K_e=P_e*H_e/(1+H_e'*P_e*H_e);
    Theta_e(:,i)=Theta_e(:,i-1)+K_e*(e(i)-H_e'*Theta_e(:,i-1));
    P_e=(eye(2)-K_e*H_e')*P_e;
end
%% 分离参数
c = Theta;
a1=c(1,:); a2=c(2,:); b1=c(3,:); b2=c(4,:);
%% 作图
m_sequence_fig = new_figure('u(V)', 't(ms)');
stem(u(1, 1:20))
save2fig(m_sequence_fig);

motor_output_fig = new_figure('z(rad/s)', 't(ms)');
plot(z(1, 1:20));
save2fig(motor_output_fig);
step = num;
i=1:step;
a1_fig = new_figure('a1','step');
plot(i,a1);%绘制出辨识结果曲线
plot([1, step], [-1, -1]);
save2fig(a1_fig);
a2_fig = new_figure('a2','step');
plot(i,a2);%绘制出辨识结果曲线
plot([1, step], [0.7, 0.7]);
save2fig(a2_fig);
b1_fig = new_figure('b1','step');
plot(i,b1);%绘制出辨识结果曲线
plot([1, step], [-0.5, -0.5]);
save2fig(b1_fig);
b2_fig = new_figure('b2','step');
```

```
plot(i,b2); %绘制出辨识结果曲线
plot([1, step], [0.5, 0.5]);
save2fig(b2_fig);
c1_fig = new_figure('c1','step');
plot(Theta_e(1,:),'b'); %绘制出辨识结果曲线
plot([1, step], [0.1, 0.1]);
save2fig(c1_fig);
c2_fig = new_figure('c2','step');
plot(Theta_e(2,:),'r'); %绘制出辨识结果曲线
plot([1, step], [0.2, 0.2]);
save2fig(c2_fig)
```


5.6 辅助变量法

设 SISO 系统的过程为如下数学模型形式：

$$A(z^{-1})z(k)=B(z^{-1})u(k)+v(k) \tag{5.6.1}$$

式中：$u(k)$ 和 $z(k)$ 分别表示过程的输入和输出；$v(k)$ 是零均值的有色噪声；$A(z^{-1})$ 和 $B(z^{-1})$ 的表达式为

$$\begin{cases} A(z^{-1})=1+a_1z^{-1}+\cdots+a_{n_a}z^{-n_a} \\ B(z^{-1})=b_1z^{-1}+b_2z^{-2}+\cdots+b_{n_b}z^{-n_b} \end{cases} \tag{5.6.2}$$

假定模型阶次 n_a 和 n_b 已知。由于 $v(k)$ 代表有色噪声，直接利用最小二乘法不能获得模型参数的无偏、一致估计，这时可以利用辅助变量最小二乘法，以获得无偏、一致估计。

5.6.1 辅助变量法基本原理

根据系统输出的观测值 $z(k)$ 对应差分方程的矩阵形式为

$$\boldsymbol{Z}_m=\boldsymbol{H}_m\boldsymbol{\theta}+\boldsymbol{V}_m \tag{5.6.3}$$

其最小二乘解可以表示为

$$\hat{\boldsymbol{\theta}}=(\boldsymbol{H}_m^{\mathrm{T}}\boldsymbol{H}_m)^{-1}\boldsymbol{H}_m^{\mathrm{T}}\boldsymbol{Z}_m=(\boldsymbol{H}_m^{\mathrm{T}}\boldsymbol{H}_m)^{-1}\boldsymbol{H}_m^{\mathrm{T}}(\boldsymbol{H}_m\boldsymbol{\theta}+\boldsymbol{V}_m)=\boldsymbol{\theta}+(\boldsymbol{H}_m^{\mathrm{T}}\boldsymbol{H}_m)^{-1}\boldsymbol{H}_m^{\mathrm{T}}\boldsymbol{V}_m \tag{5.6.4}$$

如果

$$\lim_{m\to\infty}(\boldsymbol{H}_m^{\mathrm{T}}\boldsymbol{H}_m)^{-1}\boldsymbol{H}_m^{\mathrm{T}}\boldsymbol{V}_m=0 \tag{5.6.5}$$

则估计值 $\hat{\boldsymbol{\theta}}$ 为真值 $\boldsymbol{\theta}$，此时的最小二乘估计为无偏估计。

经过等效变换的式(5.6.5)为

$$\lim_{m\to\infty}(\frac{1}{m}\boldsymbol{H}_m^{\mathrm{T}}\boldsymbol{H}_m)^{-1}\frac{1}{m}\boldsymbol{H}_m^{\mathrm{T}}\boldsymbol{V}_m=0 \tag{5.6.6}$$

由于 $\boldsymbol{H}_m$ 是正定矩阵，则有

$$\lim_{m\to\infty}(\frac{1}{m}\boldsymbol{H}_m^{\mathrm{T}}\boldsymbol{H}_m)^{-1}=\boldsymbol{H}\quad(\boldsymbol{H}\text{是正定的})\tag{5.6.7}$$

当 $\boldsymbol{V}_m$ 为零均值的白噪声时，满足：

$$\lim_{m\to\infty}\frac{1}{m}\boldsymbol{H}_m^{\mathrm{T}}\boldsymbol{V}_m=0\tag{5.6.8}$$

在有色噪声的情况下，式(5.6.8)不一定成立。为了解决有色噪声条件下模型参数的无偏估计问题，一种直接的方法就是引入所谓的辅助变量，称这种最小二乘法为辅助变量最小二乘(Instrument Variable Least Squares，IVLS)法。其主要思想就是构造一个辅助观测矩阵 $\boldsymbol{H}_m^*$，其矩阵元素与 $\boldsymbol{H}_m$ 中的元素强相关，而与 $\boldsymbol{V}_m$ 中的元素不相关，原理如图 5-14 所示。

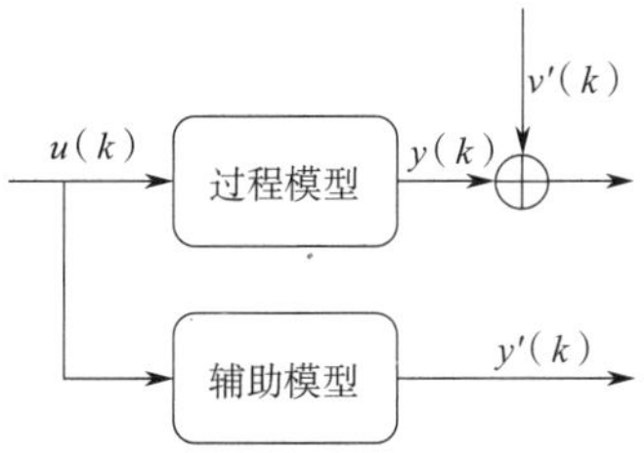

图 5-14　辅助模型与过程模型之间的关系

对于系统模型：

$$\boldsymbol{Z}_m=\boldsymbol{H}_m\boldsymbol{\theta}+\boldsymbol{V}_m\tag{5.6.9}$$

两边同时乘以辅助变量矩阵 $\boldsymbol{H}_m^{*\mathrm{T}}$，则有

$$\boldsymbol{H}_m^{*\mathrm{T}}\boldsymbol{V}_m=\boldsymbol{H}_m^{*\mathrm{T}}\boldsymbol{Z}_m-\boldsymbol{H}_m^{*\mathrm{T}}\boldsymbol{H}_m\boldsymbol{\theta}\tag{5.6.10}$$

其中

$$\lim_{m\to\infty}\boldsymbol{H}_m^{*\mathrm{T}}\boldsymbol{V}_m=0\tag{5.6.11}$$

$$\lim_{m\to\infty}\boldsymbol{H}_m^{*\mathrm{T}}\boldsymbol{H}_m^*=\bar{\boldsymbol{H}}^*\quad(\bar{\boldsymbol{H}}^*\text{是正定的})\tag{5.6.12}$$

$$\lim_{m\to\infty}\boldsymbol{H}_m^{*\mathrm{T}}\boldsymbol{H}_m^*\boldsymbol{\theta}=\lim_{x\to\infty}\boldsymbol{H}_m^{*\mathrm{T}}\boldsymbol{Z}_m\tag{5.6.13}$$

则参数的估计值为

$$\hat{\boldsymbol{\theta}}=(\boldsymbol{H}_m^{*\mathrm{T}}\boldsymbol{H}_m^*)^{-1}\boldsymbol{H}_m^{*\mathrm{T}}\boldsymbol{Z}_m\tag{5.6.14}$$

选择辅助观测矩阵 $\boldsymbol{H}_m^*$ 是该方法实际应用中的关键问题，选择理想的输出序列 $\{y'(k)\}$ 代替受噪声影响的实际输出序列 $\{z(k)\}$，从而使得其与 $\{v'(k)\}$ 无关，但与 $\boldsymbol{H}_m$ 中的 $y(k)$ 和 $u(k)$ 强相关。系统理想的输出序列 $\{y'(k)\}$ 可以通过输入序列 $\{u(k)\}$ 滤波来获得，即

$$D(z^{-1})y'(k)=F(z^{-1})u(k)\tag{5.6.15}$$

$$D(z^{-1})=1+d_1z^{-1}+\cdots+d_nz^{-n}\tag{5.6.16}$$

$$F(z^{-1})=1+f_1z^{-1}+\cdots+f_nz^{-n}\tag{5.6.17}$$

如果取 $D(z^{-1})=A(z^{-1})$，$F(z^{-1})=B(z^{-1})$，则 $\{y'(k)\}$ 就成为无噪声影响的系统理想输

出，而且 $A(z^{-1})$ 和 $B(z^{-1})$ 是待辨识系统的模型。因此，可以选取 $D(z^{-1})=\hat{A}(z^{-1})$ 和 $F(z^{-1})=\hat{B}(z^{-1})$，则有

$$\hat{A}(z^{-1})x(k)=\hat{B}(z^{-1})u(k) \tag{5.6.18}$$

此时，参数估计向量 $\hat{\boldsymbol{\theta}}=(\boldsymbol{H}_m^{*\mathrm{T}}\boldsymbol{H}_m)^{-1}\boldsymbol{H}_m^{*\mathrm{T}}\boldsymbol{Z}_m$ 是无偏估计。

5.6.2 辅助变量参数估计方法

辅助变量最小二乘法的具体实现步骤如下：

第一步，确定被辨识系统的模型结构及多项式 $A(z^{-1})$ 和 $B(z^{-1})$ 的阶次；

第二步，设计拟采用的辅助变量系统；

第三步，设定递推参数初值 $\boldsymbol{\theta}(0)$ 和 $\boldsymbol{P}(0)$；

第四步，实验获取新的观测数据 $y(m)$ 和 $u(m)$，并组成观测数据向量 $\boldsymbol{h}(m)$；

第五步，计算辅助变量 $y'(m)$，并组成辅助变量观测数据向量 $\boldsymbol{h}^*(m)$；

第六步，利用递推最小二乘法公式计算当前参数递推估计值，则可以得到辅助变量法的递推形式。

$$\hat{\boldsymbol{\theta}}_{m+1}=\hat{\boldsymbol{\theta}}_m+\boldsymbol{\gamma}(m)\left[y'(m+1)-\boldsymbol{h}^{*\mathrm{T}}(m+1)\hat{\boldsymbol{\theta}}_m\right] \tag{5.6.19}$$

$$\boldsymbol{\gamma}(m)=\frac{1}{\boldsymbol{h}^{*T}(m+1)\boldsymbol{P}(m)\boldsymbol{h}^*(m+1)+1}\boldsymbol{P}(m)\boldsymbol{h}(m+1) \tag{5.6.20}$$

$$\boldsymbol{P}(m)=\left[\boldsymbol{h}^{\mathrm{T}}(m+1)\boldsymbol{h}^*(m)\right]^{-1} \tag{5.6.21}$$

$$\boldsymbol{P}(m+1)=\left[\boldsymbol{I}-\boldsymbol{\gamma}(m)\boldsymbol{h}^{*\mathrm{T}}(m+1)\right]\boldsymbol{P}(m) \tag{5.6.22}$$

第七步，计算最小二乘法参数估计精度，计算公式为

$$e=\left|\frac{\hat{\boldsymbol{\theta}}_{m+1}-\hat{\boldsymbol{\theta}}_m}{\hat{\boldsymbol{\theta}}_m}\right| \tag{5.6.23}$$

若精度满足要求 $e<\varepsilon$，ε 为适当小的常数，则停止迭代，否则转入第四步，直到参数估计精度满足要求为止。

为了避免辅助变量与当前误差信号之间存在强相关性，可以在估计参数和辅助模型所采用的参数集之间引入迟延 q，其中 q 的选择应使得 $v(m+q)$ 和 $v(m)$ 不相关。进一步采用一种离散时间低通滤波器，使

$$\hat{\boldsymbol{\theta}}_{\mathrm{aux}}(m)=(1-\beta)\hat{\boldsymbol{\theta}}_{\mathrm{aux}}(m-1)+\beta\hat{\boldsymbol{\theta}}(m-q) \tag{5.6.24}$$

此时 q 的选择条件比较宽松，参数估计更加平滑，避免辅助参数模型快速变化的影响。式（5.6.24）中 β 值可以选取为 $0.01\leqslant\beta\leqslant0.1$。与普通最小二乘法相似，初始值可选 $\boldsymbol{P}(0)=\alpha\boldsymbol{I}$，这是对角线元素很大的对角阵，初始参数向量 $\hat{\boldsymbol{\theta}}=0$。在算法起始阶段，一般采用最小二乘递推方法，这种算法不能自动得到噪声模型，噪声模型可以按照以下步骤进行求解。

第一步，确定噪声 $v(k)$，其表达式为

$$v(k)=y(k)-y'(k) \tag{5.6.25}$$

式中：$y(k)$ 是过程输出测量值；$y'(k)$ 是辅助模型的输出。

第二步，利用适当的参数估计法（如最小二乘递推方法）求得如下自回归平均滑动过程的噪声模型

$$v'(z) = \frac{D(z^{-1})}{C(z^{-1})} v(z) \qquad (5.6.26)$$

5.6.3 仿真实例

【例 5.7】采用辅助变量最小二乘法对其磁盘电机模型进行参数辨识，模型表达式为

$$z(k) + a_1 z(k-1) + a_2 z(k-2) = b_1 u(k-1) + b_2 u(k-2) + e(k)$$
$$e(k) = v(k) + c_1 v(k-1) + c_2 v(k-2)$$

该模型的参数真值为 $a_1 = -1.5$，$a_2 = 0.7$，$b_1 = 1.0$，$b_2 = 0.5$，$c_1 = -0.1$，$c_2 = 0.1$。$v(k)$ 是服从 $N(0,1)$ 正态分布的白噪声，输入信号为幅值为 1 的 M 序列。

利用 MATLAB 仿真程序（chap5_6.m）采用辅助变量最小二乘法辨识模型参数，结果如图 5-15 所示。辨识得到的磁盘电机系统模型为

$$z(k) - 1.5102 z(k-1) + 0.7138 z(k-2) = 1.029 u(k-1) + 0.5 u(k-2) + e(k)$$

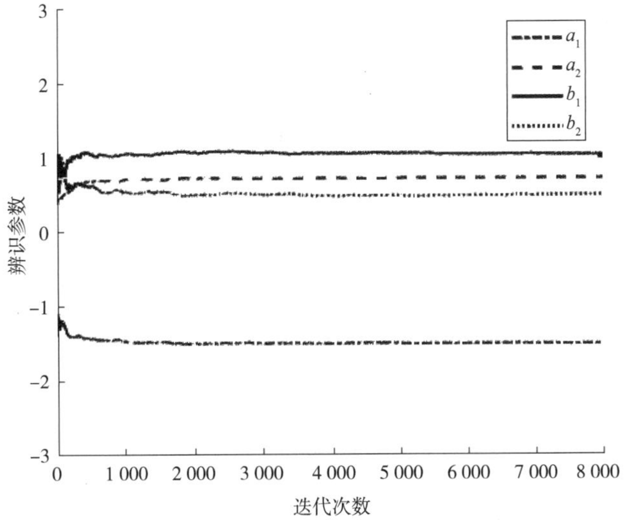

图 5-15　辅助变量最小二乘法参数辨识结果

仿真程序（chap5_6.m）：

```
%辅助变量递推最小二乘的算法，模型如下：
%z(k)+a1*z(k-1)+a2*z(k-2)=b1*u(k-1)+b2*u(k-2)+e(k)
%e(k)=v(k)+c1*v(k-1)+c2*v(k-2)
%自适应调节辅助变量
clear
clc
```

```
tic
%%%%%%%%产生输入序列%%%%%%%%
x=[1,1,0,1,1,0,1,0,1]; %initial value
a1=-1.5;
a2=0.7;
b1=1.0;
b2=0.5;
c1=-0.1;
c2=0.1;
num=8000; %num 为脉冲数
M=[]; %存放 M 序列,其作为输入
for i=1:num
      temp=xor(x(4),x(9));
      M(i)=x(9);
      for j=9:-1:2
            x(j)=x(j-1);
      end
      x(1)=temp;
end
u=M;
%%%%%%%%产生噪声序列%%%%%%%%
v=randn(1,num);
e(1)=0;
e(2)=0;
for i=3:num
      e(i)=v(i)+c1*v(i-1)+c2*v(i-2);
end
%%%%%%%%产生观测序列%%%%%%%%
z=zeros(num,1);
z(1)=0;
z(2)=0;
for i=3:num
       z(i)=-a1*z(i-1)-a2*z(i-2)+b1*u(i-1)+b2*u(i-2)+e(i);
end
%%%%%%%%设置初始值%%%%%%%%
P=100*eye(4);
Theta=zeros(4,num);
x(1)=0;
```

```
x(2)=0;
for i=3:num
    H=[-z(i-1);-z(i-2);u(i-1);u(i-2)];
    H_SA=[-x(i-1);-x(i-2);u(i-1);u(i-2)];
    K=P*H_SA/(1+H'*P*H_SA);
    Theta(:,i)=Theta(:,i-1)+K*(z(i)-H'*Theta(:,i-1));
    P=(eye(4)-K*H')*P;
    x(i)=H_SA'*Theta(:,i);
end
figure(1)
plot(Theta(1,:),'b');
hold on
plot(Theta(2,:),'r');
plot(Theta(3,:),'k');
plot(Theta(4,:),'g');
legend('a1','a2','b1','b2');
hold off
```


5.7 偏差校正法

考虑如图 5-16 所示的 SISO 系统，$u(k)$、$z(k)$ 为系统输入和输出，$v(k)$ 是均值为零、方差为 σ_v^2 的不相关随机测量噪声。

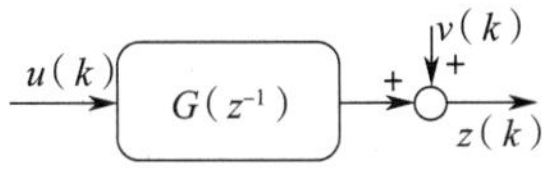

图 5-16 含有输出测量噪声的 SISO 系统

系统模型形式为

$$A(z^{-1})z(k)=B(z^{-1})u(k) \tag{5.7.1}$$

则系统测量方程为

$$A(z^{-1})z(k)=B(z^{-1})u(k)+e(k) \tag{5.7.2}$$

式中，$e(k)$ 为有色噪声，其表达式为

$$e(k)=A(z^{-1})v(k) \tag{5.7.3}$$

图 5-16 所示系统不能直接采用最小二乘辨识方法，采用偏差补偿递推最小二乘（Recursive Compensated Least Squares, RCLS）法可以为这种问题提供无偏估计，该方法又称为偏差校正法[10]。

5.7.1 偏差校正基本原理

最小二乘法通过对过程中的干扰做特殊的假设,以避免有偏估计。解决这个问题的有效方法是确定结果造成的偏差,再利用偏差对最小二乘法得到的有偏估计进行校正,一般要求干扰为白噪声且偏差是可以确定的。

定义参数:

$$\begin{cases} \boldsymbol{h}(k)=[-z(k-1),\cdots,-z(k-n_a),u(k-1),\cdots,u(k-n_b)] \\ \boldsymbol{\theta}=[a_1,\cdots a_{n_a},b_1,\cdots,b_{n_b}]^{\mathrm{T}} \\ \boldsymbol{r}(k)=[v(k-1),\cdots,v(k-n_a),\underbrace{0,\cdots,0}_{n_b}] \end{cases} \tag{5.7.4}$$

则式(5.7.2)可以写为

$$z(k)=\boldsymbol{h}(k)\boldsymbol{\theta}+\boldsymbol{r}(k)\boldsymbol{\theta}+v(k) \tag{5.7.5}$$

式(5.7.2)在 k 时刻的最小二乘解为

$$\hat{\boldsymbol{\theta}}_{\mathrm{LS}}(k)=\left(\sum_{i=1}^{k}\boldsymbol{h}^{\mathrm{T}}(i)\boldsymbol{h}(i)\right)^{-1}\left(\sum_{i=1}^{k}\boldsymbol{h}^{\mathrm{T}}(i)z(i)\right) \tag{5.7.6}$$

由于 $e(k)$ 是有色噪声,所以 $\hat{\boldsymbol{\theta}}_{\mathrm{LS}}(k)$ 是有偏估计。将式(5.7.5)代入式(5.7.6),整理后得

$$\left(\sum_{i=1}^{k}\boldsymbol{h}^{\mathrm{T}}(i)\boldsymbol{h}(i)\right)(\hat{\boldsymbol{\theta}}_{\mathrm{LS}}(k)-\boldsymbol{\theta}_0)=\sum_{i=1}^{k}\boldsymbol{h}^{\mathrm{T}}(i)[\boldsymbol{r}(i)\boldsymbol{\theta}_0+v(i)] \tag{5.7.7}$$

式中:$\boldsymbol{\theta}_0$ 为系统模型参数真值。

考虑到 $v(k)$ 是均值方差,方差为 σ_v^2 的白噪声,当 $k\to\infty$ 时,满足:

$$\begin{cases} \lim\limits_{k\to\infty}\dfrac{1}{k}\sum_{i=1}^{k}\boldsymbol{h}^{\mathrm{T}}(i)v(i)=0 \\ \lim\limits_{k\to\infty}\dfrac{1}{k}\sum_{i=1}^{k}\boldsymbol{h}^{\mathrm{T}}(i)\boldsymbol{r}(i)\boldsymbol{\theta}_0=-\sigma_v^2\boldsymbol{D}\boldsymbol{\theta}_0 \end{cases} \tag{5.7.8}$$

式中:$\boldsymbol{D}=\begin{bmatrix}\boldsymbol{I}_{n_a} & 0 \\ 0 & \boldsymbol{I}_{n_b}\end{bmatrix}$。

为此,式(5.7.7)可以写成

$$\begin{cases} \lim\limits_{k\to\infty}\hat{\boldsymbol{\theta}}_{\mathrm{LS}}(k)=\boldsymbol{\theta}_0-\sigma_v^2\boldsymbol{C}^{-1}\boldsymbol{D}\boldsymbol{\theta}_0 \\ \boldsymbol{C}=\lim\limits_{k\to\infty}\dfrac{1}{k}\left(\sum_{i=1}^{k}\boldsymbol{h}^{\mathrm{T}}(i)\boldsymbol{h}(i)\right) \end{cases} \tag{5.7.9}$$

式(5.7.9)表明,直接对式(5.7.2)运用最小二乘计算得到的模型参数估计是有偏的,如果在最小二乘估计的基础上引入补偿项 $\sigma_v^2\boldsymbol{C}^{-1}\boldsymbol{D}\boldsymbol{\theta}_0$,则可获得无偏估计。

5.7.2 偏差校正参数估计方法

基于偏差补偿思想可以写成如下递推形式

$$\hat{\boldsymbol{\theta}}_{\mathrm{C}}(k)=\hat{\boldsymbol{\theta}}_{\mathrm{LS}}(k)+k\hat{\sigma}_v^2\boldsymbol{P}(k)\boldsymbol{D}\hat{\boldsymbol{\theta}}_{\mathrm{C}}(k-1) \tag{5.7.10}$$

式中：$\hat{\boldsymbol{\theta}}_{\mathrm{C}}(k)$ 为补偿后的模型参数估计值；$\hat{\sigma}_v^2$ 为噪声 $v(k)$ 的方差估计；$\boldsymbol{P}(k)$ 的表达式为

$$\boldsymbol{P}(k)\triangleq\left[\sum_{i=1}^{k}\boldsymbol{h}^{\mathrm{T}}(i)\boldsymbol{h}(i)\right]^{-1} \tag{5.7.11}$$

对式（5.7.2）运用最小二乘原理得到的模型残差为

$$\varepsilon_{\mathrm{LS}}(k)=z(k)-\boldsymbol{h}(k)\hat{\boldsymbol{\theta}}_{\mathrm{LS}}(L) \tag{5.7.12}$$

根据式（5.7.5）和 $\sum_{k=1}^{L}\varepsilon_{\mathrm{LS}}(k)\boldsymbol{h}(k)=0$，其中 L 为数据长度，则有

$$\sum_{k=1}^{L}\varepsilon_{\mathrm{LS}}^2(k)=\sum_{k=1}^{L}\boldsymbol{h}(k)[(\boldsymbol{\theta}_0-\hat{\boldsymbol{\theta}}_{\mathrm{LS}}(L)][\boldsymbol{r}(k)\boldsymbol{\theta}_0+v(k)]+[\boldsymbol{r}(k)\boldsymbol{\theta}_0+v(k)]^2 \tag{5.7.13}$$

进而利用 $v(k)$ 白噪声的性质，可得

$$\begin{aligned}\lim_{L\to\infty}\frac{1}{L}\sum_{k=1}^{L}\varepsilon_{\mathrm{LS}}^2(k)&=\lim_{L\to\infty}\frac{1}{L}\left\{\sum_{k=1}^{L}\boldsymbol{h}(k)[\boldsymbol{\theta}_0-\hat{\boldsymbol{\theta}}_{\mathrm{LS}}(L)][\boldsymbol{r}(k)\boldsymbol{\theta}_0+v(k)]+[\boldsymbol{r}(k)\boldsymbol{\theta}_0+v(k)]^2\right\}\\&=\sigma_v^2[1+\boldsymbol{\theta}_0^{\mathrm{T}}\boldsymbol{D}\lim_{L\to\infty}\hat{\boldsymbol{\theta}}_{\mathrm{LS}}(L)]\end{aligned} \tag{5.7.14}$$

由此可得

$$\sigma_v^2=\frac{\lim\limits_{L\to\infty}\frac{1}{L}\sum\limits_{k=1}^{L}\varepsilon_{\mathrm{LS}}^2(k)}{1+\boldsymbol{\theta}_0^{\mathrm{T}}\boldsymbol{D}\lim\limits_{L\to\infty}\hat{\boldsymbol{\theta}}_{\mathrm{LS}}(L)} \tag{5.7.15}$$

则 k 时刻噪声 $v(k)$ 的方差估计 $\hat{\sigma}_v^2(k)$ 可以写为

$$\begin{cases}\hat{\sigma}_v^2(k)=\dfrac{J(k)}{k(1+\boldsymbol{\theta}_{\mathrm{C}}^{\mathrm{T}}(k)\boldsymbol{D}\hat{\boldsymbol{\theta}}_{\mathrm{LS}}(k))}\\[2ex]J(k)=J(k-1)+\dfrac{\tilde{z}^2(k)}{\boldsymbol{h}(k)\boldsymbol{P}(k-1)\boldsymbol{h}^{\mathrm{T}}(k)+1}\end{cases} \tag{5.7.16}$$

式中：$J(k)=\sum_{i=1}^{k}\varepsilon_{\mathrm{LS}}^2(i)$ 为 k 时刻的损失函数；$\tilde{z}(k)$ 为 k 时刻的模型信息，$\tilde{z}(k)=z(k)-\boldsymbol{h}(k)\hat{\boldsymbol{\theta}}_{LS}(k)$。

综上分析，偏差补偿递推最小二乘辨识算法的具体实现步骤如下：

第一步，确定被辨识模型的结构及多项式 $A(z^{-1})$ 和 $B(z^{-1})$ 的阶次 n_a 和 n_b；

第二步，设计所采用的偏差校正系统；

第三步，设定递推参数初值 $\boldsymbol{\theta}(0)$ 和 $\boldsymbol{P}(0)$；

第四步，采样获取观测数据 $z(m)$ 和 $u(m)$，并组成观测数据向量 $\boldsymbol{h}(m)$；

第五步，引入补偿项 $\sigma_v^2(m)\boldsymbol{P}(m)\boldsymbol{D}\boldsymbol{\theta}_0$；

第六步，利用递推最小二乘法公式计算当前参数递推估计值，则可以得到偏差校正法的递推形式

$$\begin{cases}\hat{\boldsymbol{\theta}}_{\mathrm{LS}}(m+1)=\hat{\boldsymbol{\theta}}_{\mathrm{LS}}(m)+\boldsymbol{K}(m+1)[z(m)-\boldsymbol{h}(m)\hat{\boldsymbol{\theta}}_{\mathrm{LS}}(m)]\\ \boldsymbol{K}(m+1)=\boldsymbol{P}(m+1)\boldsymbol{h}^{\mathrm{T}}(m+1)[\boldsymbol{h}(m+1)\boldsymbol{P}(m)\boldsymbol{h}^{\mathrm{T}}(m+1)+1]^{-1}\\ \boldsymbol{P}(m+1)=[\boldsymbol{I}-\boldsymbol{K}(m+1)\boldsymbol{h}(m+1)]\boldsymbol{P}(m)\\ \hat{\boldsymbol{\theta}}_{\mathrm{C}}(m+1)=\hat{\boldsymbol{\theta}}_{\mathrm{LS}}(m+1)+k\hat{\sigma}_v^2(m+1)\boldsymbol{P}(m+1)\boldsymbol{D}\hat{\boldsymbol{\theta}}_{\mathrm{C}}(m)\\ \hat{\sigma}_v^2(m+1)=\dfrac{J(m+1)}{k(1+\hat{\boldsymbol{\theta}}_{\mathrm{C}}^T(m+1)\boldsymbol{D}\hat{\boldsymbol{\theta}}_{\mathrm{LS}}(m+1))}\\ J(m+1)=J(m)+\dfrac{\tilde{z}^2(m+1)}{\boldsymbol{h}(m+1)\boldsymbol{P}(m)\boldsymbol{h}^{\mathrm{T}}(m+1)+1}\\ \tilde{z}(m+1)=z(m+1)-\boldsymbol{h}(m+1)\hat{\boldsymbol{\theta}}_{\mathrm{LS}}(m)\\ D=\begin{bmatrix}\boldsymbol{I}_{n_a} & 0\\ 0 & 0_{n_b}\end{bmatrix}\end{cases} \tag{5.7.17}$$

第七步，计算偏差补偿递推最小二乘法参数估计精度，计算公式为

$$e=\left|\frac{\hat{\boldsymbol{\theta}}_{\mathrm{C}}(m+1)-\hat{\boldsymbol{\theta}}_{\mathrm{C}}(m)}{\hat{\boldsymbol{\theta}}_{\mathrm{C}}(m)}\right| \tag{5.7.18}$$

若精度满足要求 $e<\varepsilon$，ε 为适当小的常数，则停止迭代，否则转入第四步，直到参数估计精度满足要求为止。

5.7.3 仿真实例

【例 5.8】采用偏差校正法对某磁盘电机模型进行参数辨识，该模型为

$$\begin{cases}z(k)+a_1z(k-1)+a_2z(k-2)=b_1u(k-1)+b_2u(k-2)+e(k)\\ e(k)=v(k)+c_1v(k-1)+c_2v(k-2)\end{cases}$$

该模型的参数真值为 $a_1=-1.5$，$a_2=0.7$，$b_1=1.0$，$b_2=0.5$，$c_1=-0.1$，$c_2=0.1$。$v(k)$ 是服从 $N(0,1)$ 正态分布的白噪声，输入信号为幅值为 1 的 M 序列。

利用 MATLAB 仿真程序（chap5_7.m）实现偏差补偿递推最小二乘辨识算法，设初值为 $\boldsymbol{P}(0)=10^6\boldsymbol{I}$、$\hat{\boldsymbol{\theta}}=0$，辨识结果如图 5-17 所示。辨识得到的磁盘电机系统模型为

$$z(k)-1.5z(k-1)+0.7z(k-2)=1.0u(k-1)+0.5u(k-2)+e(k)$$

仿真程序（chap5_7.m）：

```
clc
clear
L=400;
c1=-0.1;
c2=0.1;
%系统输入信号为 M 序列
u=[1 0 1 0];
for i=5:15+L
```

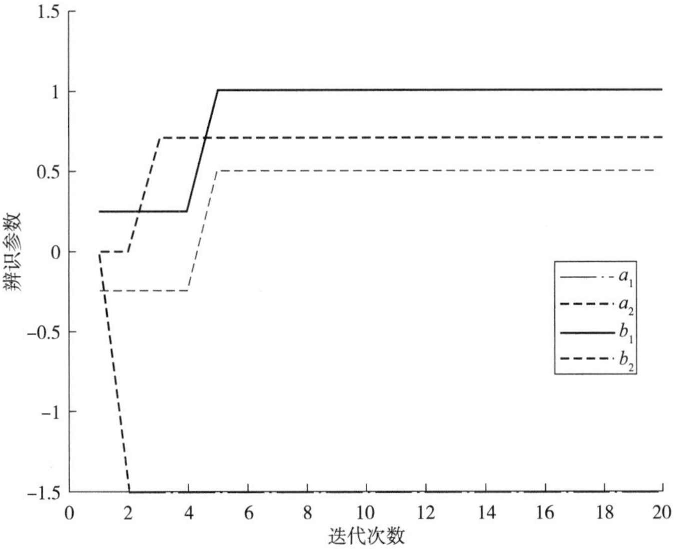

图 5-17　偏差补偿递推最小二乘法辨识结果

```
    u(i)=xor(u(i-1),u(i-4));
end
u=1-2*u;
%产生随机输入噪声
v=randn(1,L);
e(1)=0;
e(2)=0;
for i=3:L
   e(i)=v(i)+c1*v(i-1)+c2*v(i-2);
end
%输出观测值
z=zeros(1,15+L);
for j=3:15+L
    z(j)=1.5*z(j-1)-0.7*z(j-2)+u(j-1)+0.5*u(j-2);
end
n=2;
H=[];
for i=1:14+L
    for j=1:n
        Z(j)=z(n+i-j)
        U(j)=u(n+i-j)
    end
    h=[-Z U];
```

```
    H(i,:)=h;
end
H=H';
I=eye(n+n);
p=10^6*I;   %初始化 p
ThtaLS=zeros(1,2*n)';   %最小二乘初值
ThtaC=zeros(1,2*n)';   %偏差补偿初值
D=leye(n)zeros(n,n):zeros(n,n) zeros(n)];
J=0;
Thta=[];
for i=1:L
    k=p*H(:,i)/(1+H(:,i)'*p*H(:,i));
    ThtaLS=ThtaLS+k*(z(n+i)-(H(:,i))'*ThtaLS);
    p=(I-k*H(:,i)')*p;
    J=J+(z(n+i)-H(:,i)'*ThtaLS)^2/(1+(H(:,i))'*p*H(:,i));
    s2=J/(i*(1+ThtaC'*D*ThtaLS));
    ThtaC=ThtaLS+i*s2*p*D*ThtaC;
    Thta =[Thta,ThtaC];
end
figure(1)
plot(Thta(1,:),'b');
hold on;
plot(Thta(2,:),'r');
plot(Thta(3,:),'k');
plot(Thta(4,:),'g');
legend('a1','a2','b1','b2');
hold off
```

5.8 随机逼近法

为了降低对样本的依赖，系统辨识中准则函数 $J(\boldsymbol{\theta})$ 可以采用数学期望的形式，但是这会使 $J(\boldsymbol{\theta})$ 的极小化问题变得复杂。随机逼近法利用基于梯度的方法对准则函数进行极小化实现，可以解决该问题。随机逼近法是一类递推的参数估计方法，与最小二乘递推方法相比，随机逼近法计算量较小，适用于确定性和随机性模型[11]。

5.8.1　随机逼近基本原理

考虑如下辨识模型：

$$z(k)=\boldsymbol{h}(k)\boldsymbol{\theta}+v(k) \tag{5.8.1}$$

式中：$v(k)$ 是均值为零的噪声。

显然，这种模型的参数估计问题可以通过极小化 $v(k)$ 的方差来实现，即求解参数向量 $\boldsymbol{\theta}$ 的估计值使下列准则函数达到极小值：

$$J(\boldsymbol{\theta})=\frac{1}{2}E\left\{v^2(k)\right\}=\frac{1}{2}E\left\{[z(k)-\boldsymbol{h}(k)\boldsymbol{\theta}]^2\right\} \tag{5.8.2}$$

该准则函数的一阶负梯度为

$$\left[-\frac{\partial J(\theta)}{\partial \theta}\right]^{\mathrm{T}}=E\left\{\boldsymbol{h}(k)[z(k)-\boldsymbol{h}(k)\boldsymbol{\theta}]^2\right\} \tag{5.8.3}$$

令其梯度为零，则有

$$E\left\{\boldsymbol{h}^{\mathrm{T}}(k)[z(k)-\boldsymbol{h}(k)\boldsymbol{\theta}]^2\right\}|_{\theta=\hat{\theta}}=0 \tag{5.8.4}$$

由式（5.8.4）可以求得使 $J(\boldsymbol{\theta})=\min$ 的参数估计值 $\hat{\boldsymbol{\theta}}$。但是，因为 $v(k)$ 的统计性质未知，因此实际上是无法求解的。

若式（5.8.4）左边的数学期望用平均值来近似，可以将其近似写成

$$\frac{1}{L}\sum_{k=1}^{L}\boldsymbol{h}^{\mathrm{T}}(k)\left[z(k)-\boldsymbol{h}(k)\hat{\boldsymbol{\theta}}\right]=0 \tag{5.8.5}$$

则有

$$\hat{\boldsymbol{\theta}}=\left[\sum_{k=1}^{L}\boldsymbol{h}^{\mathrm{T}}(k)\boldsymbol{h}(k)\right]^{-1}\left[\sum_{k=1}^{L}\boldsymbol{h}^{\mathrm{T}}(k)z(k)\right] \tag{5.8.6}$$

显然，这种近似使问题退化成最小二乘问题，式（5.8.6）就是最小二乘解。下面分析式（5.8.4）的随机逼近法解。

设 x 是标量，$y(x)$ 是对应的随机变量，$p(y|x)$ 是 x 条件下 y 的概率密度函数，则随机变量 y 关于 x 的条件数学期望为

$$E\{y|x\}=\int ydp(y|x) \tag{5.8.7}$$

记作

$$h(x)\triangleq E\{y|x\} \tag{5.8.8}$$

$h(x)$ 是 x 的函数，称作回归函数。

对于给定的 α，设方程

$$h(x)=E\{y|x\}=\alpha \tag{5.8.9}$$

具有唯一解。当 $h(x)$ 函数形式及条件概率密度函数 $p(y|x)$ 都未知时，求解方程

$$\hat{\boldsymbol{\theta}}_{\mathrm{LS}}\xrightarrow{L\to\infty}\boldsymbol{\theta}_{\mathrm{O}} \tag{5.8.10}$$

是困难的，这时可以利用随机逼近法来求解。所谓的随机逼近法就是利用变量 $x_1,x_2,\ldots$ 及其对应的随机变量 $y(x_1),y(x_2),\ldots$，通过迭代计算，逐步逼近方法求取式（5.8.10）的解。

5.8.2 随机逼近参数估计方法

考虑模型(5.8.1)的参数辨识问题。设准则函数为

$$J(\boldsymbol{\theta})=E\left\{h(\boldsymbol{\theta},\boldsymbol{D}^k)\right\} \tag{5.8.11}$$

式中：$h(\bullet)$ 为某标量函数；$\boldsymbol{D}^k$ 表示 k 时刻之前的输入输出数据集合。

显然，该准则函数的一阶负梯度为

$$\begin{aligned}\left[-\frac{\partial J(\boldsymbol{\theta})}{\partial\boldsymbol{\theta}}\right]^{\mathrm{T}}&=\left[E\left\{\boldsymbol{h}^{\mathrm{T}}(k)\left[-\frac{\partial}{\partial\boldsymbol{\theta}}\boldsymbol{h}(\boldsymbol{\theta},\boldsymbol{D}^k)\right]\right\}\right]^{\mathrm{T}}\\&\triangleq E\left\{\boldsymbol{q}(\boldsymbol{\theta},\boldsymbol{D}^k)\right\}\end{aligned} \tag{5.8.12}$$

则模型辨识问题可归结成如下方程：

$$E\left\{\boldsymbol{q}(\boldsymbol{\theta},\boldsymbol{D}^k)\right\}=0 \tag{5.8.13}$$

利用随机逼近原理，有

$$\hat{\boldsymbol{\theta}}(k)=\hat{\boldsymbol{\theta}}(k-1)+\rho(k)\boldsymbol{q}\left[\hat{\boldsymbol{\theta}}(k-1),\boldsymbol{D}^k\right] \tag{5.8.14}$$

式中：$\rho(k)$ 为收敛因子，必须满足

$$\begin{cases}\rho(k)>0,\forall k;\quad \lim\limits_{k\to\infty}\rho(k)=0\\ \sum\limits_{k=1}^{\infty}\rho(k)=\infty;\quad \sum\limits_{k=1}^{\infty}\rho^2(k)<\infty\end{cases} \tag{5.8.15}$$

如果 $J(\boldsymbol{\theta})$ 将式(5.8.2)作为准则函数，则式(5.8.14)可以写为

$$\hat{\boldsymbol{\theta}}(k)=\hat{\boldsymbol{\theta}}(k-1)+\rho(k)\boldsymbol{h}^{\mathrm{T}}(k)\left[z(k)-\boldsymbol{h}(k)\hat{\boldsymbol{\theta}}(k-1)\right] \tag{5.8.16}$$

式(5.8.16)是利用随机逼近法解决模型(5.8.1)辨识问题的基本公式。下面讨论差分方程的参数辨识问题。

考虑如下系统模型：

$$A(z^{-1})y(k)=B(z^{-1})u(k)+v(k) \tag{5.8.17}$$

式中：$u(k)$ 是均值为零，方差为 σ_v^2 的不相关噪声。

输入输出数据对应的测量值为

$$\begin{cases}x(k)=u(k)+s(k)\\ z(k)=y(k)+w(k)\end{cases} \tag{5.8.18}$$

式中：$s(k)$ 和 $w(k)$ 分别是均值为零，方差分别为 σ_s^2 和 σ_w^2 的不相关随机噪声，且 $v(k)$、$s(k)$、$w(k)$ 和 $u(k)$ 在统计上两两不相关，且

$$\begin{cases}A(z^{-1})=1+a_1z^{-1}+a_2z^{-2}+\cdots+a_{n_a}z^{-n_a}\\ B(z^{-1})=b_1z^{-1}+b_2z^{-2}+\cdots+b_{n_b}z^{-n_b}\end{cases} \tag{5.8.19}$$

模型(5.8.17)可以化成最小二乘形式：

$$z(k)=\boldsymbol{h}(k)\boldsymbol{\theta}+e(k) \tag{5.8.20}$$

其中

$$\begin{cases}\boldsymbol{h}(k)=[-z(k-1),\cdots,-z(k-n_a),x(k-1),\cdots x(k-n_b)]\\ \boldsymbol{\theta}=[a_1,a_2,\cdots,a_{n_a},b_1,b_2,\cdots,b_{n_b}]^{\mathrm{T}}\\ e(k)=A(z^{-1})w(k)-B(z^{-1})s(k)+v(k)\end{cases} \tag{5.8.21}$$

噪声 $e(k)$ 具有如下特性：

$$\begin{cases} E\{v(k)\}=0 \\ E\{v(i)v(j)\}=\begin{cases}\text{有限值},|i-j|<=n \\ 0,|i-j|>n\end{cases}, n=\max(n_a,n_b) \\ E\{h(k)v(k)\}\neq 0\end{cases} \tag{5.8.22}$$

根据式（5.8.2），选取准则函数为

$$J(\boldsymbol{\theta})=\frac{1}{2}E\left\{[z(k+n)-\boldsymbol{h}(k+n)\boldsymbol{\theta}]^2\right\} \tag{5.8.23}$$

利用随机逼近原理，可得参数 θ 估计值的随机逼近算法：

$$\begin{cases}\hat{\boldsymbol{\theta}}(k+n)=\hat{\boldsymbol{\theta}}(k-1)+\rho(k)\boldsymbol{h}^{\mathrm{T}}(k+n)\left[z(k+n)-\boldsymbol{h}(k+n)\hat{\boldsymbol{\theta}}(k-1)\right] \\ k=1,n+2,2n+3,\cdots\end{cases} \tag{5.8.24}$$

为了避免误差累积，算法所采用的数据必须是互不相关的，也就是数据中所含的噪声必须是统计独立的。

根据式（5.8.21），如果每隔 $(n+1)$ 时刻递推计算一次，则可满足这一要求。收敛因子必须满足式（5.8.15）的条件，自变量 l 可取 $l=k-1$，或 $l=\dfrac{k-1}{n+1}$。一般来说，$\rho(l)$ 随着 k 的增加要有足够的下降速度，但 $\rho(l)$ 不能下降得太快，否则被处理的数据总量太少。常用的随机逼近算法有罗宾斯-蒙罗（Robbins-Monro）算法[12]和基弗-沃尔福威茨（Kiefer-Wolfowitz）算法[13]。

1. Robbins-Monro 算法

Robbins-Monro 算法是一种用于求解非线性方程的迭代算法，主要思想是通过不断迭代来逼近方程的根，而无须显式地解出方程。这个算法在参数估计中有广泛的应用，迭代形式为

$$\hat{x}(k)=\hat{x}(k-1)+\rho(k)\{\alpha-y[\hat{x}(k-1)]\} \tag{5.8.25}$$

式中：$\rho(k)$ 称收敛因子。

在均方意义 $E\left\{[\hat{x}(k)-x_0]^2\right\}=\min$ 下，$\hat{x}$ 收敛于方程 $h(x)=\alpha$ 的条件为

$$\begin{cases}\rho(k)>0,\forall k \\ \lim\limits_{k\to\infty}\rho(k)=0 \\ \sum\limits_{k=1}^{\infty}\rho(k)=\infty \\ \sum\limits_{k=1}^{\infty}\rho^2(k)<\infty\end{cases} \tag{5.8.26}$$

如果选取 $\rho(k)=\dfrac{1}{k}$ 或 $\rho(k)=\dfrac{1}{k+a}, a>0$，可以符合上式条件。式（5.8.25）被称为 Robbins-Monro 算法。

2. Kiefer-Wolfowitz 算法

设回归函数 $h(x)=E\{y|x\}$，求 $h(x)$ 的极值就是求回归方程 $E\left\{\frac{\mathrm{d}y(x)}{\mathrm{d}x}|x\right\}=0$ 解。根据 Robbins-Monro 算法，有

$$\hat{x}(k)=\hat{x}(k-1)-\rho(k)\frac{\mathrm{d}y(x)}{\mathrm{d}x}|_{\hat{x}(k-1)} \tag{5.8.27}$$

如果 $\rho(k)$ 满足条件式（5.8.26），该算法称为 Kiefer-Wolfowitz 算法。

随机逼近最小二乘辨识算法的具体实现步骤如下：

第一步，确定被辨识模型的结构及多项式 $A(z^{-1})$ 和 $B(z^{-1})$ 的阶次 n_a 和 n_b；

第二步，设计所采用的随机逼近系统；

第三步，设定递推参数向量初值 $\boldsymbol{\theta}(0)$；

第四步，采样获取观测数据 $z(m)$ 和 $u(m)$，并组成观测数据向量 $\boldsymbol{h}(m)$；

第五步，确定收敛因子 $\rho(m)$，满足 $\begin{cases}\rho(m)>0,\forall m;\lim\limits_{m\to\infty}\rho(m)=0\\ \sum\limits_{m=1}^{\infty}\rho(m)=\infty;\sum\limits_{m=1}^{\infty}\rho^2(m)<\infty\end{cases}$；

第六步，利用递推最小二乘法公式计算当前参数递推估计值，则可以得到随机逼近法的递推形式

$$\hat{\boldsymbol{\theta}}(m+1)=\hat{\boldsymbol{\theta}}(m)+\rho(m)\boldsymbol{h}^{\mathrm{T}}(m+1)\left[z(m+1)-\boldsymbol{h}(m+1)\hat{\boldsymbol{\theta}}(m-1)\right] \tag{5.8.28}$$

第七步，计算随机逼近法参数估计精度，计算公式为

$$e=\left|\frac{\hat{\boldsymbol{\theta}}(m+1)-\hat{\boldsymbol{\theta}}(m)}{\hat{\boldsymbol{\theta}}(m)}\right| \tag{5.8.29}$$

若精度满足要求 $e<\varepsilon$，ε 为适当小的常数，则停止迭代，否则转入第四步，直到参数估计精度满足要求为止。

5.8.3 仿真实例

【**例 5.9**】用随机逼近最小二乘法对某磁盘电机模型进行参数辨识，该模型为

$$\begin{cases}z(k)+a_1z(k-1)+a_2z(k-2)=b_1u(k-1)+b_2u(k-2)+e(k)\\ e(k)=v(k)+c_1v(k-1)+c_2v(k-2)\end{cases}$$

该模型的参数真值为 $a_1=-1.5$，$a_2=0.7$，$b_1=1.0$，$b_2=0.5$，$c_1=-0.1$，$c_2=0.1$。$v(k)$ 是服从 $N(0,1)$ 正态分布的白噪声，输入信号为幅值为 1 的 M 序列。

利用 MATLAB 仿真程序（chap5_8.m）采用随机逼近辨识算法，收敛因子取 $\rho(k)=\frac{1}{k+10}$。随即逼近最小二乘法的参数识别结果如图 5-18 所示。该磁盘电机系统的模型为

$$z(k)-1.4203z(k-1)-0.6146z(k-2)=0.8287u(k-1)+0.5871u(k-2)+e(k)$$

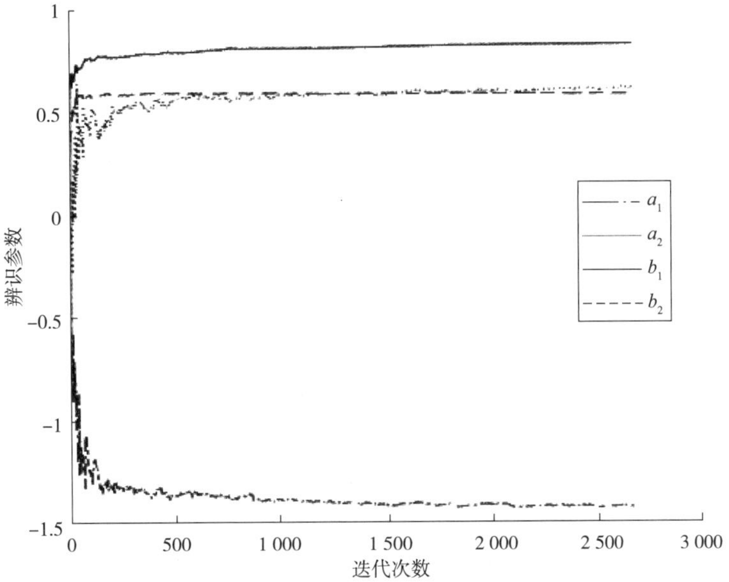

图 5-18　随机逼近法辨识结果

仿真程序(chap5_8.m):

```
%随机逼近算法,模型如下:
%z(k)+a1*z(k-1)+a2*z(k-2)=b1*u(k-1)+b2*u(k-2)+e(k)
%e(k)=v(k)+c1*v(k-1)+c2*v(k-2)
%自适应调节
clear
clc
tic
%%%%%%%%产生输入序列%%%%%%%%
x = [1,1,0,1,1,0,1,0,1]; %initial value
a1 = -1.5;
a2=0.7;
b1=1.0;
b2=0.5;
c1=-0.1;
c2=0.1;
num=8000; %num 为脉冲数
M=[]; %存放 M 序列,其作为输入
for i=1:num
    temp=xor(x(4),x(9));
    M(i)=x(9);
    for j=9:-1:2
```

```
            x(j)=x(j-1);
        end
        x(1)=temp;
    end
    u=M;
    %%%%%%%产生噪声序列%%%%%%%
    v=randn(1,num);
    e(1)=0;
    e(2)=0;
    for i=3:num
        e(i)=v(i)+c1*v(i-1)+c2*v(i-2);
    end
    %%%%%%%产生观测序列%%%%%%%
    z=zeros(num,1);
    z(1)=0;
    z(2)=0;
    for i=3:num
        z(i)=-a1*z(i-1)-a2*z(i-2)+b1*u(i-1)+b2*u(i-2)+e(i);
    end
    %%%%%%%设置初始值%%%%%%%
    P=100*eye(4);
    Theta=zeros(4,1);
    x(1)=0;
    x(2)=0;
    %随即逼近算法
    a=[];
    for i=3:3:num
        H=[-z(i-1);-z(i-2);u(i-1);u(i-2)];
        Theta=Theta+(1/(i+10))*H*(z(i)-H'*Theta);
        a=[a,Theta];
    end
    figure(1)
    plot(a(1,:),'b');
    hold on;
    plot(a(2,:),'r');
    plot(a(3,:),'k');
    plot(a(4,:),'g');
    legend('a1','a2','b1','b2');
```

hold off

5.9　多变量系统最小二乘法

基于传递函数与状态矩阵之间的关系，将 SISO 系统差分方程的最小二乘法推广到多输入多输出（Multiple Input Multiple Output，MIMO）系统，即为多变量系统最小二乘法[14-15]。

5.9.1　多变量系统最小二乘法基本原理

一个 MIMO 系统如图 5-19 所示，u_i 表示第 i 个输入量，y_i 表示第 i 个输出量。将该系统分解成 m 个子系统，即有 m 个输出，每个子系统由 r 个输入量和一个输出量组成，如图 5-20 所示。

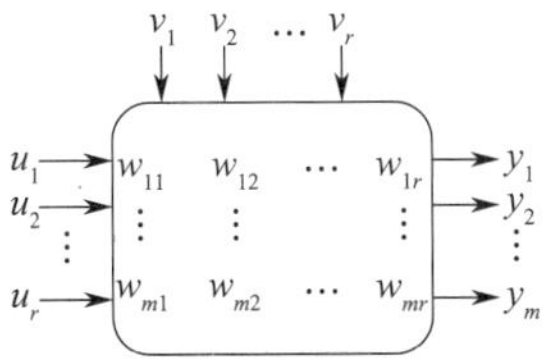

图 5-19　MIMO 系统

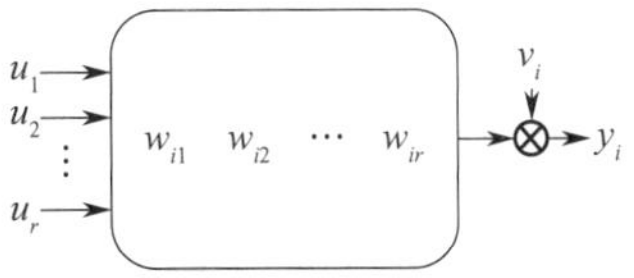

图 5-20　MIMO 系统的子系统

对于 MIMO 系统可以利用下列典型差分方程来表示，即

$$\begin{aligned}&\boldsymbol{Y}(k)+\boldsymbol{A}_1\boldsymbol{Y}(k-1)+\cdots+\boldsymbol{A}_n\boldsymbol{Y}(k-n)\\&=\boldsymbol{B}_0\boldsymbol{U}(k)+\boldsymbol{B}_1\boldsymbol{U}(K-1)+\cdots+\boldsymbol{B}_n\boldsymbol{U}(k-n)+\boldsymbol{V}(k)\end{aligned}\tag{5.9.1}$$

式中：$\boldsymbol{Y}(k)$ 为 m 维输出；$\boldsymbol{U}(k)$ 为 r 维输入；$\boldsymbol{V}(k)$ 为 m 维噪声；$\boldsymbol{A}_1,\boldsymbol{A}_2,\cdots,\boldsymbol{A}_m$ 为待辨识的 $m\times m$ 维矩阵；$\boldsymbol{B}_1,\boldsymbol{B}_2,\cdots,\boldsymbol{B}_n$ 为待辨识的 $m\times r$ 维矩阵；它们的表达式为

$$\boldsymbol{Y}(k)=\begin{bmatrix}y_1(k)\\y_2(k)\\\vdots\\y_m(k)\end{bmatrix},\boldsymbol{U}(k)=\begin{bmatrix}u_1(k)\\u_2(k)\\\vdots\\u_r(k)\end{bmatrix},\boldsymbol{V}(k)=\begin{bmatrix}v_1(k)\\v_2(k)\\\vdots\\v_r(k)\end{bmatrix}\tag{5.9.2}$$

$$\boldsymbol{A}_i=\begin{bmatrix}a_{11}^i & a_{12}^i & \cdots & a_{1m}^i\\a_{21}^i & a_{22}^i & \cdots & a_{2m}^i\\\vdots & \vdots & & \vdots\\a_{m1}^i & a_{m2}^i & \cdots & a_{mm}^i\end{bmatrix},\quad i=1,\cdots,n\tag{5.9.3}$$

$$\boldsymbol{B}_i=\begin{bmatrix}b_{11}^i & b_{12}^i & \cdots & b_{1r}^i\\b_{21}^i & b_{22}^i & \cdots & b_{2r}^i\\\vdots & \vdots & & \vdots\\b_{m1}^i & b_{m2}^i & \cdots & b_{mr}^i\end{bmatrix},\quad i=0,1,\cdots,n\tag{5.9.4}$$

则由式(5.9.1)可知

$$A(z^{-1})Y(k)=B(z^{-1})U(k)+V(k) \tag{5.9.5}$$

式中

$$A(z^{-1})=I+A_1z^{-1}+\cdots+A_nz^{-n}=I+\sum_{i=1}^{n}A_iz^{-i} \tag{5.9.6}$$

$$B(z^{-1})=B_0+B_1z^{-1}+\cdots+B_nz^{-n}=\sum_{i=0}^{n}B_iz^{-i} \tag{5.9.7}$$

因此,需要辨识的模型参数有 $nm^2+(n+1)mr$ 个,如果对这些参数同时进行辨识,计算量很大。因此,可以结合 SISO 系统差分方程的最小二乘参数辨识结论来讨论 MIMO 系统差分方程的最小二乘辨识问题。

5.9.2 多变量系统最小二乘参数估计方法

式(5.9.5)中的 $A_iY(k-i)$ 和 $B_iU(k-i)$ 可以分别写为

$$A_iY(k-i)=\begin{bmatrix} a_{11}^i & a_{12}^i & \cdots & a_{1m}^i \\ a_{21}^i & a_{22}^i & \cdots & a_{2m}^i \\ \vdots & \vdots & & \vdots \\ a_{m1}^i & a_{m2}^i & \cdots & a_{mm}^i \end{bmatrix}\begin{bmatrix} y_1(k-i) \\ y_2(k-i) \\ \vdots \\ y_m(k-i) \end{bmatrix} \tag{5.9.8}$$

$$B_iU(k-i)=\begin{bmatrix} b_{11}^i & b_{12}^i & \cdots & b_{1r}^i \\ b_{21}^i & b_{22}^i & \cdots & b_{2r}^i \\ \vdots & \vdots & & \vdots \\ b_{m1}^i & b_{m2}^i & \cdots & b_{mr}^i \end{bmatrix}\begin{bmatrix} u_1(k-i) \\ u_2(k-i) \\ \vdots \\ u_r(k-i) \end{bmatrix} \tag{5.9.9}$$

因此,式(5.9.5)中的第 j 行可以写为

$$\begin{aligned} & y_j(k)+a_{j1}^1y_1(k-1)+\cdots+a_{jm}^1y_m(k-1)+a_{j1}^2y_1(k-2)+\cdots+ \\ & a_{jm}^2y_m(k-2)+\cdots+a_{j1}^ny_1(k-n)+\cdots+a_{jm}^ny_m(k-n) \\ & =b_{j1}^0u_1(k)+b_{j2}^0u_2(k)+\cdots+b_{jr}^0u_r(k)+b_{j1}^1u_1(k-1)+\cdots+ \\ & b_{jr}^1u_r(k-1)+\cdots+b_{j1}^nu_1(k-n)+\cdots+b_{jr}^nu_r(k-n)+v_j(k) \end{aligned} \tag{5.9.10}$$

将式(5.9.10)改写为

$$\begin{aligned} & y_j(k)=-a_{j1}^1y_1(k-1)-\cdots-a_{jm}^1y_m(k-1)-a_{j1}^2y_1(k-2)-\cdots- \\ & a_{jm}^2y_m(k-2)-\cdots-a_{j1}^ny_1(k-n)-\cdots-a_{jm}^ny_m(k-n)+ \\ & b_{j1}^0u_1(k)+b_{j2}^0u_2(k)+\cdots+b_{jr}^0u_r(k)+b_{j1}^1u_1(k-1)+\cdots+b_{jr}^1u_r(k-1)+\cdots+ \\ & b_{j1}^nu_1(k-n)+\cdots+b_{jr}^nu_r(k-n)+v_j(k) \end{aligned} \tag{5.9.11}$$

令 $K=1\sim N$,则根据式(5.9.11)可得到 N 个方程,并令

$$\begin{cases} \boldsymbol{Y}(k-i)=\begin{bmatrix} y_1(k-i) \\ y_2(k-i) \\ \vdots \\ y_m(k-i) \end{bmatrix}, \quad i=0,1,\cdots,n \\ \boldsymbol{V}_j=\begin{bmatrix} V_j(1) \\ V_j(2) \\ \vdots \\ V_j(N) \end{bmatrix} \end{cases} \tag{5.9.12}$$

$$\boldsymbol{U}(k-i)=\begin{bmatrix} u_1(k-i) \\ u_2(k-i) \\ \vdots \\ u_r(k-i) \end{bmatrix}, \quad i=1,2,\cdots,n \tag{5.9.13}$$

$$\boldsymbol{\theta}_j=\begin{bmatrix} a_{j1}^1 & \cdots & a_{jm}^1 & \cdots & a_{j1}^n & \cdots & a_{jm}^n & b_{j1}^0 & \cdots & b_{jr}^0 & \cdots & b_{j1}^n & \cdots & b_{jr}^n \end{bmatrix}^{\mathrm{T}} \tag{5.9.14}$$

$$\boldsymbol{H}_j=\begin{bmatrix} -Y_j^{\mathrm{T}}(0) & \cdots & -Y_j^{\mathrm{T}}(1-n) & U^{\mathrm{T}}(1) & \cdots & U^{\mathrm{T}}(1-n) \\ -Y_j^{\mathrm{T}}(1) & \cdots & -Y_j^{\mathrm{T}}(2-n) & U^{\mathrm{T}}(2) & \cdots & U^{\mathrm{T}}(2-n) \\ \vdots & & \vdots & \vdots & \ddots & \vdots \\ -Y_j^{\mathrm{T}}(N-1) & \cdots & -Y_j^{\mathrm{T}}(N-n) & U^{\mathrm{T}}(N) & \cdots & U^{\mathrm{T}}(N-n) \end{bmatrix} \tag{5.9.15}$$

则式(5.9.11)可以写成矩阵形式:

$$\boldsymbol{Y}_j=\boldsymbol{H}_j\boldsymbol{\theta}_j+\boldsymbol{V}_j \tag{5.9.16}$$

当随机噪声序列 $\{V(k)\}$ 为零均值不相关随机序列时,采用最小二乘法可得 θ_j 的一致估计和无偏估计,即

$$\boldsymbol{\theta}_j=(\boldsymbol{H}_j^{\mathrm{T}}\boldsymbol{H}_j)^{-1}\boldsymbol{H}_j^{\mathrm{T}}\boldsymbol{Y}_j \tag{5.9.17}$$

令 $j=1,2,\cdots m$,按式(5.9.17)可得各行的参数估计值 $\hat{\boldsymbol{\theta}}_1,\hat{\boldsymbol{\theta}}_2,\cdots\hat{\boldsymbol{\theta}}_m$,即可得到 MIMO 系统的参数估计值。

为了满足在线辨识的需要,下面给出递推算法。根据 N 次观测得到 $\hat{\boldsymbol{\theta}}_j$,现在把 $\hat{\boldsymbol{\theta}}_j$、$\boldsymbol{Y}_j$ 和 $\boldsymbol{H}_j$ 改写为 $\hat{\boldsymbol{\theta}}_{jN}$、$\boldsymbol{Y}_{jN}$、$\boldsymbol{H}_{jN}$ 和 $\boldsymbol{V}_{jN}$,则式(5.9.17)变为

$$\boldsymbol{\theta}_{jN}=(\boldsymbol{H}_{jN}^T\boldsymbol{H}_{jN})^{-1}\boldsymbol{H}_{jN}^T\boldsymbol{Y}_{jN} \tag{5.9.18}$$

若再获得新的观测值 $\boldsymbol{y}_j(N+1)$ 和 $\boldsymbol{U}(N+1)$,则根据 SISO 系统的递推最小二乘法的推导过程,得

$$\hat{\boldsymbol{\theta}}_{j(N+1)}=\hat{\boldsymbol{\theta}}_{jN}+\boldsymbol{K}_{j(N+1)}\left[\boldsymbol{y}_j(N+1)-\boldsymbol{h}_{j(N+1)}^{\mathrm{T}}\hat{\boldsymbol{\theta}}_{jN}\right] \tag{5.9.19}$$

$$\boldsymbol{K}_{j(N+1)}=\boldsymbol{P}_{jN}\boldsymbol{h}_{j(N+1)}\left[1+\boldsymbol{h}_{j(N+1)}^{\mathrm{T}}\boldsymbol{P}_{jN}\boldsymbol{h}_{j(N+1)}\right]^{-1} \tag{5.9.20}$$

$$\boldsymbol{P}_{j(N+1)}=\boldsymbol{P}_{jN}-\boldsymbol{P}_{jN}\boldsymbol{h}_{j(N+1)}\left[1+\boldsymbol{h}_{j(N+1)}^{\mathrm{T}}\boldsymbol{P}_{jN}\boldsymbol{h}_{j(N+1)}\right]^{-1}\boldsymbol{h}_{j(N+1)}\boldsymbol{P}_{jN} \tag{5.9.21}$$

$$\boldsymbol{P}_{jN}=(\boldsymbol{H}_{jN}^{\mathrm{T}}\boldsymbol{H}_{jN})^{-1} \tag{5.9.22}$$

当随机噪声 $\{V(k)\}$ 为相关随机序列时,利用 SISO 系统差分方程的增广最小二乘法逐行地进行参数辨识,并最终获得 MIMO 系统的所有辨识参数。因此,对于多

变量系统辨识,可以采用单变量系统辨识的方法,逐行地进行参数辨识,并最终获得多变量系统的所有辨识参数。

5.9.3 仿真实例

【例 5.10】采用多变量系统的最小二乘法辨识一个双输入双输出系统的参数,该系统的模型为

$$\begin{bmatrix} y_1(k) \\ y_2(k) \end{bmatrix} + \boldsymbol{A}_1 \begin{bmatrix} y_1(k-1) \\ y_2(k-1) \end{bmatrix} + \boldsymbol{A}_2 \begin{bmatrix} y_1(k-2) \\ y_2(k-2) \end{bmatrix} = \begin{bmatrix} u_1(k) \\ u_2(k) \end{bmatrix} + \boldsymbol{B}_1 \begin{bmatrix} u_1(k-1) \\ u_2(k-1) \end{bmatrix} + \boldsymbol{B}_2 \begin{bmatrix} u_1(k-2) \\ u_2(k-2) \end{bmatrix} + \begin{bmatrix} v_1(k) \\ v_2(k) \end{bmatrix}$$

式中:$\{v_1(k)\}$ 和 $\{v_2(k)\}$ 是同分布的随机噪声,且服从 $N(0,0.5)$;输入信号采用 4 阶 M 序列,其幅值为 5。

该模型的理想系数为

$$\boldsymbol{A}_1 = \begin{bmatrix} 0.4 & -0.2 \\ -0.2 & 0.6 \end{bmatrix}, \boldsymbol{A}_2 = \begin{bmatrix} 1.5 & -0.6 \\ 0.2 & -0.6 \end{bmatrix} \boldsymbol{B}_0 = \begin{bmatrix} 1.0 & 0.0 \\ 0.0 & 1.0 \end{bmatrix}, \boldsymbol{B}_1 = \begin{bmatrix} 0.6 & -0.4 \\ 0.2 & -0.3 \end{bmatrix}, \boldsymbol{B}_2 = \begin{bmatrix} 0.3 & -0.4 \\ -0.2 & 0.1 \end{bmatrix}$$

利用 MATLAB 仿真程序(chap5_9.m)采用多变量系统最小二乘法对该模型进行辨识,辨识结果为

$$\boldsymbol{A}_1 = \begin{bmatrix} 0.409\,9 & -0.387\,5 \\ -0.204\,4 & 0.544\,8 \end{bmatrix}, \boldsymbol{A}_2 = \begin{bmatrix} 1.581\,1 & -0.805\,0 \\ 0.285\,5 & -0.661\,2 \end{bmatrix} \boldsymbol{B}_0 = \begin{bmatrix} 1.019\,9 & 0.070\,1 \\ 0.125\,1 & 1.070\,1 \end{bmatrix},$$

$$\boldsymbol{B}_1 = \begin{bmatrix} 0.516\,6 & -0.593\,5 \\ 0.068\,1 & -0.347\,5 \end{bmatrix}, \boldsymbol{B}_2 = \begin{bmatrix} 0.368\,7 & -0.433\,3 \\ -0.096\,3 & 0.032\,6 \end{bmatrix}$$

仿真程序(chap5_9.m):

```
clear all;
close all;
clc
%产生输入数据和观测数据
L=15;% M 序列的周期
U1=zeros(2,1);U2=zeros(2,1);
Y1=zeros(2,1);Y2=zeros(2,1);
randn('seed',100)
V=randn(2,L);
randn('seed',1000)
U=randn(2,L);
y1=[1;0];y2=[1;1];y3=[1;0];y4=[0;1];
for i=1:L;%
     x1=xor(y3,y4);
     x2=y1;
     x3=y2;
```

```
        x4=y3;
        y(1:2,i)=y4;
        if y(1,i)>0.5
            U(1,i)=-5;
        else
            U(1,i)=5;
        end
        if y(2,i)>0.5
            U(2,i)=-5;
        else
            U(2,i)=5;
        end

        y1=x1;y2=x2;y3=x3;y4=x4;
    end
    figure(1);%第 1 个图形
    A1=[0.4,-0.2;-0.2,0.6];A2=[1.5,-0.6;0.2,-0.6];
    B0=[1.0,0.0;0.0,1.0];B1=[0.6,-0.4;0.2,-0.3];B2=[0.3,-0.4;-0.2,0.1];
    for k=1:1:L
        time(k)=k;
        Y(1:2,k)=-A1*Y1-A2*Y2+B0*U(1:2,k)+B1*U1+B2*U2+0.5*V(1:2,k);
        %Return of parameters
        U2=U1;U1=U(1:2,k);Y2=Y1;Y1=Y(1:2,k);
    end
    figure;
    plot(time,U(1,:),'k',time,U(2,:),'b');
    xlabel('时间'),ylabel('输入');
    figure
    plot(time,Y(1,:),'k',time,Y(2,:),'b');
    xlabel('时间'),ylabel('输出');
    clear time
    %一般最小二乘参数辨识
    for i=3:L
        %第一行参数辨识系数矩阵和观测向量
        H1(i-2,1:10)=[-Y(1,i-1),-Y(2,i-1),-Y(1,i-2),-Y(2,i-2),U(1,i),U(2,i),U(1,i-
1),U(2,i-1),U(1,i-2),U(2,i-2)];
        Y1(i-2,1)=Y(1,i);
        %第二行参数辨识系数矩阵和观测向量
```

```
        H2(i-2,1:10)=[-Y(1,i-1),-Y(2,i-1),-Y(1,i-2),-Y(2,i-2),U(1,i),U(2,i),U(1,i-1),U(2,i-1),U(1,i-2),U(2,i-2)];
        Y2(i-2)=Y(2,i);
    end
    theat1=inv(H1'*H1)*H1'*Y1;
    theat2=inv(H2'*H2)*H2'*Y2;
    %分离参数
    A10=[theat1(1),theat1(2);theat2(1),theat2(2)]
    A1
    A20=[theat1(3),theat1(4);theat2(3),theat2(4)]
    A2
    B00=[theat1(5),theat1(6);theat2(5),theat2(6)]
    B0
    B10=[theat1(7),theat1(8);theat2(7),theat2(8)]
    B1
    B20=[theat1(9),theat1(10);theat2(9),theat2(10)]
    B2
```

习题

5.1 简述最小二乘法的基本原理和参数估计性质。

5.2 分析在最小二乘参数估计中引入加权因子的作用。

5.3 简述递推最小二乘法的参数估计原理。

5.4 对确定性状态进行 3 次测量，测量方程为

$$z(1)=3=\begin{bmatrix}1 & 1\end{bmatrix}\theta+v(1)$$

$$z(2)=1=\begin{bmatrix}1 & 0\end{bmatrix}\theta+v(2)$$

$$z(3)=2=\begin{bmatrix}0 & 1\end{bmatrix}\theta+v(3)$$

已知测量误差是均值为 0，方差为 r 的白噪声，采用一般最小二乘法求解参数 θ，并计算参数估计的均方误差。

5.5 设一个电容电路，电容初始电压 $V_0=100$ V，实验测得时刻 t 的瞬时电压值如下表。已知模型形式为 $V=V_0\mathrm{e}^{-at}$，分别利用一般最小二乘法和递推最小二乘法估计参数 a。

时间（s）	0	1	2	3	4	5	6	7
电容电压（V）	100	75	55	40	30	20	15	10

5.6 考虑如下系统

$$y(k)=ay(k-1)+\omega(k)$$

其中 $\{\omega(k)\}$ 是一个不相关的随机变量序列，取“+1”和“-1”的概率各为 0.5。试证明当观测 $\{y(i)\}(i=0,1,2)$ 的 $y(0)\neq 0$ 时，参数 a 的最小二乘估计量是有偏的。

5.7　考虑如下模型

$$A(z^{-1})z(k)=B(z^{-1})u(k)+\frac{D(z^{-1})}{C(z^{-1})}v(k)$$

参数为

$$\begin{cases} A(z^{-1})=1+a_1z^{-1}+a_2z^{-2}+\cdots+a_{n_a}z^{-n_a} \\ B(z^{-1})=b_0+b_1z^{-1}+b_2z^{-2}+\cdots+b_{n_b}z^{-n_b} \\ C(z^{-1})=1+c_1z^{-1}+c_2z^{-2}+\cdots+c_{n_c}z^{-n_c} \\ D(z^{-1})=d_0+d_1z^{-1}+d_2z^{-2}+\cdots+d_{n_d}z^{-n_d} \end{cases}$$

其中，$u(k)$、$z(k)$ 为可测的输入和输出变量；$v(k)$ 是零均值、方差为 1 的白噪声。

试根据增广最小二乘原理，设计模型参数辨识算法（待辨识模型参数包括 $a_i,i=1,2,\cdots,n_a$；$b_i,i=0,1,\cdots,n_b$；$c_i,i=0,1,\cdots,n_c$；$d_i,i=0,1,\cdots,n_d$）。

5.8　考虑过程系统对象

$$z(k)+1.5z(k-1)+0.7z(k-2)=u(k-1)+0.5u(k-2)+v(k)$$

其中，$v(k)$ 是服从正态分布的白噪声。

输入信号采用幅值为 1 的 4 阶 M 序列。选择如下辨识模型进行递推最小二乘参数辨识。

$$z(k)+a_1z(k-1)+a_2z(k-2)=b_1u(k-1)+b_2u(k-2)+v(k)$$

5.9　增广最小二乘和广义最小二乘方法对噪声模型的假设是什么？

5.10　简述辅助变量法辨识模型参数中辅助变量的选取方法。

5.11　对于辅助变量法，需要满足如下两个条件：

1）$\frac{1}{L}\boldsymbol{H}_{\mathrm{L}}^{*}\boldsymbol{H}_{\mathrm{L}}\xrightarrow{L\to\infty}E\{\boldsymbol{h}^{*}(k)\boldsymbol{h}^{\mathrm{T}}(k)\}$ 是非奇异的。

2）$\frac{1}{L}\boldsymbol{H}_{\mathrm{L}}^{*\mathrm{T}}\boldsymbol{e}_{\mathrm{L}}\xrightarrow{L\to\infty}E\{\boldsymbol{h}^{*}(k)\boldsymbol{e}(k)\}=0$。

其中 $\boldsymbol{H}_{\mathrm{L}}^{*}$、$\boldsymbol{h}^{*}(k)$ 分别为辅助矩阵和辅助向量。

证明条件 1）是辅助变量法可辨识性的要求，条件 2）是模型参数为无偏、一致估计的要求。

5.12　设 SISO 系统的差分方程为

$$z(k)+a_1z(k-1)+a_2z(k-2)=b_1u(k-1)+b_2u(k-2)+V(k)$$

取真值 $\boldsymbol{\theta}=[a_1\quad a_2\quad b_1\quad b_2]=[1.6\quad 0.7\quad 1.0\quad 0.4]$，输入数据如下表。当 $v(k)$ 取均值为 0，方差分别为 0.1 和 0.5 的不相关随机序列时，分别采用广义最小二乘法和偏差校正法辨识参数向量 $\boldsymbol{\theta}$。

k	1	2	3	4	5	6	7	8
$u(k)$	1.15	0.20	-0.79	-1.59	-1.05	0.86	1.15	1.57

5.13 简述多变量系统最小二乘辨识方法的基本原理，并利用多变量最小二乘法辨识磁盘电机的模型参数。

5.14　如何将最小二乘辨识法应用于在线辨识？

5.15　对于存在有色噪声干扰的单输入单输出系统，如何利用最小二乘法辨识模型参数？

5.16　在不同温度下测量同一热敏电阻的阻值，结果如下表。根据测量值确定该电阻的数学模型，并求出当温度为 70 ℃时的电阻值。

T(℃)	20.5	26	32	40	52	65	73	80
R(Ω)	765	790	826	850	875	920	946	982

5.17 设单输入单输出系统的差分方程为

$$\begin{cases} z(k)+a_1z(k-1)+a_2z(k-2)=b_1u(k-1)+b_2u(k-2)+e(k) \\ e(k)=c_1v(k)+c_2v(k-1)+c_3v(k-2) \end{cases}$$

取真值 $a_1=1.5$、$a_2=0.8$、$b_1=1.0$、$b_1=0.5$、$c_1=0.9$、$c_2=1.2$ 和 $c_3=0.3$，输入信号采用幅值为 1 的 4 阶 M 序列。当 $v(k)$ 取均值为 0 方差为 0.1 的白噪声时，分别采用一般最小二乘法、递推最小二乘法和增广最小二乘法估计参数 θ。并对三种方法的辨识结果进行比较，说明上述三种参数辨识方法的优缺点。

参考文献

[1]　邹乐强. 最小二乘法原理及其简单应用[J]. 科技信息，2010，23：282-283.

[2]　郭利辉，朱励洪，高巍. 基于 MATLAB 的最小二乘法系统辨识与仿真[J]. 许昌学院学报，2010(2)：24-27.

[3]　LJUNG L，GLAD T，HANSSON A. Modeling and identification of dynamic systems[M]. Göteborg：Studentlitteratur，2021.

[4]　李言俊，张科. 系统辨识理论及应用[M]. 北京：国防工业出版社，2003.

[5]　侯媛彬，汪梅，王立琦. 系统辨识及其 MATLAB 仿真[M]. 北京：科学出版社，2004.

[6]　关晓慧，吕跃刚. 递推最小二乘参数辨识与仿真实例[J]. 微型机与应用，2011，30(20)：91-92，95，98.

[7]　KUTOYANTS Y A. Identification of dynamical systems with small noise[M].

New York：Springer，2012.
[8] 张勇，杨慧中. 有色噪声干扰输出误差系统的偏差补偿递推最小二乘辨识方法[J]. 自动化学报，2007，33(10)：1053-1060.
[9] 史贤俊，廖剑. 基于 MATLAB 的广义最小二乘参数辨识与仿真[J]. 计算机与数字工程，2009，37(8)：173-175.
[10] 李妍，毛志忠，王琰，等. 基于偏差补偿递推最小二乘的 Hammerstein-Wiener 模型辨识[J]. 自动化学报，2010，36(1)：163-168.
[11] 杨承志，孙棣华，张长胜. 系统辨识与自适应控制[M]. 重庆：重庆大学出版社，2003.
[12] ROBBINS H，MONRO S. A stochastic approximation method[J]. The annals of mathematical statistics，1951，22：400-407.
[13] KIEFER J，WOLFOWITZ J. Stochastic estimation of the maximum of a regression function[J]. The annals of mathematical statistics，1952，23：462-466.
[14] MORITZ H. Advanced least-squares methods[R]. Columbus，OH，USA：Ohio State University，1972.
[15] MARKOVSKY I，VAN HUFFEL S. Overview of total least-squares methods[J]. Signal processing，2007，87(10)：2283-2302.

Chapter 6

第 6 章 其他参数估计方法

随着系统辨识方法应用范围的不断扩大，系统的复杂度和对辨识精度的要求也不断提高。过程系统的复杂非线性特征难以用简单的线性模型来描述，系统辨识已经从线性建模逐步发展为非线性建模。最小二乘法等辨识方法对于线性系统具有很好的辨识效果，但对于非线性系统往往不能达到满意的精度。为了更好地反映实际系统的不确定性和随机性，可以采用概率分布的形式表达非线性系统的输入和输出之间的关系。在这种情况下，系统辨识的目标是建立一个合适的概率分布式模型，使其能够最优地拟合观测数据。最优参数估计方法利用基于概率论和统计学的优化准则为概率分布式模型的参数辨识问题提供了有效的解决方案，它通过搜索最优参数来辨识非线性系统，已经成为系统辨识领域的重要方法。

本章主要介绍最优参数估计的基本原理和辨识方法，包括 Kalman 滤波法、贝叶斯法、极大似然法等。

6.1 基于 Kalman 滤波器的模型参数估计

卡尔曼滤波器（Kalman filter，KF）作为一种高效率的递归滤波器（又称自回归滤波器），能够从一系列不完全但包含噪声的测量数据中，估计出动态系统的状态。Kalman 滤波法会根据各测量点在不同时刻的测量值，结合各时刻系统的联合分布情况，得到对未知参数和变量状态的估计，因此具有较高的估计精度[1]。

考虑如图 6-1 所示的离散动态系统，基于 j 时刻之前的输入变量 $\boldsymbol{u}(j)$ 和输出变量 $\boldsymbol{y}(j)$ 的测量值，估计系统 k 时刻的状态 $\hat{\boldsymbol{x}}(k)$。对于不同的 j 和 k 值，存在以下几种情况，也由此状态估计被赋予不同的名称[2]：

1）当 $k>j$ 时，n 步（提前）预报问题 $(n=k-j)$；

2）当 $k=j$ 时，滤波问题；

3）当 $k<j$ 时，平滑问题。

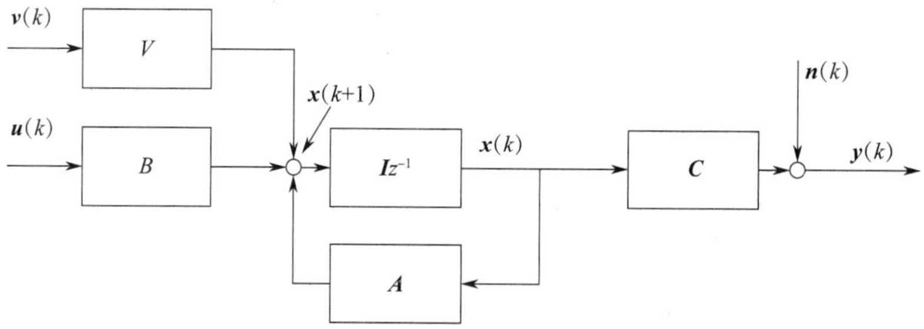

图 6-1　离散时间 MIMO 系统的状态空间表示

下面讨论一步（提前）预报问题，这是状态和参数估计的典型问题之一。虽然对于滤波、平滑和预测一些典型的方法是基于频域设计的，如维纳（Wiener）和柯尔莫哥洛夫（Kolmogorov）提出的方法[3-4]，但 Kalman 滤波器完全可以用于时域设计，本节将推导线性时不变离散时间系统的原始 Kalman 滤波器[5]，这里假设状态变量 $\boldsymbol{x}(k)$ 和输入变量 $\boldsymbol{u}(k)$ 服从零均值高斯分布。

6.1.1 离散 Kalman 滤波器

图 6-1 所示的线性动态系统的状态空间模型为

$$\boldsymbol{x}(k+1)=\boldsymbol{A}\boldsymbol{x}(k)+\boldsymbol{B}\boldsymbol{u}(k)+\boldsymbol{V}\boldsymbol{v}(k) \tag{6.1.1}$$

$$\boldsymbol{y}(k)=\boldsymbol{C}\boldsymbol{x}(k)+\boldsymbol{n}(k) \tag{6.1.2}$$

式中：$\boldsymbol{v}(k)$和 $\boldsymbol{n}(k)$ 是不相关的白噪声过程，均值为零，且协方差为

$$E\left\{\boldsymbol{v}(k)\boldsymbol{v}^{\mathrm{T}}(k)\right\}=\boldsymbol{M} \tag{6.1.3}$$

$$E\left\{\boldsymbol{n}(k)\boldsymbol{n}^{\mathrm{T}}(k)\right\}=\boldsymbol{N} \tag{6.1.4}$$

这些噪声作用于系统的状态和输出。

Kalman 滤波法的目标是设计一个最优的线性滤波器，使状态预报值具有尽可能小的误差。预报的最优度量 V 可以用预报误差平方的数学期望表示，一般写成预报误差的向量 2-范数形式

$$\begin{aligned} V&=E\left\{\left\|\hat{\boldsymbol{x}}(k+1)-\boldsymbol{x}(k+1)\right\|_2^2\right\} \\ &=E\left\{\left[\hat{\boldsymbol{x}}(k+1)-\boldsymbol{x}(k+1)\right]^{\mathrm{T}}\left[\hat{\boldsymbol{x}}(k+1)-\boldsymbol{x}(k+1)\right]\right\} \end{aligned} \tag{6.1.5}$$

将这个代价函数最小化是 Kalman 滤波器的基础。

以下推导中，将 Kalman 滤波器作为预报器/校正器。首先提前一步预报未来时刻，即基于 k 时刻预测 $k+1$ 时刻的状态，然后再基于 $k+1$ 时刻的输出测量值 $\boldsymbol{y}(k+1)$ 对预测的状态进行校正。一般情况下，$\boldsymbol{x}(k)$ 表示 k 时刻的真实状态，$\hat{\boldsymbol{x}}(k+1|k)$ 表示基于 k 时刻测量值的状态预报，$\hat{\boldsymbol{x}}(k+1|k+1)$ 表示在 $k+1$ 时刻对状态预报的校正。矩阵 $\boldsymbol{P}(k)$ 是系统状态 $\boldsymbol{x}(k)$ 和估计状态 $\hat{\boldsymbol{x}}(k)$ 之间的协方差矩阵，形式如下

$$\boldsymbol{P}(k)=E\left\{\left[\hat{\boldsymbol{x}}(k)-\boldsymbol{x}(k)\right]\left[\hat{\boldsymbol{x}}(k)-\boldsymbol{x}(k)\right]^{\mathrm{T}}\right\} \tag{6.1.6}$$

首先，推导预报步骤。过程系统的动态特性可以描述为

$$\boldsymbol{x}(k+1)=\boldsymbol{A}\boldsymbol{x}(k)+\boldsymbol{B}\boldsymbol{u}(k)+\boldsymbol{V}\boldsymbol{v}(k) \tag{6.1.7}$$

噪声 $\boldsymbol{v}(k)$ 是未知的。由于假设 $\boldsymbol{v}(k)$ 为零均值，所以基于 k 时刻的测量值，状态预报可以更新为

$$\hat{\boldsymbol{x}}(k+1|k)=\boldsymbol{A}\hat{\boldsymbol{x}}(k)+\boldsymbol{B}\boldsymbol{u}(k) \tag{6.1.8}$$

此时，新的状态协方差矩阵 $\boldsymbol{P}^{-}(k+1)$ 可以表示为

$$\begin{aligned}\boldsymbol{P}^{-}(k+1)&=E\left\{\left[\hat{\boldsymbol{x}}(k+1|k)-\boldsymbol{x}(k+1)\right]\left[\hat{\boldsymbol{x}}(k+1|k)-\boldsymbol{x}(k+1)\right]^{\mathrm{T}}\right\}\\&=E\left\{\left[\boldsymbol{A}\hat{\boldsymbol{x}}(k)-\boldsymbol{A}\boldsymbol{x}(k)+\boldsymbol{V}\boldsymbol{v}(k)\right]\left[\boldsymbol{A}\hat{\boldsymbol{x}}(k)-\boldsymbol{A}\boldsymbol{x}(k)+\boldsymbol{V}\boldsymbol{v}(k)\right]^{\mathrm{T}}\right\}\\&=\boldsymbol{A}E\left\{\left[\hat{\boldsymbol{x}}(k)-\boldsymbol{x}(k)\right]\left[\hat{\boldsymbol{x}}(k)-\boldsymbol{x}(k)\right]^{\mathrm{T}}\right\}\boldsymbol{A}^{\mathrm{T}}+\\&\quad\boldsymbol{A}E\left\{\left[\hat{\boldsymbol{x}}(k)-\boldsymbol{x}(k)\right]\boldsymbol{v}^{\mathrm{T}}\right\}\boldsymbol{v}^{\mathrm{T}}+\\&\quad\boldsymbol{V}E\left\{\boldsymbol{v}(k)\left[\hat{\boldsymbol{x}}(k)-\boldsymbol{x}(k)\right]^{\mathrm{T}}\right\}\boldsymbol{A}^{\mathrm{T}}+\\&\quad\boldsymbol{V}E\left\{\boldsymbol{v}(k)\boldsymbol{v}^{\mathrm{T}}(k)\right\}\boldsymbol{V}^{\mathrm{T}}\end{aligned}\tag{6.1.9}$$

式中：协方差矩阵的上角标“-”表示校正之前预报步骤中的状态协方差矩阵。

假设 $\hat{\boldsymbol{x}}(k)$ 和 $\boldsymbol{x}(k)$ 与 $\boldsymbol{v}(k)$ 均不相关，且 $\boldsymbol{v}(k)$ 为零均值，即满足

$$E\left\{\boldsymbol{x}(k)\boldsymbol{v}(k)^{\mathrm{T}}\right\}=0\tag{6.1.10}$$

$$E\left\{\hat{\boldsymbol{x}}(k)\boldsymbol{v}(k)^{\mathrm{T}}\right\}=0\tag{6.1.11}$$

则，式(6.1.9)可以简化为

$$\boldsymbol{P}^{-}(k+1)=\boldsymbol{A}\boldsymbol{P}(k)\boldsymbol{A}^{\mathrm{T}}+\boldsymbol{V}\boldsymbol{M}\boldsymbol{V}^{\mathrm{T}}\tag{6.1.12}$$

接下来推导校正步骤，利用新采集的系统测量值 $\boldsymbol{y}(k+1)$ 对状态预报进行校正，即

$$\hat{\boldsymbol{x}}(k+1|k+1)=\hat{\boldsymbol{x}}(k+1|k)+\boldsymbol{K}(k+1)\left[\boldsymbol{y}(k+1)-\boldsymbol{C}\hat{\boldsymbol{x}}(k+1|k)\right]\tag{6.1.13}$$

此时状态预报是基于 $k+1$ 时刻之前测量值的。反馈增益 $\boldsymbol{K}(k+1)$ 的选择决定了在更新状态预报 $\hat{\boldsymbol{x}}(k+1|k+1)$ 时，是基于模型的状态预报 $\hat{\boldsymbol{x}}(k+1|k)$ 的权重大，还是实际测量值 $\boldsymbol{y}(k+1)$ 的权重大。在 Kalman 滤波中，观测误差 $\boldsymbol{y}(k+1)-\boldsymbol{C}\hat{\boldsymbol{x}}(k+1|k)$ 也称作新息。可见，校正的关键问题在于对任意给定的时刻 $k+1$，如何选择最优的反馈增益矩阵 $\boldsymbol{K}(k+1)$。为此，需要推导协方差矩阵 $\boldsymbol{P}(k+1)$，于是将式(6.1.13)改写为

$$\hat{\boldsymbol{x}}(k+1|k+1)=\hat{\boldsymbol{x}}(k+1|k)+\boldsymbol{K}(k+1)\left[\boldsymbol{C}\boldsymbol{x}(k+1)+\boldsymbol{n}(k+1)-\boldsymbol{C}\hat{\boldsymbol{x}}(k+1|k)\right]\tag{6.1.14}$$

由此得到

$$\boldsymbol{P}(k+1)=E\left\{\left[\hat{\boldsymbol{x}}(k+1|k+1)-\boldsymbol{x}(k+1)\right]\left[\hat{\boldsymbol{x}}(k+1|k+1)-\boldsymbol{x}(k+1)\right]^{\mathrm{T}}\right\}\tag{6.1.15}$$

利用矩阵的迹运算，将代价函数式(6.1.15)改写成

$$\begin{aligned}V&=E\left\{\|\hat{\boldsymbol{x}}(k+1)-\boldsymbol{x}(k+1)\|_2^2\right\}\\&=E\left\{\mathrm{tr}\left[\left[\hat{\boldsymbol{x}}(k+1|k+1)-\boldsymbol{x}(k+1)\right]\left[\hat{\boldsymbol{x}}(k+1|k+1)-\boldsymbol{x}(k+1)\right]^{\mathrm{T}}\right]\right\}\\&=\mathrm{tr}E\left\{\left[\hat{\boldsymbol{x}}(k+1|k+1)-\boldsymbol{x}(k+1|k)\right]\left[\boldsymbol{x}(k+1)-\hat{\boldsymbol{x}}(k+1|k)\right]^{\mathrm{T}}\right\}\end{aligned}\tag{6.1.16}$$

式(6.1.16)中矩阵迹运算的变量是状态 $\boldsymbol{x}(k+1)$ 和状态预报 $\hat{\boldsymbol{x}}(k+1)$ 之间协方差阵 $\boldsymbol{P}(k+1)$ 的数学期望，因此有

$$V=\mathrm{tr}\boldsymbol{P}(k+1)\tag{6.1.17}$$

为了简化，省去时间变量符号，将式（6.1.14）代入式（6.1.15）可得到

$$\begin{aligned} \boldsymbol{P} &= E\left\{\left[\hat{\boldsymbol{x}}-\boldsymbol{x}-\boldsymbol{KC}\left(\hat{\boldsymbol{x}}-\boldsymbol{x}\right)+\boldsymbol{Kn}\right]\left[\hat{\boldsymbol{x}}-\boldsymbol{x}-\boldsymbol{KC}\left(\hat{\boldsymbol{x}}-\boldsymbol{x}\right)+\boldsymbol{Kn}\right]^{\mathrm{T}}\right\} \\ &= E\left\{\left[\left(\boldsymbol{I}-\boldsymbol{KC}\right)\left(\hat{\boldsymbol{x}}-\boldsymbol{x}\right)+\boldsymbol{Kn}\right]\left[\left(\boldsymbol{I}-\boldsymbol{KC}\right)\left(\hat{\boldsymbol{x}}-\boldsymbol{x}\right)+\boldsymbol{Kn}\right]^{\mathrm{T}}\right\} \end{aligned} \tag{6.1.18}$$

进一步得到

$$\boldsymbol{P}=\left(\boldsymbol{I}-\boldsymbol{KC}\right)\boldsymbol{P}^{-}(\boldsymbol{I}-\boldsymbol{KC})^{\mathrm{T}}+\boldsymbol{KNK}^{\mathrm{T}} \tag{6.1.19}$$

为了确定 $\boldsymbol{K}(k+1)$ 的最优选择，可以先求式（6.1.17）关于 $\boldsymbol{K}(k)$ 的导数，再令它为零，即

$$\frac{\partial V}{\partial \boldsymbol{K}}=\frac{\partial}{\partial \boldsymbol{K}}\mathrm{tr}\boldsymbol{P}=\frac{\partial}{\partial \boldsymbol{K}}\mathrm{tr}\left[\left(\boldsymbol{I}-\boldsymbol{KC}\right)\boldsymbol{P}^{-}(\boldsymbol{I}-\boldsymbol{KC})^{\mathrm{T}}+\boldsymbol{KNK}^{\mathrm{T}}\right] \tag{6.1.20}$$

为了确定矩阵迹关于增矩阵 $\boldsymbol{K}$ 的偏导数，先给出如下一些矩阵微积分运算规则，对于任意矩阵 $\boldsymbol{A}$、$\boldsymbol{B}$ 和 $\boldsymbol{X}$，存在如下的矩阵迹求导规则：

$$\frac{\partial}{\partial \boldsymbol{X}}\mathrm{tr}\left(\boldsymbol{AXB}\right)=\boldsymbol{A}^{\mathrm{T}}\boldsymbol{B}^{\mathrm{T}} \tag{6.1.21}$$

$$\frac{\partial}{\partial \boldsymbol{X}}\mathrm{tr}\left(\boldsymbol{AX}^{\mathrm{T}}\boldsymbol{B}\right)=\boldsymbol{BA} \tag{6.1.22}$$

$$\frac{\partial}{\partial \boldsymbol{X}}\mathrm{tr}\left(\boldsymbol{AXBX}^{\mathrm{T}}\boldsymbol{C}\right)=\boldsymbol{A}^{\mathrm{T}}\boldsymbol{C}^{\mathrm{T}}\boldsymbol{XB}^{\mathrm{T}}+\boldsymbol{CAXB} \tag{6.1.23}$$

$$\frac{\partial}{\partial \boldsymbol{X}}\mathrm{tr}\left(\boldsymbol{XAX}^{\mathrm{T}}\right)=\boldsymbol{XA}^{\mathrm{T}}+\boldsymbol{XA} \tag{6.1.24}$$

根据上述规则，可得

$$\begin{aligned} \frac{\partial V}{\partial \boldsymbol{K}} &= \frac{\partial}{\partial \boldsymbol{K}}\mathrm{tr}(\boldsymbol{P}^{-}-\boldsymbol{KCP}^{-}-\boldsymbol{P}^{-}\boldsymbol{C}^{\mathrm{T}}\boldsymbol{K}^{\mathrm{T}}+\boldsymbol{KCP}^{-}\boldsymbol{C}^{\mathrm{T}}\boldsymbol{K}^{\mathrm{T}}+\boldsymbol{KNK}^{\mathrm{T}}) \\ &= -\frac{\partial}{\partial \boldsymbol{K}}\mathrm{tr}(\boldsymbol{KCP}^{-})-\frac{\partial}{\partial \boldsymbol{K}}\mathrm{tr}(\boldsymbol{P}^{-}\boldsymbol{C}^{\mathrm{T}}\boldsymbol{K}^{\mathrm{T}})+\frac{\partial}{\partial \boldsymbol{K}}\mathrm{tr}(\boldsymbol{KCP}^{-}\boldsymbol{C}^{\mathrm{T}}\boldsymbol{K}^{\mathrm{T}})+\frac{\partial}{\partial \boldsymbol{K}}\mathrm{tr}(\boldsymbol{KNK}^{\mathrm{T}}) \end{aligned} \tag{6.1.25}$$

进一步写成

$$\frac{\partial V}{\partial \boldsymbol{K}}=-\boldsymbol{P}^{-}\boldsymbol{C}^{\mathrm{T}}-\boldsymbol{P}^{-}\boldsymbol{C}^{\mathrm{T}}+\boldsymbol{KCP}^{-}\boldsymbol{C}^{\mathrm{T}}+\boldsymbol{KCP}^{-}\boldsymbol{C}^{\mathrm{T}}+\boldsymbol{KN}^{\mathrm{T}}+\boldsymbol{KN} \tag{6.1.26}$$

令 $\dfrac{\partial V}{\partial \boldsymbol{K}}=0$，求解得

$$2\boldsymbol{K}\left(\boldsymbol{CP}^{-1}\boldsymbol{C}^{\mathrm{T}}+\boldsymbol{N}\right)=2\boldsymbol{P}^{-}\boldsymbol{C}^{\mathrm{T}} \tag{6.1.27}$$

则

$$\boldsymbol{K}=\boldsymbol{P}^{-}\boldsymbol{C}^{\mathrm{T}}\left(\boldsymbol{CP}^{-}\boldsymbol{C}^{\mathrm{T}}+\boldsymbol{N}\right)^{-1} \tag{6.1.28}$$

加入时间变量符号，可以写成

$$\boldsymbol{K}\left(k+1\right)=\boldsymbol{P}^{-}\left(k+1\right)\boldsymbol{C}^{\mathrm{T}}\left[\boldsymbol{CP}^{-}\left(k+1\right)\boldsymbol{C}^{\mathrm{T}}+\boldsymbol{N}\right]^{-1} \tag{6.1.29}$$

综上，方程式（6.1.8）、式（6.1.12）、式（6.1.13）、式（6.1.19）和式（6.1.29）构成了 Kalman 滤波器，由此形成了状态和参数估计算法。

预报：

$$\hat{\boldsymbol{x}}\left(k+1|k\right)=\boldsymbol{A}\hat{\boldsymbol{x}}\left(k\right)+\boldsymbol{B}u\left(k\right) \tag{6.1.30}$$

$$P^-(k+1)=AP(k)A^{\mathrm{T}}+VMV^{\mathrm{T}} \tag{6.1.31}$$

校正：

$$K(k+1)=P^-(k+1)C^{\mathrm{T}}\left[CP^-(k+1)C^{\mathrm{T}}+N\right]^{-1} \tag{6.1.32}$$

$$\hat{x}(k+1|k+1)=\hat{x}(k+1|k)+K(k+1)\left[y(k+1)-C\hat{x}(k+1|k)\right] \tag{6.1.33}$$

$$P(k+1)=\left[I-K(k+1)C\right]P^-(k+1) \tag{6.1.34}$$

其中，$P(k+1)$ 更新式（6.1.34）只有以最优 Kalman 增益 $K(k+1)$ 作为反馈时才成立。

关于状态的初始值，一般可选择 $\hat{x}(0)=\mathbf{0}$。矩阵 $P(0)$ 可选为 $x(0)$ 的协方差阵。图 6-2 给出 Kalman 滤波器对应的方块图。

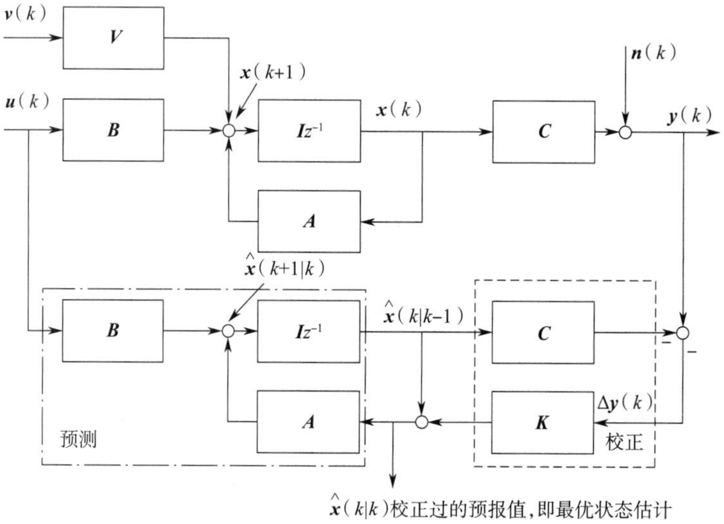

图 6-2 Kalman 滤波器的方块图

在上述设定下，Kalman 滤波器可以当作一步提前预报器使用。为了加快计算速度，可以将 n 个互不相关的测量向量当作 n 个顺序的标量测量值。如果采样数据缺失，滤波器可以在增益矩阵 $K=0$ 的情况下运行，也就是只执行预报步骤，不执行利用实际测量值进行校正的步骤[6]。

6.1.2 扩展 Kalman 滤波器

经典的 Kalman 滤波器一般适用于线性系统。但是在很多应用中，过程系统模型具有如下非线性形式

$$x(k+1)=f_k\left[x(k),u(k)\right]+V(k)v(k) \tag{6.1.35}$$

$$y(k)=g_k\left[x(k)\right]+n(k) \tag{6.1.36}$$

式中，f_k 和 g_k 表示非线性时变函数。

对这种非线性系统，通常采用扩展 Kalman 滤波器（Extended Kalman Filter，EKF）[6]。在 EKF 中，状态更新方程基于“真实”的非线性模型，误差协方差矩阵的更新则基于式（6.1.35）和式（6.1.36）的泰勒级数展开。状态的预报步骤如下。

$$\hat{\boldsymbol{x}}(k+1|k)=\boldsymbol{f}_k\left[\hat{\boldsymbol{x}}(k),\boldsymbol{u}(k)\right] \tag{6.1.37}$$

协方差的更新则需要计算以下雅克比矩阵

$$\boldsymbol{F}(k)=\left.\frac{\partial \boldsymbol{f}_k(\boldsymbol{x},\boldsymbol{u})}{\partial \boldsymbol{x}}\right|_{\boldsymbol{x}=\hat{\boldsymbol{x}}(k),\boldsymbol{u}=\boldsymbol{u}(k)} \tag{6.1.38}$$

$$\boldsymbol{G}(k+1)=\left.\frac{\partial \boldsymbol{g}_{k+1}(\boldsymbol{x})}{\partial \boldsymbol{x}}\right|_{\boldsymbol{x}=\hat{\boldsymbol{x}}(k+1|k)} \tag{6.1.39}$$

由此，$\boldsymbol{K}(k+1)$ 的计算公式和 $\boldsymbol{P}(k+1)$ 的更新方程改写为

$$\boldsymbol{P}^-(k+1)=\boldsymbol{F}(k)\boldsymbol{P}(k)\boldsymbol{F}^{\mathrm{T}}(k)+\boldsymbol{V}(k)\boldsymbol{M}(k)\boldsymbol{V}^{\mathrm{T}}(k) \tag{6.1.40}$$

$$\boldsymbol{K}(k+1)=\boldsymbol{P}^-(k+1)\boldsymbol{G}(k+1)\left[\boldsymbol{G}(k+1)\boldsymbol{P}^-(k+1)\boldsymbol{G}^{\mathrm{T}}(k+1)+\boldsymbol{N}(k+1)\right]^{-1} \tag{6.1.41}$$

$$\boldsymbol{P}(k+1)=\left[\boldsymbol{I}-\boldsymbol{K}(k+1)\boldsymbol{G}(k+1)\right]\boldsymbol{P}^-(k+1) \tag{6.1.42}$$

状态估计是利用真实非线性关系进行校正的，可以表示为

$$\hat{\boldsymbol{x}}(k+1|k+1)=\hat{\boldsymbol{x}}(k+1|k)+\boldsymbol{K}(k+1)\left\{\boldsymbol{y}(k+1)-\boldsymbol{g}_{k+1}\left[\hat{\boldsymbol{x}}(k+1|k)\right]\right\} \tag{6.1.43}$$

扩展 Kalman 滤波器形式简单，但是不能给出最优估计。对于这种 Kalman 滤波器，虽然随机变量在所有时间里都保持为高斯信号，但是经过扩展 Kalman 滤波器的非线性变换之后，随机变量的分布也发生了改变。此外，如果初始化条件选择不当，在错误的工作点附近进行线性化后滤波器可能会发散。尽管如此，扩展 Kalman 滤波器在许多领域中得到了应用，包括导航系统和 GPS 系统等。

综上，扩展 Kalman 滤波器可以写成如下形式。

预报：

$$\hat{\boldsymbol{x}}(k+1|k)=\boldsymbol{f}_k(\boldsymbol{x}(k),\boldsymbol{u}(k)) \tag{6.1.44}$$

$$\boldsymbol{F}(k)=\left.\frac{\partial \boldsymbol{f}_k(\boldsymbol{x},\boldsymbol{u})}{\partial \boldsymbol{x}}\right|_{\boldsymbol{x}=\hat{\boldsymbol{x}}(k),\boldsymbol{u}=\boldsymbol{u}(k)} \tag{6.1.45}$$

$$\boldsymbol{P}^-(k+1)=\boldsymbol{F}(k)\boldsymbol{P}(k)\boldsymbol{F}^{\mathrm{T}}(k)+\boldsymbol{V}(k)\boldsymbol{M}(k)\boldsymbol{V}^{\mathrm{T}}(k) \tag{6.1.46}$$

校正：

$$\boldsymbol{G}(k+1)=\left.\frac{\partial \boldsymbol{g}_{k+1}(\boldsymbol{x})}{\partial \boldsymbol{x}}\right|_{\boldsymbol{x}=\hat{\boldsymbol{x}}(k+1|k)} \tag{6.1.47}$$

$$\boldsymbol{K}(k+1)=\boldsymbol{P}^-(k+1)\boldsymbol{G}(k+1)\left[\boldsymbol{G}(k+1)\boldsymbol{P}^-(k+1)\boldsymbol{G}^{\mathrm{T}}(k+1)+\boldsymbol{N}(k+1)\right]^{-1} \tag{6.1.48}$$

$$\hat{\boldsymbol{x}}(k+1|k+1)=\hat{\boldsymbol{x}}(k+1|k)+\boldsymbol{K}(k+1)\left\{\boldsymbol{y}(k+1)-\boldsymbol{g}_{k+1}\left[\hat{\boldsymbol{x}}(k+1|k)\right]\right\} \tag{6.1.49}$$

$$\boldsymbol{P}(k+1)=(\boldsymbol{I}-\boldsymbol{K}(k+1)\boldsymbol{G}(k+1))\boldsymbol{P}^-(k+1) \tag{6.1.50}$$

扩展 Kalman 滤波器可以应用于非线性、时变离散时间系统。它不是最优估计器，但不仅能用于估计系统状态，还可以同时用于估计参数。

6.1.3 无迹 Kalman 滤波器

尽管使用扩展 Kalman 滤波器可以简单地将所有非线性模型线性化，从而可以应用传统的线性 Kalman 滤波器，但是扩展 Kalman 滤波器仅对近似线性的非线性系统是可靠的。对于难以线性化的非线性系统而言，无迹 Kalman 滤波器（Unscented Kalman Filter，UKF）作为一种新的线性估计器，利用一组离散采样点可以用于参数化均值和协方差的原理，实现了对线性系统相当于 Kalman 滤波器的性能，但同时具有推广到非线性系统的优势，且不需要扩展 Kalman 滤波器所要求的线性化步骤。该方法将无迹变换（Unscented Transform，UT）与标准 Kalman 滤波器相结合，通过无迹变换使得非线性系统适用于线性假设下的 Kalman 滤波，且并不要求系统的噪声源分布为高斯分布。

对于如下非线性系统

$$\boldsymbol{x}(k+1)=\boldsymbol{f}_k\left[\boldsymbol{x}(k),\boldsymbol{u}(k),\boldsymbol{V}(k)\right] \tag{6.1.51}$$

$$\boldsymbol{y}(k)=\boldsymbol{g}_k\left[\boldsymbol{x}(k),\boldsymbol{N}(k)\right] \tag{6.1.52}$$

式中：$\boldsymbol{f}_k$ 和 $\boldsymbol{g}_k$ 为非线性时变函数；$\boldsymbol{V}(k)$ 和 $\boldsymbol{N}(k)$ 分别是状态方程与观测方程的当前噪声。

对系统进行 $2n+1$ 次采样，获得 $2n+1$ 个采样组合（即 Sigma 点集）及其权值（n 为需要估计的参数数量）。

$$\begin{cases}\boldsymbol{X}^{(0)}-\bar{\boldsymbol{X}}_i=0\\ \boldsymbol{X}^{(i)}=\bar{\boldsymbol{X}}+(\sqrt{(n+\lambda)\boldsymbol{P}_{xx}})_i, i=1\sim n\\ \boldsymbol{X}^{(i)}=\bar{\boldsymbol{X}}-(\sqrt{(n+\lambda)\boldsymbol{P}_{xx}})_i, i=n+1\sim 2n\end{cases} \tag{6.1.53}$$

式中：$(\sqrt{\boldsymbol{P}_{xx}})^{\mathrm{T}}(\sqrt{\boldsymbol{P}_{xx}})=\boldsymbol{P}_{xx}$；$(\sqrt{\boldsymbol{P}_{xx}})_i$ 表示矩阵方根的第 i 列，其中 $\boldsymbol{P}_{xx}$ 是当前状态的协方差矩阵（每步会实时更新）。

将式（6.1.53）整理成如下顺序

$$\boldsymbol{X}^{(i)}(k|k)=[\boldsymbol{X}(k|k)\ \ \boldsymbol{X}(k|k)+\sqrt{(n+\lambda)\boldsymbol{P}_{xx}(k|k)}\ \ \boldsymbol{X}(k|k)-\sqrt{(n+\lambda)\boldsymbol{P}_{xx}(k|k)}] \tag{6.1.54}$$

把这 $2n+1$ 个点代入状态方程，即可获得这些点的 $k+1$ 步预报

$$\boldsymbol{X}^{(i)}(k+1|k)=\boldsymbol{f}_k\left[k,\boldsymbol{X}^{(i)}(k|k)\right] \tag{6.1.55}$$

进一步根据得到的 $2n+1$ 个预报结果，计算系统状态量的 $k+1$ 步预报均值和协方差矩阵，先算权值

$$\omega^{(i)}=\frac{1}{2(n+\kappa)}, i=1\sim 2n \tag{6.1.56}$$

设 $k=0$，将权值代入下式，计算系统状态量的 $k+1$ 步预报均值 $\hat{\boldsymbol{X}}(k+1|k)$ 和协方差矩阵 $\boldsymbol{P}_{xx}(k+1|k)$，形式如下

$$\hat{X}(k+1|k)=\sum_{i=0}^{2n}\omega^{(i)}X^{(i)}(k+1|k)$$

$$P_{xx}(k+1|k)=\sum_{i=0}^{2n}\omega^{(i)}\left[X^{(i)}(k+1|k)-\hat{X}(k+1|k)\right]\left[X^{(i)}(k+1|k)-\hat{X}(k+1|k)\right]^{\mathrm{T}}+V \quad (6.1.57)$$

将上述的预报值 $X^{(i)}(k+1|k)$ 代入观测方程，得到 $k+1$ 步的观测量

$$Y^{(i)}(k+1|k)=g_k\left[X^{(i)}(k+1|k)\right] \quad (6.1.58)$$

根据得到的 $2n+1$ 个预报结果，计算系统观测量的 $k+1$ 步预报均值和协方差矩阵，可得

$$\hat{Y}(k+1|k)=\sum_{i=0}^{2n}\omega^{(i)}Y^{(i)}(k+1|k) \quad (6.1.59)$$

$$P_{yy}(k+1|k)=\sum_{i=0}^{2n}\omega^{(i)}\left[Y^{(i)}(k+1|k)-\hat{Y}(k+1|k)\right]\left[Y^{(i)}(k+1|k)-\hat{Y}(k+1|k)\right]^{\mathrm{T}}+N \quad (6.1.60)$$

$$P_{xy}(k+1|k)=\sum_{i=0}^{2n}\omega^{(i)}\left[X^{(i)}(k+1|k)-\hat{X}(k+1|k)\right]\left[Y^{(i)}(k+1|k)-\hat{Y}(k+1|k)\right]^{\mathrm{T}} \quad (6.1.61)$$

计算 Kalman 增益矩阵

$$K(k+1)=P_{xy}(k+1|k)P_{yy}^{-1}(k+1|k) \quad (6.1.62)$$

最后，更新系统的状态与协方差矩阵：

$$\hat{X}(k+1|k+1)=\hat{X}(k+1|k)+K(k+1)\left[Y(k+1)-\hat{Y}(k+1|k)\right] \quad (6.1.63)$$

$$P_{xx}(k+1|k+1)=P_{xx}(k+1|k)-K(k+1)P_{yy}(k+1|k)K^{\mathrm{T}}(k+1) \quad (6.1.64)$$

式中：$Y(k+1)$ 为系统 $k+1$ 步测量真值。

6.1.4　仿真实例

【例 6.1】对于某磁盘电机系统，电枢电压 $u(k)$ 与电机轴的转速 $z(k)$ 的待辨识系统模型为

$$\begin{cases} x(k+1)=Ax(k)+Bu(k) \\ z(k)=Cx(k) \end{cases}$$

系统先验估计为 $A=\begin{bmatrix}0 & 1\\ -0.7 & 1\end{bmatrix}$，$B=\begin{bmatrix}0\\1\end{bmatrix}$，$C=[0.5,-0.5]$。使用 4 阶段 M 序列作为输入，采集一段时间内的电机轴的转速输出作为观测值，利用 MATLAB 仿真程序（chap6_1.m），采用 Kalman 滤波法辨识磁盘电机系统模型，结果如图 6-3 所示。其中，y_1，y′ 和 y 分别为观测到的电机轴的转速、辨识模型输出的电机轴的转速和实际电机轴的转速。

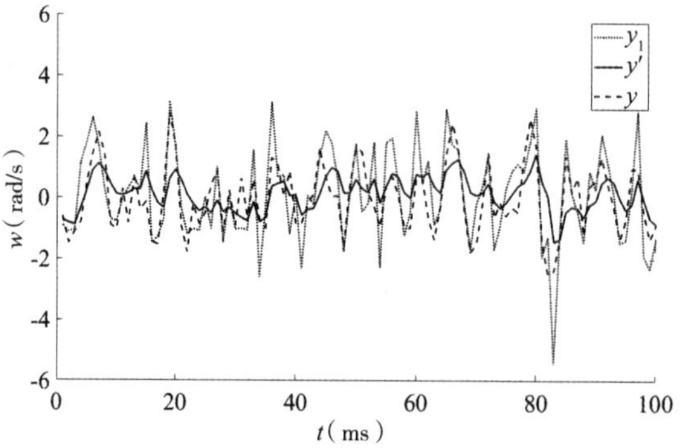

图 6-3　基于 Kalman 滤波的状态估计结果

仿真程序(chap6_1.m):

```
clear all
close all
clc
global script_name figs_path;
script_name = 'chap_6_1';
figs_path = './figs/waiting';
%% 定义超参数
sim_time = SimTime(3, 0.001); %仿真时间设置，时长 3 s,步长 1 ms
over = sim_time.step_num;%指定循环的遍数,即预测 3 s 内的模型输出
output_num = 1; %系统的输出个数
Q = 0.1 * diag(ones([output_num, 1])) ;%假设的过程预测噪声的协方差(实际上是一个变量,很难得到)
R = 1 * diag(ones([output_num, 1]));%假设的观测噪声协方差(实际上也是变量,但是可以得到)
%定义尺寸参数
T = [over,output_num];%定义矩阵,用于记录所有时刻的预测状态
delta_t = sim_time.interval;%时间间隔
% 系统的输入为 M 序列
u = get_M_sequence(sim_time.step_num, 1);
%建立预测模型
A = [1];
B = [delta_t];
I = [1];%定义单位矩阵
H = [1];
%初始化参数
X = zeros(T);
```

```
X_bar = zeros(T);
Xbar = zeros(T);
Z = zeros(T);
K = zeros([output_num*over,output_num]);
P = zeros([output_num*over,output_num]);
P_ = zeros([output_num*over,output_num]);
%在 t=0 时刻的初始值
P(1:2,:)=[1 0];%初始前两行协方差矩阵为[1 0;0 1],表示状态变量间相互独立
X(1,:) = [0];%实际状态初始值,初始角速度为 0
Xbar(1,:) = [0];%状态预测量的初始值;my error: ① Xbar(1)表示矩阵的第一个元素;② Xbar(1,:)可以表示第一行,注意是冒号:
%% 仿真系统输出
y = simple_get_sim_data(sim_time, u, 'a1', -1, 'a2', 0.7, 'b1', -0.5, 'b2', 0.5, 'c1', 0.2, 'c2', -0.2);
%% 卡尔曼滤波的核心算法
for n = 2:over-1
   %计算 X 的实际值:X(k)=y(k)
   X(n,:) = y(1, n)';%在 t=n 时刻的状态实际值 X(n)
   %计算状态的观测值:Z(k)=HX(k)+V
   v = normrnd(0,sqrt(R(1)),[1,1]);%观测误差
   Tmp2 = X(n,:)'+v;
   Z(n,:) = Tmp2';%在 t=n 时刻的状态观测值 Z(n)
   %先验预测:X_bar(k)=AXbar(k-1)+Bu(k-1)
   Tmp3 = A*Xbar(n-1,:)'+B*u(1, n);%更新先验估计，k 时刻的先验模型为上一时刻(k-1)的状态最优模型;注意计算时用 X 与 u 的转置,因为状态方程中状态 x 与输入 u 是列向量
   X_bar(n,:) = Tmp3';
    P_(n,:) = A*P(n-1,:) *A'+Q;%更新先验估计误差协方差:P_bar(k)=A*P-bar(k)*A'+Q
   % 34 12 n=2
   %后验校正
   %卡尔曼增益
   tmp = P_(n,:)*H'/(H*(P_(n,:)*H' + R));
   K(n,:) = tmp;
   %后验估计预测值:Xbar(k)=X_bar(k)+K(Z(k)-H*X_bar(k))
   Tmp4 = X_bar(n,:)' + K(n,:)*(Z(n,:)'-H*X_bar(n,:)');
   Xbar(n,:) = Tmp4';
     P(n,:) = (I-K(n,:)*H)*P_(n,:);%协方差矩阵 P(k)更新:P(k)=(I-KH)*P_
```

```
bar(k)
    end
    %% 作图
    m_sequence_fig = new_figure('u(V)', 't(ms)');
    stem(u(1:20))
    % save2fig(m_sequence_fig);
    motor_output_fig = new_figure('y(rad/s)', 't(ms)');
    plot(y(1:20));
    % save2fig(motor_output_fig);
    %%作图
    figure
    LineWidth = 2;
    %分裂窗口为 2*1 个子窗口
    %角速度曲线图
    plot(Z(2800:2900,1),'black:','LineWidth',1.5);%绘制出测量值曲线
    hold on;
    plot(Xbar(2800:2900,1),'black-','LineWidth',1.5);%绘制出最优估计值曲线
    hold on;
    plot(X(2800:2900,1),'black--','LineWidth',1.5);%绘制出实际状态值曲线
    hold on;
    % title('位置状态曲线')
    xlim([0,100]);
    ylim([-6,6]);
    xlabel('t(ms)');
    ylabel('w(rad/s)');
    legend('y1','y^{,}','y');%同一图像中包含多条曲线时,依次加标注
    set(gca, FontName='Times New Roman',FontSize=26)
```


6.2 贝叶斯估计

贝叶斯估计法是一种统计学常用的方法,用于估计模型参数的概率分布。该方法基于贝叶斯定理,将先验信息与观测数据结合,得到参数的后验分布,并使用后验分布对参数进行估计。贝叶斯估计法的核心思想是在不完全信息下,用主观概率估计部分未知的状态,然后利用贝叶斯公式修正这些状态的发生概率,最后根据期望值和修正概率做出最优估计。本节主要介绍贝叶斯估计的原理及方法。

6.2.1　贝叶斯估计原理

贝叶斯估计的基本思想是把所要估计的参数视为随机变量，然后通过观测与该参数相关的其他变量，从而推断这个参数的值。确定条件概率密度时，需要利用贝叶斯法：

$$P(A|B)=\frac{P(B|A)P(A)}{P(B)} \tag{6.2.1}$$

$$P(A|B,C)=\frac{P(B|A,C)P(A|C)}{P(B|C)} \tag{6.2.2}$$

由已知的先验概率 $P(B|A)$ 求出 $P(A|B)$。

设 $\mathcal{M}$ 是描述某一动态系统的模型，$\boldsymbol{\theta}$ 是模型 $\mathcal{M}$ 的参数，它会反映在该动态过程的输入输出观测值中。如果过程的输出变量 $z(k)$ 在参数 $\boldsymbol{\theta}$ 及其历史记录 Z_{k-1} 条件下的概率密度函数是已知的，记作 $p(z(k)|\boldsymbol{\theta},Z_{k-1})$，其中 Z_{k-1} 表示 $(k-1)$ 时刻以前的输入输出数据集合。根据贝叶斯理论，参数的估计问题可表述成：把参数 $\boldsymbol{\theta}$ 看作具有某种前验概率密度 $p(\boldsymbol{\theta}|Z_{k-1})$ 的随机变量，设法从输入输出数据中提取关于参数 $\boldsymbol{\theta}$ 的信息，而后者可以归纳为参数 $\boldsymbol{\theta}$ 的后验概率密度函数 $p(\boldsymbol{\theta}|Z_k)$ 的计算问题[7]。其中，Z_k 表示 k 时刻以前的输入输出数据集合，它与 Z_{k-1} 的关系满足

$$Z_k=\{z(k),u(k),Z_{k-1}\} \tag{6.2.3}$$

如果系统的输出变量 $z(k)$ 在参数 $\boldsymbol{\theta}$ 及其历史记录 Z_{k-1} 下的概率是已知的，并假定 $u(k)$ 是一个已知的确定性序列，可将其忽略，那么利用贝叶斯公式可得

$$p(\boldsymbol{\theta}|Z_k)=p(\boldsymbol{\theta}|z(k),Z_{k-1})=\frac{p(z(k)|\boldsymbol{\theta},Z_{k-1})\,p(\boldsymbol{\theta}|Z_{k-1})}{p(z(k)|Z_{k-1})} \tag{6.2.4}$$

理论上，可以根据式（6.2.4）计算 $\boldsymbol{\theta}$ 的后验概率密度函数，但实际上这是有困难的，只有在参数 $\boldsymbol{\theta}$ 和数据之间的关系是线性的，同时噪声服从高斯分布的情况下，才有可能得到式（6.2.4）的解析解。获得参数 $\boldsymbol{\theta}$ 的后验概率密度函数后，就可以利用它进一步求得参数 $\boldsymbol{\theta}$ 的估计值。常用的方法有两种：一种是极大后验参数估计方法；另一种是条件期望参数估计方法，这两种方法统称为贝叶斯参数估计方法。

6.2.2　贝叶斯参数估计方法

（1）极大后验参数估计方法

极大后验参数估计方法的核心思想：通过使后验概率密度函数 $p(\boldsymbol{\theta}|Z_k)$ 达到极大值来估计参数[7]，对应参数估计值称作极大后验估计，记作 $\hat{\boldsymbol{\theta}}_{\mathrm{MP}}$。因此，问题可描述为找到参数 $\hat{\boldsymbol{\theta}}_{\mathrm{MP}}$，使后验概率密度函数 $p(\boldsymbol{\theta}|Z_k)$ 最大化，记作 $Max\,p(\boldsymbol{\theta}|Z_k)$ 或 $Max\log p(\boldsymbol{\theta}|Z_k)$。显然，极大后验参数估计需满足以下条件：

$$\left.\frac{\partial p(\boldsymbol{\theta}|Z_k)}{\partial\boldsymbol{\theta}}\right|_{\hat{\boldsymbol{\theta}}_{\mathrm{MP}}}=0 \tag{6.2.5}$$

或

$$\left.\frac{\partial \log p(\boldsymbol{\theta}|Z_k)}{\partial \boldsymbol{\theta}}\right|_{\hat{\boldsymbol{\theta}}_{\mathrm{MP}}} = 0 \tag{6.2.6}$$

式(6.2.6)表明在数据 Z_k 条件下,模型参数 $\boldsymbol{\theta}$ 落在 $\hat{\theta}_{\mathrm{MP}}$ 邻域内的概率比落在其他邻域内的概率要大,即 $\hat{\theta}_{\mathrm{MP}}$ 是 $\boldsymbol{\theta}$ 最可能的聚集区域。

将式(6.2.4)代入式(6.2.6),考虑到 $p(z(k)|Z_{k-1})$ 与 $\boldsymbol{\theta}$ 无关,可得

$$\left.\frac{\partial \log p(z(k)|\boldsymbol{\theta}, Z_{k-1})}{\partial \boldsymbol{\theta}}\right|_{\hat{\boldsymbol{\theta}}_{\mathrm{MP}}} + \left.\frac{\partial \log p(\boldsymbol{\theta}|Z_{k-1})}{\partial \boldsymbol{\theta}}\right|_{\hat{\boldsymbol{\theta}}_{\mathrm{MP}}} = 0 \tag{6.2.7}$$

当 $z(k)$ 是在独立观测条件下的输出样本时,若让式(6.2.7)左边第一项取零,则对应的估计就是极大似然估计。这表明,极大后验估计考虑了参数 $\boldsymbol{\theta}$ 的先验概率知识,而极大似然估计则不考虑。通常情况下,若参数 $\boldsymbol{\theta}$ 的先验概率已知,则极大后验估计优于极大似然估计,即精度更好。然而,由于通常缺乏参数 $\boldsymbol{\theta}$ 的先验概率知识,以及参数 $\boldsymbol{\theta}$ 的后验概率密度函数的计算可能很困难,因此极大似然估计仍然是更常用的估计方法。

(2)条件期望参数估计方法

条件期望参数估计方法直接以参数 $\boldsymbol{\theta}$ 的条件数学期望作为参数估计值 $\hat{\boldsymbol{\theta}}(k)$[8],即

$$\hat{\boldsymbol{\theta}}(k) = E\left\{\boldsymbol{\theta}|Z_k\right\} = \int_{-\infty}^{\infty} \boldsymbol{\theta} p(\boldsymbol{\theta}|Z_k)\mathrm{d}\boldsymbol{\theta} \tag{6.2.8}$$

可知式(6.2.8)的物理意义是用随机变量的均值作为它的估计值。另外,式(6.2.8)所定义的参数估计值 $\hat{\boldsymbol{\theta}}(k)$ 等价于极小化参数估计误差的方差的结果,因此条件期望参数估计有时也称作最小方差估计。

6.2.3 基于贝叶斯估计的系统辨识

考虑最小二乘模型的贝叶斯参数辨识问题,模型如下:

$$z(k) = \boldsymbol{h}^{\mathrm{T}}(k)\boldsymbol{\theta} + v(k) \tag{6.2.9}$$

式中:$\{\boldsymbol{v}(k)\}$ 是均值为零、方差为 σ_ξ^2 的服从正态分布的白噪声序列,且

$$\begin{cases}\boldsymbol{h}^{\mathrm{T}}(k) = \left[-z(k-1), \cdots, -z(k-n), u(k-1), \cdots, u(k-m)\right]^{\mathrm{T}} \\ \boldsymbol{\theta} = \left[a_1, \cdots, a_n, b_1, \cdots, b_m\right]\end{cases} \tag{6.2.10}$$

应用贝叶斯法估计模型参数 $\boldsymbol{\theta}$ 时,无论采用哪种参数估计方法,都需要预先确定参数 $\boldsymbol{\theta}$ 的后验概率密度函数 $p(\boldsymbol{\theta}|Z_k)$。由式(6.2.4)可得

$$p(\boldsymbol{\theta}|Z_k) = \frac{p(z(k)|\boldsymbol{\theta}, Z_{k-1})p(\boldsymbol{\theta}|Z_{k-1})}{p(z(k)|Z_{k-1})} \tag{6.2.11}$$

假设参数 $\boldsymbol{\theta}$ 的先验概率分布是正态分布,在样本 Z_i 情况下,均值为 θ_i、协方差为 P_i,其中 $0 \leqslant i \leqslant k-1$。则

$$p(\boldsymbol{\theta}|Z_{k-1}) = \frac{1}{(2\pi)^{N/2}(\det P_{k-1})^{1/2}} \exp(-\frac{1}{2}\left[\boldsymbol{\theta} - \hat{\boldsymbol{\theta}}_{k-1}\right]^{\mathrm{T}} P_{k-1}^{-1}\left[\boldsymbol{\theta} - \hat{\boldsymbol{\theta}}_{k-1}\right]) \tag{6.2.12}$$

式（6.2.12）中的 $N=\dim\boldsymbol{\theta}$，则参数 $\boldsymbol{\theta}$ 的后验概率分布也是正态分布。同时，由于噪声 $v(k)\sim N(0,\sigma_{\xi}^{2})$，结合式（6.2.8）可知，$z(k)\sim N(\boldsymbol{h}^{\mathrm{T}}(k)\boldsymbol{\theta},\sigma_{\xi}^{2})$，则有

$$p(z(k)|\boldsymbol{\theta},Z_{k-1})=\frac{1}{(2\pi\sigma_{\xi}^{2})^{1/2}}\exp\left\{-\frac{1}{2\sigma_{\xi}^{2}}\left[z(k)-\boldsymbol{h}^{\mathrm{T}}(k)\boldsymbol{\theta}\right]^{2}\right\} \tag{6.2.13}$$

将式（6.2.12）和式（6.2.13）带入式（6.2.11），可得

$$p(\boldsymbol{\theta}|Z_{k})=Norm\cdot\exp\left\{-\frac{1}{2\sigma_{\xi}^{2}}\left[z(k)-\boldsymbol{h}^{\mathrm{T}}(k)\boldsymbol{\theta}\right]^{2}-\frac{1}{2}\left[\boldsymbol{\theta}-\hat{\boldsymbol{\theta}}_{k-1}\right]^{\mathrm{T}}P_{k-1}^{-1}\left[\boldsymbol{\theta}-\hat{\boldsymbol{\theta}}_{k-1}\right]\right\} \tag{6.2.14}$$

式中，$Norm$ 与参数 $\boldsymbol{\theta}$ 无关，有

$$Norm=\frac{1}{(2\pi)^{N/2}\,p(z(k)|Z_{k-1})(2\pi\sigma_{\xi}^{2}\det P_{k-1})^{1/2}} \tag{6.2.15}$$

将式（6.2.14）两边取对数并将等号右边整理成二次型

$$\log p(\boldsymbol{\theta}|Z_{k})=const-\frac{1}{2}\left[\boldsymbol{\theta}-\frac{1}{\sigma_{\xi}^{2}}P_{k}\boldsymbol{h}(k)z(k)-P_{k}P_{k-1}^{-1}\hat{\boldsymbol{\theta}}_{k-1}\right]^{\mathrm{T}}$$
$$\left[P_{k-1}^{-1}+\frac{1}{\sigma_{\xi}^{2}}\boldsymbol{h}(k)\boldsymbol{h}^{\mathrm{T}}(k)\right]\left[\boldsymbol{\theta}-\frac{1}{\sigma_{\xi}^{2}}P_{k}\boldsymbol{h}(k)z(k)-P_{k}P_{k-1}^{-1}\hat{\boldsymbol{\theta}}_{k-1}\right] \tag{6.2.16}$$

再根据式（6.2.6），将式（6.2.16）两边分别求导，得

$$\frac{\partial\log p(\boldsymbol{\theta}|Z_{k})}{\partial\boldsymbol{\theta}}=\frac{1}{\sigma_{\xi}^{2}}\boldsymbol{h}(k)\left[z(k)-\boldsymbol{h}^{\mathrm{T}}(k)\boldsymbol{\theta}\right]-P_{k-1}^{-1}\left[\boldsymbol{\theta}-\hat{\boldsymbol{\theta}}_{k-1}\right]=0 \tag{6.2.17}$$

经过进一步计算可得

$$\left[P_{k-1}^{-1}+\frac{1}{\sigma_{\xi}^{2}}\boldsymbol{h}(k)\boldsymbol{h}^{\mathrm{T}}(k)\right]\boldsymbol{\theta}=P_{k-1}^{-1}\hat{\boldsymbol{\theta}}_{k-1}+\frac{1}{\sigma_{\xi}^{2}}\boldsymbol{h}(k)z(k) \tag{6.2.18}$$

令 $P_{k}^{-1}=P_{k-1}^{-1}+\frac{1}{\sigma_{\xi}^{2}}\boldsymbol{h}(k)\boldsymbol{h}^{\mathrm{T}}(k)$，得

$$P_{k}P_{k-1}^{-1}=I-\frac{1}{\sigma_{\xi}^{2}}P_{k}\boldsymbol{h}(k)\boldsymbol{h}^{\mathrm{T}}(k) \tag{6.2.19}$$

$$\boldsymbol{\theta}=\hat{\boldsymbol{\theta}}_{k-1}+\frac{1}{\sigma_{\xi}^{2}}P_{k}\boldsymbol{h}(k)\left[z(k)-\boldsymbol{h}^{\mathrm{T}}(k)\hat{\boldsymbol{\theta}}_{k-1}\right] \tag{6.2.20}$$

令 $K_{k}=\frac{1}{\sigma_{\xi}^{2}}P_{k}\boldsymbol{h}(k)$，则可得

$$\hat{\boldsymbol{\theta}}_{k}=\hat{\boldsymbol{\theta}}_{k-1}+K_{k}\left[z(k)-\boldsymbol{h}^{\mathrm{T}}(k)\hat{\boldsymbol{\theta}}_{k-1}\right] \tag{6.2.21}$$

结合式（6.2.19）得

$$P_{k}=P_{k-1}-K_{k}\boldsymbol{h}^{\mathrm{T}}(k)P_{k-1} \tag{6.2.22}$$

$$K_{k}=\frac{P_{k-1}\boldsymbol{h}(k)}{\sigma_{\xi}^{2}+\boldsymbol{h}^{\mathrm{T}}(k)P_{k-1}\boldsymbol{h}(k)} \tag{6.2.23}$$

因此，$\hat{\boldsymbol{\theta}}_{k}$ 是参数 $\boldsymbol{\theta}$ 在 k 时刻的极大后验估计。联合式（6.2.21）、式（6.2.22）和式（6.2.23）可得出贝叶斯方法的参数递推估计算法。另外，根据式（6.2.8）可知，模型式（6.2.9）的极大后验估计和条件期望参数估计的结果一致。在一般情况下，当 k

比较小时，两种方法的估计结果不同；当 k 比较大时，它们的估计结果趋于一致[7]。

6.2.4 仿真实例

【例 6.2】对于某磁盘电机系统，电枢电压与电机轴的转速的待辨识系统模型为

$$z(k)+a_1z(k-1)+a_2z(k-2)=b_1u(k-1)+b_2u(k-2)$$

该模型的参数真值为 $a_1=-0.25$，$a_2=0.5$，$b_1=1$，$b_2=0.5$。使用 4 阶段 M 序列作为输入，采集一段时间内的电机轴的转速作为观测值，利用 MATLAB 仿真程序（chap6_2.m），采用贝叶斯法辨识磁盘电机系统模型，结果如图 6-4 所示。该磁盘电机系统的辨识模型为

$$z(k)-0.25z(k-1)+0.5z(k-2)=u(k-1)+0.5u(k-2)$$

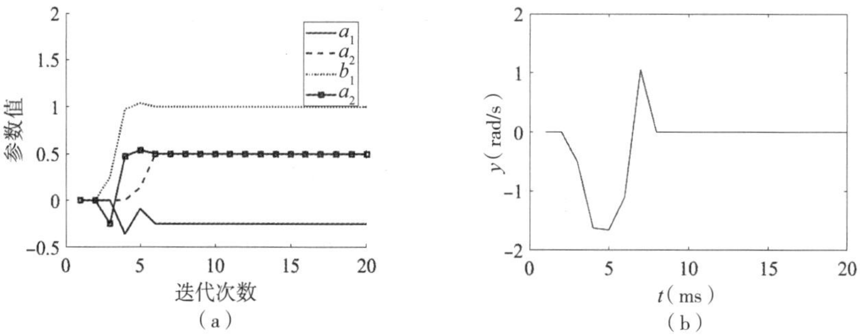

图 6-4 贝叶斯算法辨识结果

（a）模型参数估计曲线；（b）模型预测输出曲线

仿真程序（chap6_2.m）：

```
clear
close all
clc
%% 四位移位积存器产生 M 序列
L=20;%M 序列的周期
y1=1;y2=1;y3=1;y4=0;%输出初始值
for i=1:L
    x1=xor(y3,y4);
    x2=y1;
    x3=y2;
    x4=y3;
    y(i)=y4;
    if y(i)>0.5
        u(i)=-1;%M 序列的值为"1"时,辨识的输入信号取“-1”
    else
```

```
        u(i)=1;%M 序列的值为"0"时辨识的输入信号取“1”
    end
    y1=x1;y2=x2;y3=x3;y4=x4;%
end
figure(1);
stem(u,'black');%M 序列输入信号
xlabel('t(s)');
ylabel('u(V)');
grid on
%% 初始化
z=zeros(1,L);zm=zeros(1,L);%定义输出响应矩阵与模型输出矩阵的大小
z(2)=0;z(1)=0;zm(2)=0;zm(1)=0;%系统实际输出、模型输出赋初值
c0=[0.001 0.001 0.001 0.001]';%被辨识参数的初始值
p0=10^6*eye(4,4);%初始状态 P
c=[c0,zeros(4,L-1)];%被辨识参数矩阵的初始值
E=1.e-10;%相对误差
e=zeros(4,20);%相对误差的初始值及大小
%% 贝叶斯辨识
for k=3:L;%开始求 K
    z(k)=0.25*z(k-1)-0.5*z(k-2)+u(k-1)+0.5*u(k-2);%系统在 M 序列输入下的
输出响应
    hk=[-z(k-1),-z(k-2),u(k-1),u(k-2)]';
    k1=p0*hk*inv(hk'*p0*hk);%K
    c1=c0+k1*(z(k)-hk'*c0);%辨识参数
    zm(k)=[-z(k-1),-z(k-2),u(k-1),u(k-2)]*[c1(1);c1(2);c1(3);c1(4)];%zm
    e1=(c1-c0)./c0;%求参数的相对变化
    e(:,k)=e1;
    c0=c1;%更新
    c(:,k)=c1;%把辨识参数 c 列向量加入辨识参数矩阵
    p1=p0-k1*hk'*p0;
    p0=p1;%给下次用
    if e1<=E
        break;%若收敛情况满足要求,终止计算
    end
    for i=(k+1):L
        c(:,i)=c1;
    end
end
```

```
%% 分离赋值
a1=c(1,:); a2=c(2,:); b1=c(3,:); b2=c(4,:); %分离出 a1、a2、b1、b2
figure(2)
plot(a1,'black-','LineWidth',1.5);
hold on
plot(a2,'black--','LineWidth',1.5);
hold on
plot(b1,'black:','LineWidth',1.5);
hold on
plot(b2,'black','Marker','s','LineWidth',1.5);
ylim([-0.5,2])
xlabel('迭代次数');
ylabel('参数值')
legend('a1','a2','b1','b2')
set(gca, FontName='Times New Roman',FontSize=20)
xlabel('迭代次数','fontname','宋体');
ylabel('参数值','fontname','宋体')
hold off
figure(3);
i=1:L;
plot(i,zm(i),'black');   %模型输出
ylim([-2,2]);
xlabel('t(ms)');
ylabel('y(rad/s)');
set(gca, FontName='Times New Roman',FontSize=20)
```

6.3 极大似然估计

极大似然法是机器学习中的一种重要估计算法,其基本思想最早由高斯提出。1912 年,英国著名统计学家费舍尔(R. A. Fisher)正式将其命名为"极大似然估计",并证明了用于动态系统辨识所具有的良好统计性质[9]。极大似然估计的基本思想与前两类方法截然不同。它需要构造一个以观测数据和未知参数为自变量的似然函数,并通过极大化该似然函数,以获得系统模型的参数估计值。本节主要介绍极大似然估计的原理及方法。

6.3.1 极大似然估计原理

假设 z 是一个随机变量，在未知参数 $\boldsymbol{\theta}$ 的条件下，z 的概率密度函数 $p(z|\boldsymbol{\theta})$ 的分布类型是已知的。为了获得参数 $\boldsymbol{\theta}$ 值，对变量 z 进行 N 次观测，得到一个随机观测序列 $\{z(k)\}$，其中 $k=1,2,\cdots,N$。如果把这些 N 次观测值记为向量 $\boldsymbol{Z}_N=[z(1),z(2),\cdots,z(N)]^{\mathrm{T}}$，则 $\boldsymbol{Z}_N$ 的联合概率密度函数为 $p(\boldsymbol{Z}_N|\boldsymbol{\theta})$，那么参数 $\boldsymbol{\theta}$ 的极大似然估计就是使得观测序列 $\boldsymbol{Z}_N$ 出现概率最大的参数估计值 $\hat{\boldsymbol{\theta}}$，即 $\hat{\boldsymbol{\theta}}=\max\{p(\boldsymbol{Z}_N|\boldsymbol{\theta})|\}$。因此，极大似然估计原理的核心思想：找到模型参数估计值 $\hat{\boldsymbol{\theta}}$，使系统输出 z 在模型参数估计值 $\hat{\boldsymbol{\theta}}$ 条件下的概率密度函数，最大可能地逼近系统输出 z 在模型参数真值 $\boldsymbol{\theta}_0$ 条件下的概率密度函数[10-11]，即 $p(z|\hat{\boldsymbol{\theta}})\xrightarrow{\max}p(z|\boldsymbol{\theta}_0)$。

对于确定的一批数据，构造以模型参数 $\boldsymbol{\theta}$ 为自变量的系统输出 z 条件概率密度函数 $L(z|\boldsymbol{\theta})$，作为准则函数，并将其极大化，具体方法如下。

1）假设系统的输出观测量 z 是随机变量，在模型参数 $\boldsymbol{\theta}$ 条件下，其概率密度函数记作 $p(z|\boldsymbol{\theta})$，或者假设 $\{z(1),z(2),\cdots,z(L)\}$ 是一组数据长度为 L 的相互独立的样本，在独立观测条件下，输出随机变量的观测数据向量 $\boldsymbol{z}_L=[z(1),z(2),\cdots,z(L)]^{\mathrm{T}}$ 的联合概率密度函数为 $p(\boldsymbol{z}_L|\boldsymbol{\theta})$。显然，$p(\boldsymbol{z}_L|\boldsymbol{\theta})$ 是观测数据 $\boldsymbol{z}_L$ 和模型参数 $\boldsymbol{\theta}$ 的函数，$p(\boldsymbol{z}_L|\boldsymbol{\theta})$ 被称为似然函数，记作 $L(\boldsymbol{z}_L|\boldsymbol{\theta})$，其形式为

$$
\begin{aligned}
L(\boldsymbol{z}_L|\boldsymbol{\theta}) &= p(z(1)|\boldsymbol{\theta})\,p(z(2)|\boldsymbol{\theta})\cdots p(z(L)|\boldsymbol{\theta}) \\
&= \prod_{k=1}^{L} p(z(k)|\boldsymbol{\theta})
\end{aligned}
\tag{6.3.1}
$$

可见，似然函数与概率密度函数具有相同的形式，但是似然函数是对一组确定的数据而言的，以模型参数 $\boldsymbol{\theta}$ 为自变量，而概率密度函数是对确定的系统而言的，以数据 $\boldsymbol{z}_L$ 为自变量。

2）似然函数的对数称作对数似然函数，记作

$$
l(\boldsymbol{z}_L|\boldsymbol{\theta}) = \log L(\boldsymbol{z}_L|\boldsymbol{\theta}) = \sum_{k=1}^{L} \log p(z(k)|\boldsymbol{\theta}) \tag{6.3.2}
$$

3）对数似然函数的平均称作平均对数似然函数，记作

$$
\begin{aligned}
\bar{l}(\boldsymbol{z}_L|\theta) &= \frac{1}{L}\sum_{k=1}^{L} \log p(z(k)|\boldsymbol{\theta}) \underset{L\to\infty}{\overset{a.s.}{\to}} E\{\log p(z|\boldsymbol{\theta})\} \\
&= \int_{-\infty}^{\infty} p(z|\boldsymbol{\theta}_0)\log p(z|\boldsymbol{\theta})\,\mathrm{d}z
\end{aligned}
\tag{6.3.3}
$$

同理，在模型参数 $\boldsymbol{\theta}_0$ 条件下，平均对数似然函数为

$$
\bar{l}(\boldsymbol{z}_L|\boldsymbol{\theta}_0) \underset{L\to\infty}{\overset{a.s.}{\to}} E\{\log p(z|\boldsymbol{\theta}_0)\} = \int_{-\infty}^{\infty} p(z|\boldsymbol{\theta}_0)\log p(z|\boldsymbol{\theta}_0)\,\mathrm{d}z \tag{6.3.4}
$$

4）定义科尔巴克-利布勒（Kullback-Leibler）信息测度的表达式为

$$
I(\boldsymbol{\theta}_0,\boldsymbol{\theta}) = E\{\log p(z|\boldsymbol{\theta}_0)\} - E\{\log p(z|\boldsymbol{\theta})\} = E\left\{\log\frac{p(z|\boldsymbol{\theta}_0)}{p(z|\boldsymbol{\theta})}\right\} \tag{6.3.5}
$$

令 $x=\frac{p(z|\boldsymbol{\theta})}{p(z|\boldsymbol{\theta}_0)}>0$，根据不等式 $\log x \leqslant x-1$，可知 $\log\frac{p(z|\boldsymbol{\theta})}{p(z|\boldsymbol{\theta}_0)} \leqslant \frac{p(z|\boldsymbol{\theta})}{p(z|\boldsymbol{\theta}_0)}-1$，又因为 $p(z|\boldsymbol{\theta}_0)>0$，所以 $p(z|\boldsymbol{\theta}_0)\log\frac{p(z|\boldsymbol{\theta})}{p(z|\boldsymbol{\theta}_0)} \leqslant p(z|\boldsymbol{\theta})-p(z|\boldsymbol{\theta}_0)$，那么 $\int_{-\infty}^{\infty}p(z|\boldsymbol{\theta}_0)\log\frac{p(z|\boldsymbol{\theta})}{p(z|\boldsymbol{\theta}_0)}\mathrm{d}z \leqslant \int_{-\infty}^{\infty}p(z|\boldsymbol{\theta})\mathrm{d}z-\int_{-\infty}^{\infty}p(z|\boldsymbol{\theta}_0)\mathrm{d}z$。因此，可以得到 $-I(\boldsymbol{\theta}_0,\boldsymbol{\theta})\leqslant 0$，即 $I(\boldsymbol{\theta}_0,\boldsymbol{\theta})\geqslant 0$，说明 Kullback-Leibler 信息测度存在极小值。

5）通过极大化似然函数，实现 $p(\boldsymbol{z}_L|\hat{\boldsymbol{\theta}})\xrightarrow{\max}p(\boldsymbol{z}_L|\boldsymbol{\theta}_0)$ 的过程如下：

$\because I(\boldsymbol{\theta}_0,\boldsymbol{\theta})=E\left\{\log\frac{p(z|\boldsymbol{\theta}_0)}{p(z|\boldsymbol{\theta})}\right\}$，且 $I(\boldsymbol{\theta}_0,\boldsymbol{\theta})\geqslant 0$

$\therefore$ 极小化 $I(\boldsymbol{\theta}_0,\boldsymbol{\theta})\geqslant 0$

$\because I(\boldsymbol{\theta}_0,\boldsymbol{\theta})=E\{\log p(z|\boldsymbol{\theta}_0)\}-E\{\log p(z|\boldsymbol{\theta})\}$

$\therefore$ 极大化 $E\{\log p(z|\boldsymbol{\theta})\}$

$\because \bar{l}(\boldsymbol{z}_L|\boldsymbol{\theta})\xrightarrow[L\to\infty]{a.s.}E\{\log p(z|\boldsymbol{\theta})\}$

$\therefore$ 极大化 $\bar{l}(\boldsymbol{z}_L|\boldsymbol{\theta})$，即极大化 $l(\boldsymbol{z}_L|\boldsymbol{\theta})$

$\therefore$ 极大化 $L(\boldsymbol{z}_L|\boldsymbol{\theta})$

可见，极大化 $L(\boldsymbol{z}_L|\boldsymbol{\theta})$ 等价于 $p(\boldsymbol{z}_L|\hat{\boldsymbol{\theta}})\xrightarrow{\max}p(\boldsymbol{z}_L|\boldsymbol{\theta}_0)$，这种通过极大化似然函数达到实现 $p(\boldsymbol{z}_L|\hat{\boldsymbol{\theta}})\xrightarrow{\max}p(\boldsymbol{z}_L|\boldsymbol{\theta}_0)$ 的过程就是极大似然估计。

根据上述极大似然估计的原理，其数学表现形式可写成 $\left[\frac{\partial L(\boldsymbol{z}_L|\theta)}{\partial\boldsymbol{\theta}}\right]^{\mathrm{T}}\Big|_{\hat{\boldsymbol{\theta}}_{\mathrm{ML}}}=0$ 或 $\left[\frac{\partial l(\boldsymbol{z}_L|\boldsymbol{\theta})}{\partial\boldsymbol{\theta}}\right]^{\mathrm{T}}\Big|_{\hat{\boldsymbol{\theta}}_{\mathrm{ML}}}=0$，其中 $\hat{\boldsymbol{\theta}}_{\mathrm{ML}}$ 使似然函数 $L(\boldsymbol{z}_L|\boldsymbol{\theta})$ 或对数似然函数 $l(\boldsymbol{z}_L|\boldsymbol{\theta})$ 达到极大值，称 $\hat{\boldsymbol{\theta}}_{\mathrm{ML}}$ 为极大似然估计值。但其前提是概率密度函数 $p(\boldsymbol{z}_L|\boldsymbol{\theta})$ 必须事先已知，否则极大似然估计得不到解析解。

6.3.2 动态系统模型参数的极大似然估计

考虑以下动态系统模型：

$$A(z^{-1})z(k)=B(z^{-1})u(k)+D(z^{-1})v(k)$$

式中：$u(k)$、$z(k)$ 分别为模型输入和输出变量；$v(k)$ 是均值为零、方差为 σ_v^2 且服从正态分布的白噪声，迟延算子多项式为

$$\begin{cases}A(z^{-1})=1+a_1z^{-1}+a_2z^{-2}+\cdots+a_{n_d}z^{-n_a}\\ B(z^{-1})=b_1z^{-1}+b_2z^{-2}+\cdots b_{n_b}z^{-n_b}\\ D(z^{-1})=1+d_1z^{-1}+d_2z^{-2}+\cdots+d_{n_d}z^{-n_b}\end{cases}\tag{6.3.6}$$

将式(6.3.6)写成最小二乘形式

$$z_L = H_L\theta + e_L \tag{6.3.7}$$

式中

$$\begin{cases} z_L = [z(1), z(2), \cdots, z(L)]^{\mathrm{T}} \\ e_L = [e(1), e(2), \cdots e(L)]^{\mathrm{T}}, e(k) = v(k) + d_1 v(k-1) + \cdots + d_{n_d} v(k-n) \\ H_L = \begin{bmatrix} -z(0) & \cdots & -z(1-n) & u(0) & \cdots & u(1-n) \\ -z(1) & \cdots & -z(2-n) & u(1) & \cdots & u(2-n) \\ \vdots & \ddots & \vdots & \vdots & \ddots & \vdots \\ -z(L-1) & \cdots & -z(L-n) & u(L-1) & \cdots & u(L-n) \end{bmatrix} \\ \theta = [a_1, \cdots, a_{n_a}, b_1, \cdots, b_{n_b}, d_1, \cdots, d_{n_d}]^{\mathrm{T}} \end{cases} \tag{6.3.8}$$

如果 e_L 是白噪声，即满足 $E\left\{e_L e_L^{\mathrm{T}}\right\} = \sigma_v^2 I$，则根据极大似然估计原理 $\left.\frac{\partial^2 l(z_L|\theta)}{\partial \theta^2}\right|_{\hat{\theta}_{\mathrm{ML}}} = 0$，可求得 $\hat{\theta}_{\mathrm{ML}} = (H_L^{\mathrm{T}} H_L)^{-1} H_L^{\mathrm{T}} z_L$，且由 $\left.\frac{\partial^2 l(z_L|\theta)}{\partial \theta^2}\right|_{\sigma_e^2} = 0$，可解得噪声的方差估计为

$$\hat{\sigma}_e^2 = \frac{1}{L}\left(z_L - H_L\hat{\theta}_{\mathrm{ML}}\right)^{\mathrm{T}}\left(z_L - H_L\hat{\theta}_{\mathrm{ML}}\right) \tag{6.3.9}$$

此时的极大似然估计相当于最小二乘估计。

当 $e(k)$ 为有色噪声时，设 $e(k) = v(k) + d_1 v(k-1) + \cdots + d_{n_d} v(k-n)$，其中 $v(k)$ 为白噪声，且 $v(k) \sim N\left(0, \sigma_v^2\right)$。在独立观测条件下，获得一批输入和输出数据 $u(1)$, $u(2), \cdots, u(L)$ 和 $z(1), z(2), \cdots, z(L)$，对于给定的模型参数 θ，根据链式规则 $p\left(x_N, \cdots, x_2, x_1|\theta\right) = p\left(x_N, \cdots, x_2|\theta\right) p\left(x_1|\theta\right) = \prod_{i=1}^{N} p\left(x_i|\theta\right)$，输出数据 $z_L = \left[z(1), z(2), \cdots, z(L)\right]^{\mathrm{T}}$ 的联合概率密度函数可以写为

$$\begin{aligned} L\left(z_L|\theta\right) &= p\left(z(L), \cdots, z(2), z(1)|\theta\right) \\ &= \prod_{k=1}^{L} p\left(z(k)|\theta\right) \end{aligned} \tag{6.3.10}$$

在 k 时刻模型的输出可以写为

$$z(k) = v(k) + \left[-\sum_{i=1}^{n} a_i z(k-i) + \sum_{i=1}^{n} b_i u(k-i) + \sum_{i=1}^{n} d_i v(k-i)\right] \tag{6.3.11}$$

因为 k 时刻之前数据已确定，包括噪声 $v(1), v(2), \cdots, v(k-1)$，因此 k 时刻模型输出 $z(k)$ 的概率密度仅取决于 $v(k)$，而 k 时刻的噪声 $v(k)$ 与该时刻以前的数据 $u(1), u(2), \cdots, u(k-1)$ 和 $z(1), z(2), \cdots, z(k-1)$ 是无关的，所以有

$$p\left(z(k)|u(1), \cdots, u(k-1), z(1), \cdots, z(k-1), \theta\right) = p\left(v(k)|\theta\right) \tag{6.3.12}$$

则似然函数为

$$L\left(z_L|\theta, \sigma_v^2\right) = \prod_{k=1}^{L} p\left(v(k)|\theta, \sigma_v^2\right) = (2\pi)^{-\frac{L}{2}}\left(\sigma_v^2\right)^{-\frac{L}{2}} \exp\left\{-\frac{1}{2\sigma_v^2}\sum_{k=1}^{L} v^2(k)\right\} \tag{6.3.13}$$

进而得到对数似然函数,形式为

$$l\left(z_L|\boldsymbol{\theta},\sigma_v^2\right)=-\frac{L}{2}\log2\pi-\frac{L}{2}\log\sigma_v^2-\frac{1}{2\sigma_v^2}\sum_{k=1}^{L}v^2\left(k\right) \tag{6.3.14}$$

式中

$$v\left(k\right)=z\left(k\right)+\sum_{i=1}^{n}a_iz\left(k-i\right)-\sum_{i=1}^{n}b_iu\left(k-i\right)-\sum_{i=1}^{n}d_iv\left(k-i\right) \tag{6.3.15}$$

显然,对数似然函数 $l\left(z_L|\boldsymbol{\theta},\sigma_v^2\right)$ 是噪声方差 σ_v^2 和模型参数 $\boldsymbol{\theta}$ 的函数,根据极大似然原理,由 $\left.\frac{\partial l\left(z_L|\boldsymbol{\theta},\sigma_v^2\right)}{\partial\sigma_v^2}\right|_{\hat{\sigma}_v^2}=0$,可求得

$$\hat{\sigma}_v^2=\frac{1}{L}\sum_{k=1}^{L}v^2\left(k\right)\Big|_{\theta}\triangleq J\left(\boldsymbol{\theta}\right)\Big|_{\theta} \tag{6.3.16}$$

将上式代入式(6.3.14),可得

$$l\left(z_L|\boldsymbol{\theta},\sigma_v^2\right)=const-\frac{L}{2}\log J\left(\boldsymbol{\theta}\right)z \tag{6.3.17}$$

最后,根据极大似然原理,计算使 $l\left(z_L|\boldsymbol{\theta},\sigma_v^2\right)\Big|_{\hat{\theta}_{\mathrm{ML}}\hat{\sigma}_v^2}=\max$ 的 $\hat{\boldsymbol{\theta}}_{\mathrm{ML}}$,即为

$$J\left(\boldsymbol{\theta}\right)|_{\hat{\theta}_{\mathrm{ML}}}=\frac{1}{L}\sum_{k=1}^{L}v^2\left(k\right)|_{\hat{\theta}_{\mathrm{ML}}}=\min \tag{6.3.18}$$

因为 $J(\boldsymbol{\theta})$ 是模型参数 $a_i(i=1,2,\cdots,n_a)$、$b(i=1,2,\cdots,n_b)$ 和 $d_i(i=1,2,\cdots,n_d)$ 的函数,它关于 a_i 和 b_i 是线性的,而关于 d_i 是非线性的,求其极小值的方法只能采用迭代的方法,如牛顿-拉弗森(Newton-Raphson)法等。本书主要针对线性动态离散时间系统,分析极大似然估计法的非递推形式和递推形式。

6.3.3 非递推的极大似然参数估计

考虑以下动态系统模型

$$A\left(z^{-1}\right)y\left(z\right)-B\left(z^{-1}\right)u\left(z\right)=D\left(z^{-1}\right)e\left(z\right) \tag{6.3.19}$$

式中

$$A\left(z^{-1}\right)=1+a_1z^{-1}+\cdots+a_mz^{-m} \tag{6.3.20}$$

$$B\left(z^{-1}\right)=b_1z^{-1}+\cdots+b_mz^{-m} \tag{6.3.21}$$

$$D\left(z^{-1}\right)=1+d_1z^{-1}+\cdots+d_mz^{-m} \tag{6.3.22}$$

式中:$e(k)$ 是服从高斯分布 $(0,\sigma_e)$ 且是统计不相关的信号;$D\left(z^{-1}\right)$ 的所有根都位于单位圆内。

根据最小二乘法,利用滤波器 $1/\hat{D}\left(z^{-1}\right)$ 对方程误差 $\varepsilon(k)$ 进行滤波,即

$$\varepsilon\left(z\right)=\hat{D}\left(z^{-1}\right)e\left(z\right)\Leftrightarrow e\left(z\right)=\frac{1}{\hat{D}\left(z^{-1}\right)}\varepsilon\left(z\right) \tag{6.3.23}$$

因此,假设误差 $\varepsilon(k)$ 是相关信号,通过滤波器转化成不相关误差 $e(k)$,如图

6-5 所示。

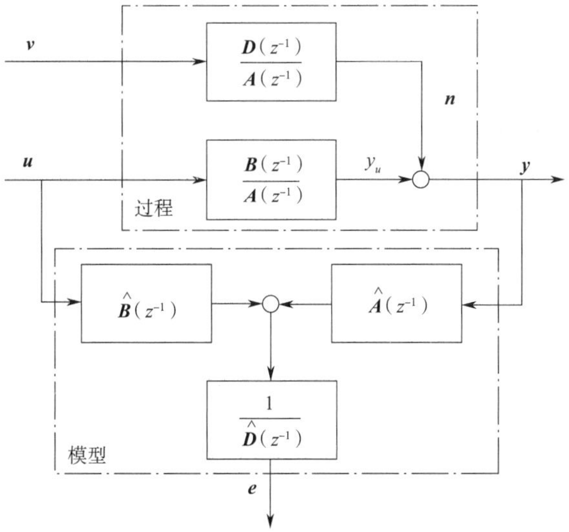

图 6-5　动态系统极大似然法示意

为了推导出极大似然估计算法，需要确定受干扰被测输出的概率密度函数。假设测量输出 $y(k)$ 服从高斯分布，在输入信号 $\{u(k)\}$ 条件下，对于给定的过程参数：

$$\boldsymbol{\theta}=\left(a_1\cdots a_m\left|b_1\cdots b_m\right|d_1\cdots d_m\right) \tag{6.3.24}$$

观测信号样本 $\{y(k)\}$ 的条件概率密度函数为

$$p\left(\{y(k)\}\big|\{u(k)\},\boldsymbol{\theta}\right)=p\left(y|u,\boldsymbol{\theta}\right) \tag{6.3.25}$$

该已知概率密度函数如图 6-6 所示。将测量值 $y_p(k)$ 和 $u_p(k)$ 代入式（6.3.25），得到似然函数

$$p\left(y_p|u_p,\boldsymbol{\theta}\right) \tag{6.3.26}$$

该函数依赖于未知参数 θ_i，如图 6-7 所示。

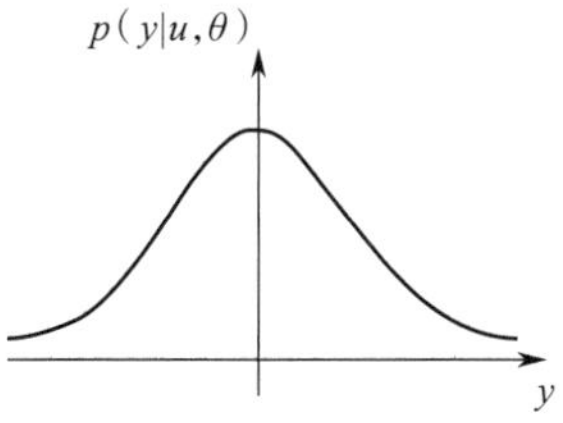

图 6-6　观测信号 $y(k)$ 的条件概率密度函数

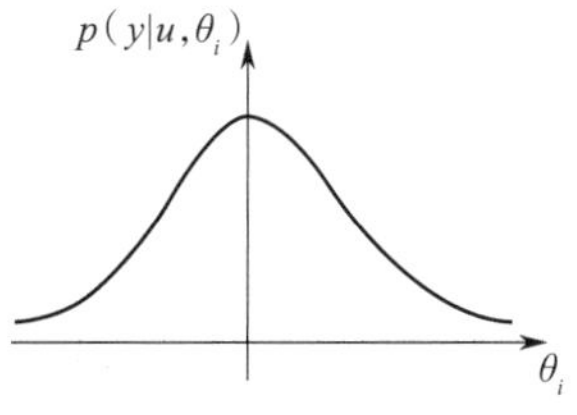

图 6-7　单个参数 θ_i 的似然函数

由于参数 θ_i 是常数而不是随机变量，所以似然函数不是参数的概率密度函数。极大似然估计的内在原理：对未知参数 θ_i 的最优估计，使得以最大的可能性（或似然）得到观测结果，也就是寻找极大化似然函数的 θ_i 值。因此，参数 $\boldsymbol{\theta}$ 可通过寻找似然函数的极大值或者求一阶导数，并令其为零来计算，即

$$\left.\frac{\partial}{\partial \boldsymbol{\theta}} p(y|u,\boldsymbol{\theta})\right|_{\boldsymbol{\theta}=\hat{\boldsymbol{\theta}}}=0 \tag{6.3.27}$$

由于单个测量值 $y(k)$ 不是统计不相关的，所以其概率密度函数难以计算。因此，下面将基于误差 $e(k)$ 进行推导，假设其服从高斯分布，且是统计不相关的。在这种情况下，考虑似然函数

$$p(e|u,\boldsymbol{\theta}) \tag{6.3.28}$$

利用下式求其估计值

$$\left.\frac{\partial}{\partial \boldsymbol{\theta}} p(e|u,\boldsymbol{\theta})\right|_{\boldsymbol{\theta}=\hat{\boldsymbol{\theta}}}=0 \tag{6.3.29}$$

由于假设 $e(k)$ 是统计不相关的，所以可以将概率密度函数 $p(e|u,\boldsymbol{\theta})$ 写为

$$p(e|u,\boldsymbol{\theta})=\prod_{k=1}^{N} p(e(k)|u,\boldsymbol{\theta}) \tag{6.3.30}$$

并且假设误差 $e(k)$ 服从高斯分布，所以计算似然函数的对数更为有利，即为

$$L(\boldsymbol{\theta})=\ln\left(\left(\frac{1}{\sigma_e\sqrt{2\pi}}\right)^N \prod_{k=1}^{N} e^{-\frac{1}{2}\frac{e^2(k)}{\sigma_e^2}}\right)=-\frac{1}{2\sigma_e^2}\sum_{k=1}^{N} e^2(k)-N\ln\sigma_e-\frac{N}{2}\ln 2\pi \tag{6.3.31}$$

可见，关于参数 $\boldsymbol{\theta}$，极大化对数似然函数等价于极小化误差平方和

$$V=\sum_{k=1}^{N} e^2(k) \tag{6.3.32}$$

因此，对于图 6-5 所示的系统结构，当误差 $e(k)$ 服从高斯分布时，极大似然法和最小二乘法估计得到的结果是相同的。

采用极大似然法求解只能迭代进行，因为代价函数关于 $A(z^{-1})$ 和 $B(z^{-1})$ 的参数是线性的，但关于 $D(z^{-1})$ 的参数是非线性的。通常可以采用 Newton-Raphson 算法求解这个优化问题[12]。一阶导数和二阶导数（Hesse 矩阵）分别记作

$$\boldsymbol{V}_{\theta}^{\mathrm{T}}(\boldsymbol{\theta})=\left(\frac{\partial V}{\partial \boldsymbol{\theta}}\right)^{\mathrm{T}}=\left(\frac{\partial V}{\partial \theta_1}\,\frac{\partial V}{\partial \theta_2}\cdots\frac{\partial V}{\partial \theta_p}\right) \tag{6.3.33}$$

和

$$\boldsymbol{V}_{\theta\theta}(\boldsymbol{\theta})=\frac{\partial^2 V}{\partial \boldsymbol{\theta}^{\mathrm{T}}\partial \boldsymbol{\theta}}=\begin{pmatrix} \frac{\partial^2 V}{\partial\theta_1\partial\theta_1} & \cdots & \frac{\partial^2 V}{\partial\theta_p\partial\theta_1} \\ \vdots & & \vdots \\ \frac{\partial^2 V}{\partial\theta_1\partial\theta_p} & \cdots & \frac{\partial^2 V}{\partial\theta_p\partial\theta_p} \end{pmatrix} \tag{6.3.34}$$

对应的偏导数为

$$\frac{\partial V}{\partial \theta_i}=\sum_{k=1}^{N} e(k)\frac{\partial e(k)}{\partial \theta_i} \tag{6.3.35}$$

$$\frac{\partial^2 V}{\partial\theta_i\partial\theta_j}=\sum_{k=1}^{N}\frac{\partial e(k)}{\partial\theta_i}\frac{\partial e(k)}{\partial\theta_j}+\sum_{k=1}^{N} e(k)\frac{\partial^2 e(k)}{\partial\theta_i\partial\theta_j} \tag{6.3.36}$$

误差 $e(k)$ 关于单个参数的偏导数,可以写为

$$D\left(z^{-1}\right)\frac{\partial e(k)}{\partial a_i}=y(k)z^{-i} \tag{6.3.37}$$

$$D\left(z^{-1}\right)\frac{\partial e(k)}{\partial b_i}=-u(k)z^{-i} \tag{6.3.38}$$

$$D\left(z^{-1}\right)\frac{\partial e(k)}{\partial d_i}=-e(k)z^{-i} \tag{6.3.39}$$

$$D\left(z^{-1}\right)\frac{\partial^2 e(k)}{\partial a_i\partial d_j}=-z^{-j}\frac{\partial e(k)}{\partial a_i}=-z^{-i-j+1}\frac{\partial e(k)}{\partial a_1} \tag{6.3.40}$$

$$D\left(z^{-1}\right)\frac{\partial^2 e(k)}{\partial b_i\partial d_j}=-z^{-j}\frac{\partial e(k)}{\partial b_i}=-z^{-i-j+1}\frac{\partial e(k)}{\partial b_1} \tag{6.3.41}$$

$$D\left(z^{-1}\right)\frac{\partial^2 e(k)}{\partial d_i\partial d_j}=-2z^{-j}\frac{\partial e(k)}{\partial d_i}=-2z^{-i-j+1}\frac{\partial e(k)}{\partial d_1} \tag{6.3.42}$$

引入时移算子 z,定义如下

$$y(k)z^{-l}=y(k-l) \tag{6.3.43}$$

进一步可知

$$D\left(z^{-1}\right)\frac{\partial^2 e(k)}{\partial a_i\partial a_j}=0 \tag{6.3.44}$$

$$D\left(z^{-1}\right)\frac{\partial^2 e(k)}{\partial a_i\partial b_j}=0 \tag{6.3.45}$$

$$D\left(z^{-1}\right)\frac{\partial^2 e(k)}{\partial b_i\partial b_j}=0 \tag{6.3.46}$$

由于优化算法的更新方程写为

$$\begin{aligned}\boldsymbol{\theta}(k+1)&=\boldsymbol{\theta}(k)-\left(\frac{\partial^2 V}{\partial\boldsymbol{\theta}^{\mathrm{T}}\partial\boldsymbol{\theta}}\right)^{-1}\Bigg|_{\boldsymbol{\theta}=\boldsymbol{\theta}(k)}\left(\frac{\partial V}{\partial\boldsymbol{\theta}}\right)\Bigg|_{\boldsymbol{\theta}=\boldsymbol{\theta}(k)}\\&=\boldsymbol{\theta}(k)-\boldsymbol{V}_{\theta\theta}(\boldsymbol{\theta}(k))^{-1}\boldsymbol{V}_{\theta}(\boldsymbol{\theta}(k))\end{aligned} \tag{6.3.47}$$

这种情况下,$D\left(z^{-1}\right)$ 项就消去了。

对于极大似然估计的收敛性,其先决条件是选择合适的初始值。首次迭代时可以取 $D\left(z^{-1}\right)=1$,即 $d_i=0$,使之成为普通的最小二乘法,利用最小二乘的直接解获得(有偏的)初始值。此外,对于很多其他噪声分布情况,最大似然估计方法也是收敛的,但在多数情况下不是渐进有效的。

6.3.4　递推的极大似然参数估计

通过对非递推方法的偏导数进行近似,可以推导出递推的极大似然估计法[13-14]。首先,将过程模型式(6.3.19)写为

$$y(k)=\boldsymbol{\psi}^{\mathrm{T}}(k)\boldsymbol{\theta}+v(k) \tag{6.3.48}$$

式中

$$\boldsymbol{\psi}^{\mathrm{T}}(k)=\left(-y(k-1)\cdots-y(k-m)\middle|u(k-d-1)\cdots u(k-d-m)\middle|v(k-1)\cdots v(k-m)\right) \tag{6.3.49}$$

$$\boldsymbol{\theta}^{\mathrm{T}}=\left(a_1\cdots a_m\middle|b_1\cdots b_m\middle|d_1\cdots d_m\right) \tag{6.3.50}$$

此外，将代价函数写为

$$V\left(k+1,\hat{\boldsymbol{\theta}}\right)=V\left(k,\hat{\boldsymbol{\theta}}\right)+\frac{1}{2}e^2\left(k+1,\hat{\boldsymbol{\theta}}\right) \tag{6.3.51}$$

然后，将其一阶导数和二阶导数写成

$$\boldsymbol{V}_\theta\left(\hat{\boldsymbol{\theta}},k+1\right)=\boldsymbol{V}_\theta\left(\hat{\boldsymbol{\theta}},k\right)+e\left(\hat{\boldsymbol{\theta}},k+1\right)\left.\frac{\partial e(\boldsymbol{\theta},k+1)}{\partial\boldsymbol{\theta}}\right|_{\theta=\hat{\theta}} \tag{6.3.52}$$

和

$$\begin{aligned}\boldsymbol{V}_{\theta\theta}\left(\hat{\boldsymbol{\theta}},k+1\right)=\boldsymbol{V}_{\theta\theta}\left(\hat{\boldsymbol{\theta}},k\right)+\left.\left(\frac{\partial e(\boldsymbol{\theta},k+1)}{\partial\boldsymbol{\theta}}\right)^{\mathrm{T}}\right|_{\theta=\hat{\theta}}\left.\left(\frac{\partial e(\boldsymbol{\theta},k+1)}{\partial\boldsymbol{\theta}}\right)\right|_{\theta=\hat{\theta}}\\+e\left(\hat{\theta},k+1\right)\left.\left(\frac{\partial^2 e(\boldsymbol{\theta},k+1)}{\partial\boldsymbol{\theta}^2}\right)\right|_{\theta=\hat{\theta}}\end{aligned} \tag{6.3.53}$$

其中 $\boldsymbol{V}_\theta\left(\hat{\boldsymbol{\theta}},k\right)\approx 0$，$e\left(\hat{\boldsymbol{\theta}},k+1\right)\left.\left(\frac{\partial^2 e(\boldsymbol{\theta},k+1)}{\partial\boldsymbol{\theta}^2}\right)\right|_{\theta=\hat{\theta}}\approx 0$。

上述公式构成了递推最大似然估计算法

$$\hat{\boldsymbol{\theta}}(k+1)=\hat{\boldsymbol{\theta}}(k)+\boldsymbol{\gamma}(k)e(k+1) \tag{6.3.54}$$

式中

$$\boldsymbol{\gamma}(k)=\boldsymbol{P}(k+1)\boldsymbol{\varphi}(k+1)=\frac{\boldsymbol{P}(k)\boldsymbol{\varphi}(k+1)}{1+\boldsymbol{\varphi}^{\mathrm{T}}(k+1)\boldsymbol{P}(k)\boldsymbol{\varphi}(k+1)} \tag{6.3.55}$$

$$\boldsymbol{P}(k)=\boldsymbol{V}_{\theta\theta}^{-1}\left(\hat{\boldsymbol{\theta}}(k-1),k\right) \tag{6.3.56}$$

$$\boldsymbol{P}(k+1)=\left[I-\gamma(k)\boldsymbol{\varphi}^{\mathrm{T}}(k+1)\right]\boldsymbol{P}(k) \tag{6.3.57}$$

$$\boldsymbol{\varphi}(k+1)=-\left.\frac{\partial e(\boldsymbol{\theta}(k),k+1)}{\partial\boldsymbol{\theta}}\right|_{\theta=\hat{\theta}} \tag{6.3.58}$$

$$e(k+1)=y(k+1)-\hat{\boldsymbol{\psi}}^{\mathrm{T}}(k+1)\hat{\boldsymbol{\theta}}(k) \tag{6.3.59}$$

$$\hat{v}(k+1)=\hat{e}(k+1) \tag{6.3.60}$$

由式（6.3.49），$\boldsymbol{\psi}^{\mathrm{T}}$ 可以近似为

$$\hat{\boldsymbol{\psi}}^{\mathrm{T}}(k+1)=\left(-y(k-1)\cdots-y(k-m)\middle|u(k-d-1)\cdots u(k-d-m)\middle|e(k-1)\cdots e(k-m)\right) \tag{6.3.61}$$

向量 $\boldsymbol{\varphi}^{\mathrm{T}}(k+1)$ 中的元素为

$$\boldsymbol{\varphi}^{\mathrm{T}}(k+1)=-\left(\frac{\partial e(k+1)}{\partial a_1}\cdots\frac{\partial e(k+1)}{\partial a_m}\frac{\partial e(k+1)}{\partial b_1}\cdots\frac{\partial e(k+1)}{\partial b_m}\frac{\partial e(k+1)}{\partial d_1}\cdots\frac{\partial e(k+1)}{\partial d_m}\right) \tag{6.3.62}$$

式中：$e(k)=\hat{v}(k)$，根据式（6.3.19），可得

$$z\frac{\partial e(z)}{\partial a_i}=\frac{1}{\hat{D}(z^{-1})}y(z)z^{-(i-1)}=y'(z)z^{-(i-1)}$$

$$z\frac{\partial e(z)}{\partial b_i}=-\frac{1}{\hat{D}(z^{-1})}u(z)z^{-(i-1)}z^{-d}=-u'(z)z^{-(i-1)}z^{-d} \tag{6.3.63}$$

$$z\frac{\partial e(z)}{\partial d_i}=-\frac{1}{\hat{D}(z^{-1})}e(z)z^{-(i-1)}=-e'(z)z^{-(i-1)}$$

式中：$i=1,\cdots,m$。

这些元素可以理解为滤波后的信号

$$\hat{\boldsymbol{\varphi}}^{\mathrm{T}}(k+1)=\left(-y'(k-1)\cdots-y'(k-m)\middle|u'(k-d-1)\cdots u'(k-d-m)\middle|e'(k-1)\cdots e'(k-m)\right) \tag{6.3.64}$$

它们可由以下差分方程生成

$$y'(k)=y(k)-\hat{d}_1y'(k-1)-\cdots-\hat{d}_my'(k-m) \tag{6.3.65}$$

$$u'(k-d)=u(k-d)-\hat{d}_1u'(k-d-1)-\cdots-\hat{d}_mu'(k-d-m) \tag{6.3.66}$$

$$e'(k)=e(k)-\hat{d}_1e'(k-1)-\cdots-\hat{d}_me'(k-m) \tag{6.3.67}$$

式中：$\hat{d}_i$ 表示当前的估计值 $\hat{d}_i(k)$。

由于在推导开始时就做了简化近似，因而得到的只是非递推极大似然法的近似解。

6.3.5 仿真实例

【例 6.3】对于某磁盘电机系统，电枢电压与电机轴的转速的待辨识系统模型为

$$z(k)+a_1z(k-1)+a_2z(k-2)=b_1u(k-1)+b_2u(k-2)+v(k)+d_1v(k-1)+d_2v(k-2)$$

该模型的参数真值为 $a_1=-0.5$，$a_2=-0.2$，$b_1=1.0$，$b_2=1.5$，$d_1=0.1$，$d_2=-0.05$，$v(k)$ 是均值为 0，方差为 0.01 的高斯白噪声。使用 4 阶段 M 序列作为输入，利用 MATLAB 仿真程序（chap6_3.m）采用递推最大似然估计算法对系统参数进行辨识，结果如图 6-8 所示。磁盘电机系统的模型为

$$z(k)-0.522\,5z(k-1)-0.167\,8z(k-2)=0.997\,1u(k-1)+1.449\,1u(k-2)+e(k)$$

$$e(k)=v(k)+0.103\,1v(k-1)-0.013\,5v(k-2)$$

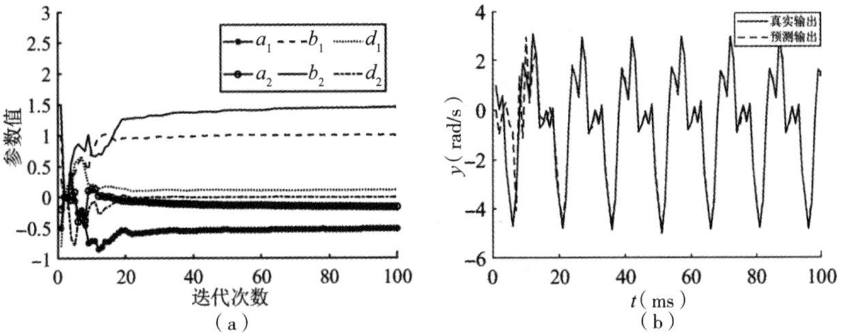

图 6-8 递推最大似然估计算法辨识结果

（a）参数估计曲线；（b）模型预测输出曲线

仿真程序(chap6_3.m):

```
%%%%%%%%%产生仿真数据%%%%%%%%%%
n=2;
total=100;
sigma=0.1;   %噪声变量的均方根
%M 序列作为输入
z1=1;z2=1;z3=1;z4=0;
for i=1:total
    x1=xor(z3,z4);
    x2=z1;
    x3=z2;
    x4=z3;
    z(i)=z4;
    if z(i)>0.5
        u(i)=-1;
    else u(i)=1;
    end
    z1=x1;z2=x2;z3=x3;z4=x4;
end
figure(1);
stem(u),grid on
%%%%%%%%%系统输出%%%%%%%%%%%%%
y(1)=0;y(2)=0;
v=sigma*randn(total,1);   %噪声
y(1)=1;y(2)=0.01;
for k=3:total
    y(k)=0.5*y(k-1)+0.2*y(k-2)+u(k-1)+1.5*u(k-2)+0.1*v(k-1)-
0.05*v(k-2)+v(k);
end
%%%%%%%%%初始化%%%%%%%%%%%%%%%%%%%%
theta0=0.001*ones(6,1);%参数
e1(1)=-0.5-theta0(1);e2(1)=-0.2-theta0(2);%误差初始化
e3(1)=1.0-theta0(3);e4(1)=1.5-theta0(4);
e5(1)=-0.8-theta0(5);e6(1)=0.3-theta0(6);
a_hat(1)=theta0(1);a_hat(2)=theta0(2);%参数分离
b_hat(1)=theta0(3);b_hat(2)=theta0(4);
c_hat(1)=theta0(5);c_hat(2)=theta0(6);
P0=eye(6,6);%矩阵 P 初始化
```

```
for i=1:n
    yf(i)=0.1;uf(i)=0.1;vf(i)=0.1;
    fai0(i,1)=-yf(i);
    fai0(n+i,1)=-uf(i);
    fai0(2*n+i,1)=-vf(i);
end
e(1)=1.0;
e(2)=1.0;
%%%% 递推算法%%%%%%%%%%%%
for i=n+1:total
  pusai=[-y(i-1);-y(i-2);u(i-1);u(i-2);e(i-1);e(i-2)];
  C=zeros(n*3,n*3);
  Q=zeros(3*n,1);
  Q(1)=-y(i-1);
  Q(n+1)=u(i-1);
  Q(2*n+1)=e(i-1);
   for j=1:n
       C(1,j)=c_hat(j);
       C(n+1,n+j)=c_hat(j);
       C(2*n+1,2*n+j)=c_hat(j);
       if j>1
         C(j,j-1)=1.0;
         C(n+j,n+j-1)=1.0;
         C(2*n+j,2*n+j-1)=1.0;
       end
   end
   fai=C*fai0+Q;
   K=P0*fai*inv(fai'*P0*fai+1);
   P=[eye(6,6)-K*fai']*P0;
   e(i)=y(i)-pusai'*theta0;
   theta=theta0+K*e(i);
   P0=P;
   theta0=theta;
   fai0=fai;
     a_hat(1)=theta(1);a_hat(2)=theta(2);
     b_hat(1)=theta(3);b_hat(2)=theta(4);
     c_hat(1)=theta(5);c_hat(2)=theta(6);
     e1(i)=a_hat(1);    e2(i)=a_hat(2);
```

```
    e3( i )=b_hat( 1 );    e4( i )=b_hat( 2 );
    e5( i )=c_hat( 1 );    e6( i )=c_hat( 2 );
end
figure( 2 )
plot( e1 );
hold on
plot( e2 );
hold on
plot( e3 );
hold on
plot( e4 );
hold on
plot( e5 );
hold on
plot( e6 );
set( gca, FontName='Times New Roman',FontSize=20 );
str1='\fontsize{20}\fontname{宋体}迭代次数';
str2='\fontsize{20}\fontname{宋体}参数值';
xlabel( str1 )
ylabel( str2 )
hold off
figure( 3 )
plot( y );
hold on;
plot( y-e );
set( gca, FontName='Times New Roman',FontSize=20 );
str3='\fontsize{20}\fontname{ Time New Roman}t( ms )';
str4='\fontsize{20}\fontname{ Time New Roman}y( rad/s )';
xlabel( str3 )
ylabel( str4 )
```

习题

6.1　简述 Kalman 滤波器的预报-校正步骤。

6.2　对比分析扩展 Kalman 滤波器和无迹 Kalman 滤波器的工作原理。

6.3　对于给定的观测数据集,如何利用贝叶斯法求参数的条件概率密度函数。

6.4　假设总体密度函数为

$$P(x,\theta)=(\theta+1)x^{\theta},\ 0<x<1$$

现在得到总体的一个样本 $X_1,X_2,\cdots,X_n$，其观测值为 $x_1,x_2,\cdots,x_n$，求参数 θ 的极大似然估计。

6.5　对于过程动态系统

$$y(k)=-\sum_{i=1}^{n}a_i y(k-i)+\sum_{i=1}^{n}b_i u(k-i)+v(k)$$

当 $v(k)$ 为有色噪声时，设计递推极大似然估计算法。

6.6　考虑以下动态系统

$$y(k)+1.642y(k-1)+0.715y(k-2)=0.39u(k-1)+0.35u(k-2)+\varepsilon(k)-\varepsilon(k-1)+0.2(k-2)$$

其中，$\varepsilon(k)$ 是均值为 0、方差为 1 的正态分布不相关随机噪声，输入信号 $u(k)$ 采用幅值为 1 的伪随机码。利用递推极大似然法对系统参数进行估计，并分析结果的准确性。

6.7　动态系统模型为

$$y(k)+0.5y(k-1)-0.2y(k-2)=1.2u(k-1)+0.3u(k-2)+\varepsilon(k)-\varepsilon(k-1)+0.8\varepsilon(k-2)$$

其中，$\varepsilon(k)$ 是均值为零、方差为 1 并服从正态分布的不相关随机噪声，$u(k)$ 是幅值为 1 的伪随机序列。利用递推极大似然估计法对系统参数进行辨识，递推停止条件 $N=1\,500$。

1)设计该系统的递推极大似然估计算法。

2)给出程序流程图及 MATLAB 仿真程序。

3)绘制模型参数的辨识过程和辨识误差曲线。

参考文献

[1] ISERMANN R, MÜNCHHOF M. Identification of dynamic systems: an introduction with applications[M]. Heidelberg: Springer, 2011.

[2] TOMIZUKA M. Advanced Control Systems Ⅱ. Class Notes for ME233[R]. Berkeley:University of California, 1998.

[3] HÄNSLER E. statistische signale: grundlagen und anwendungen[M]. Berlin: Springer, 2001.

[4] PAPOULIS A, UNNIKRISHNA P S. Probability, random variables and stochastic processes[M]. New York: McGraw-Hill, 2002.

[5] KALMAN R E. A new approach to linear filtering and prediction problems[J]. Journal of basic engineering, 1960,82:35-45.

[6] GREWAL M S, ANDREWS A P. Kalman filtering: theory and practice with

MATLAB[M]. 3rd edn. Hoboken：John Wiley & Sons，2008.
[7] PETERKA V. Bayesian approach to system identification[M]//EYKHO P. Trends and progress in system identification. Oxford：Pergamon，1981：239-304.
[8] LJUNG L，SÖDERSTRÖM T. Theory and practice of recursive identification[M]. Cambridge：MIT press，1983.
[9] 刘金琨. 系统辨识理论及 MATLAB 仿真[M]. 2 版. 北京：电子工业出版社，2020.
[10] 贺勇，明杰秀. 概率论与数理统计[M]. 武汉：武汉大学出版社，2012.
[11] 裘亚峥，任叶庆，刘诚. 概率论与数理统计[M]. 北京：科学出版社，2015.
[12] ÅSTRÖM K J，BOHLIN T. Numerical identification of linear dynamic systems from normal operating records[J]. IFAC Proceedings Volumes，1965，2(2)：96-111.
[13] SÖDERSTRÖM T. An on-line algorithm for approximate maximum likelihood identification of linear dynamic systems[M]. Lund：Lund Institute of Technology，1973.
[14] FUHRT B P，CARAPIC M. On-line maximum likelihood algorithm for the identification of dynamic systems[C]. The 4th IFAC-Symposium on Identification. Tbilisi:IFAC，1976.

Chapter 7

第 7 章 神经网络辨识

神经网络也被称为人工神经网络(Artificial Neural Network, ANN),是系统模型智能辨识的核心[1-2]。神经网络的灵感来源于大脑内部的神经元,是一种模仿生物神经网络的结构和功能的数学模型,被用于对函数进行估计或近似。利用神经网络可以对非线性系统甚至无模型系统进行辨识。采用神经网络作为系统模型和准则函数,为解决具有复杂的非线性和不确定性的机理模型未知的系统辨识问题提供了新途径。

本章主要介绍神经网络辨识的基本原理及方法,包括 BP 神经网络、径向基函数(Radial Basis Function,RBF)神经网络、循环神经网络和强化学习辨识等。

7.1 神经网络辨识原理

7.1.1 人工神经网络模型

神经网络模型是大脑的仿生模型。通过将一定数量的基本神经元单元按照连接设计组成网络,神经网络模型获得了信息处理、模式分类、联想记忆等功能。神经元(激活函数)和网络连接(连接结构与连接方式)是神经网络模型的主要组成部分。

人类的大脑中约有 860 亿个神经元,这些神经元之间相互连接并传递信息,从而完成各种复杂的信息处理任务。单神经元的结构主要包括胞体、树突和轴突,其中树突将接收信号传入神经元,胞体处理传入信号,再由轴突将信号传出,如图 7-1 所示。

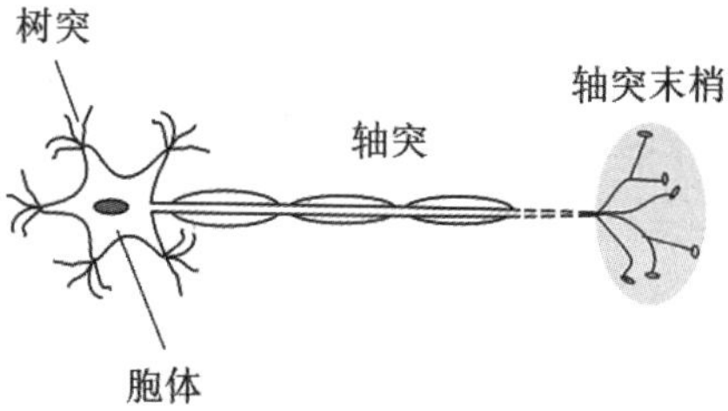

图 7-1 生物神经元

人脑的神经元分为两种状态,即静息态(非激活状态)和发送信号电位状态(激活状态),这是由于神经元的胞体存在一种非常重要的机制——阈值,即只有输入的电信号达到阈值(-40 mV)时,胞体才会被激活,并继续向前传出电信号。神经元电信号的激活与阈值机制如图 7-2 所示。

神经网络中的人工神经元一般只对生物神经元的功能进行模仿,大多数人工神经元只实现生物神经元的树突与阈值激活等部分功能,其结构如图 7-3 所示。

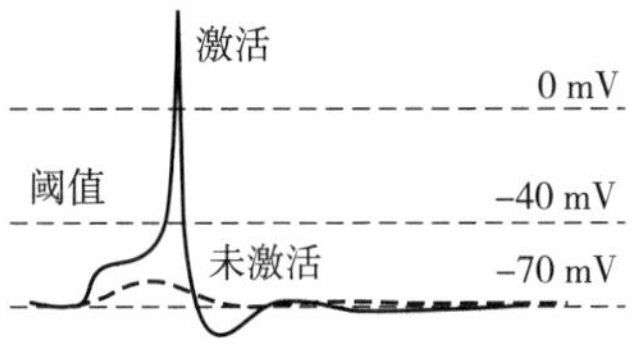

图 7-2 神经元电信号

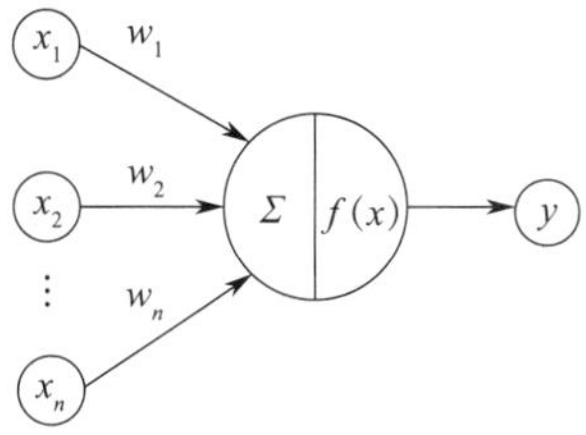

图 7-3 人工神经元

人工神经元的一般数学模型形式为

$$y = f(\sum_i w_i x_i + b) \tag{7.1.1}$$

式中：y 为人工神经元模型的输出；x_i 为人工神经元的第 i 个输入；w_i 为输入加权权重；b 为人工神经元的偏置；$f(\cdot)$ 为非线性激活函数，一般地，$f(\cdot)$ 有以下几种形式。

（1）Sigmoid 函数

$$f(x) = \frac{1}{1+\mathrm{e}^{-x}} \tag{7.1.2}$$

Sigmoid 函数将输入压缩到 0 和 1 之间，具有平滑的非线性特性。

（2）双曲正切函数

$$\tanh(x) = \frac{\mathrm{e}^{x} - \mathrm{e}^{-x}}{\mathrm{e}^{x} + \mathrm{e}^{-x}} \tag{7.1.3}$$

双曲正切函数将输入压缩到-1 和 1 之间，具有平滑的非线性特性。

（3）整流线性单元[3]

$$\mathrm{ReLU}(x) = \max(0, x) \tag{7.1.4}$$

整流线性单元在输入为正数时保持线性，而在输入为负数时输出为 0。

上述三种激活函数的函数曲线如图 7-4 所示。

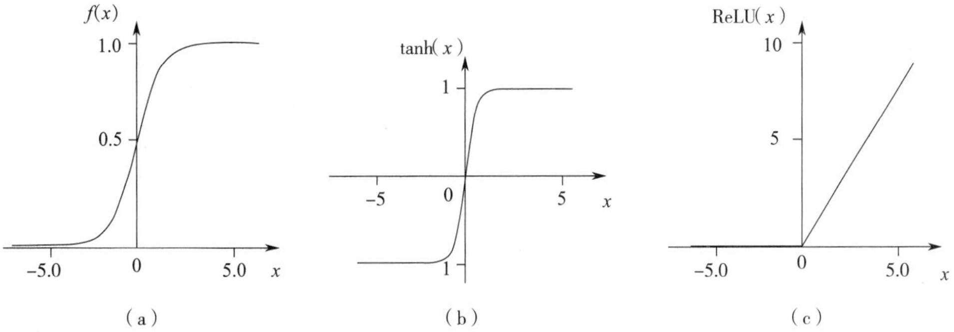

图 7-4 三种激活函数曲线

（a）Sigmoid 函数；（b）双曲正切函数；（c）整流线性函数

多个神经元组成一层神经网络，多层神经网络组合成神经网络模型，网络连接结构如图 7-5 所示。其中，层间神经元的相互连接称为网络连接。单层神经网络的数学模型为

$$\boldsymbol{Y}_j = f(\boldsymbol{W}_j \boldsymbol{X}_j + \boldsymbol{B}_j) \tag{7.1.5}$$

式中：$\boldsymbol{Y}_j=[y_{1j},y_{2j},\cdots,y_{nj}]^{\mathrm{T}}$ 是单层神经网络的输出向量；$\boldsymbol{X}_j=[x_{1j},x_{2j},\cdots,x_{nj}]^{\mathrm{T}}$ 是单层神经网络的输入向量；$\boldsymbol{W}_j$ 是网络连接矩阵。按照图 7-5 中网络连接结构，单层神经网络中的神经元输出 y_{ij} 的表达式为

$$\boldsymbol{y}_{ij}=f(\boldsymbol{W}_{ij}\boldsymbol{Y}_{j-1}+\boldsymbol{b}_{ij}) \quad (7.1.6)$$

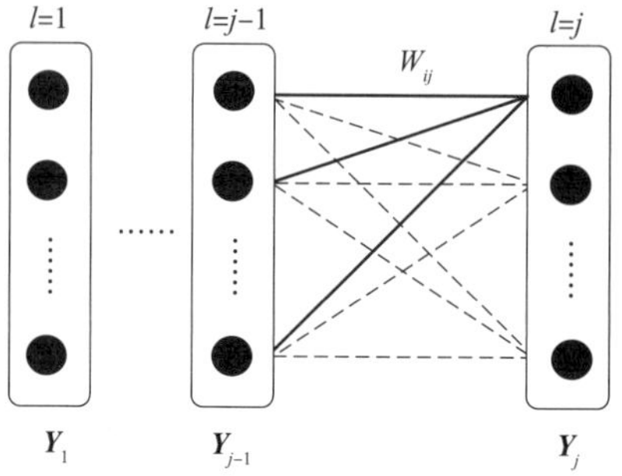

图 7-5　人工神经网络连接结构

根据人工神经元模型的结构，神经网络可以分为卷积神经网络和脉冲神经网络。根据神经元之间的网络连接结构，神经网络又可以分为全连接神经网络、前向神经网络、循环神经网络和特殊结构的神经网络等。除了基本的神经元模型和网络连接，一些神经网络还会涉及特殊的计算机制，如自注意力和互注意力机制等。

7.1.2　神经网络辨识的性质

神经网络是一种非线性、自适应信息处理系统，它能够近似任意非线性函数，具有信息的并行分布式处理与存储能力，并且能够进行学习以适应环境的变化。神经网络辨识具有不需要建立实际系统的识别模型，可以对本质非线性系统进行辨识，辨识收敛速度不依赖于待辨识系统的维数等特点。

神经网络的信息处理由神经元之间的相互作用实现，信息存储在神经元（信息处理单元）的相互连接上，网络学习和识别决定于神经元连接权值的动态演化过程。神经网络模型描述了把输入向量转化为输出向量的过程。神经网络的三个基本要素通常指神经元、连接和学习规则。神经元是神经网络的基本单元，它接收来自其他神经元的输入信号，并根据这些输入信号产生输出。连接是神经元之间的联系，它决定了信号在神经网络中的传递方式。学习规则是神经网络调整连接权重以适应环境变化的方法，它决定了神经网络如何从数据中学习。这三个要素共同决定了神经网络的性能和功能。

神经网络辨识是一种用于建立系统模型的方法，它具有以下特点。

1）不要求建立实际系统的识别模型，即可省去系统结构建模这一步骤。这意味着，不需要事先知道系统的结构或动态方程，可以直接使用神经网络学习系统的输入输出关系。以针对磁盘电机系统的传统建模方法为参照，要建立一个磁盘电机系统的数学模型，需要先建立动力学方程和电气方程，根据上述方程建立待辨识系统

的机理模型，并根据经验设置待辨识参数，然后再进行参数估计。但是，如果使用神经网络辨识，则不需要事先建立机理模型，只需收集磁盘电机在不同状态下的输入输出数据，然后使用神经网络即可学习这些数据之间的关系。

2）可以对本质非线性系统进行辨识。神经网络具有非线性映射能力，因此能够对非线性系统进行辨识。例如，异或（XOR）逻辑是一个简单的非线性问题，它可以用来说明神经网络的非线性映射能力。如果使用 ReLU 作为激活函数，隐藏层节点个数为 2，那么可以构建一个全连接神经网络实现异或逻辑。具体来说，这个神经网络包括两个输入神经元，一个具有两个神经元的隐藏层，以及一个输出层。下面是一组可能的参数，可以使这个神经网络实现异或逻辑：输入层到隐藏层的权重矩阵 $\boldsymbol{W}_1=\begin{bmatrix}1 & 1\\ 1 & 1\end{bmatrix}$，隐藏层的偏置向量 $\boldsymbol{b}_1=\begin{bmatrix}0\\ -1\end{bmatrix}$，隐藏层到输出层的权重矩阵：$\boldsymbol{W}_2=\begin{bmatrix}1 & -2\end{bmatrix}$，输出层的偏置 $\boldsymbol{b}_2=\begin{bmatrix}0\end{bmatrix}$。

除了上述特性，神经网络辨识方法还具有一些其他优点。例如，辨识的收敛速度不依赖于待辨识系统的维数，只与神经网络本身及其所采用的学习算法有关。这意味着，即使待辨识系统的维数很高，神经网络辨识仍然能够快速收敛。此外，神经网络的连接权值在识别中对应于模型参数。通过调节连接权值，可以使网络输出逼近于系统输出。而且，神经网络作为实际系统的识别模型，实际上也是系统的一个物理实现，可以使用神经网络来实现对实际系统的控制。

7.1.3 神经网络学习方法

神经网络的连接权值在识别中对应于模型参数，通过调节连接权值，可以使网络输出逼近于系统输出。也就是说，神经网络辨识系统模型的过程就是神经网络连接权重的学习过程。调节连接权值的算法被称为神经网络学习算法。误差反向传播与梯度下降算法是大部分神经网络学习算法的基本方法[4]。对于一般的神经网络模型：

$$y=f_{\boldsymbol{\theta}}(x) \tag{7.1.7}$$

式中：$\boldsymbol{\theta}=[w_1,w_2,\cdots,w_n]$ 是神经网络的连接权值，也是待辨识的模型参数，n 为神经网络参数个数，是与网络连接结构和神经元类型有关的超参数；$f_{\boldsymbol{\theta}}(x)$ 是神经网络连接权值取 $\boldsymbol{\theta}$ 时，神经网络对应的输入输出关系。

利用神经网络学习系统的输入输出关系时，需要根据待辨识系统的类型、神经网络逼近的输入输出关系和辨识特性等需求，选取合适的准则函数

$$J(\hat{\boldsymbol{\theta}})=g(\boldsymbol{y},\hat{\boldsymbol{y}}) \tag{7.1.8}$$

式中：$\hat{\boldsymbol{y}}$ 是 $\boldsymbol{\theta}=\hat{\boldsymbol{\theta}}$ 时神经网络的输出向量；$\boldsymbol{y}$ 是系统的实际输出；$J(\hat{\boldsymbol{\theta}})$ 为神经网络逼近系统输入输出关系的损失，也被称为误差；

根据误差对每个参数的偏导数计算损失变化梯度

$$\vec{g}=\frac{\partial J}{\partial \boldsymbol{\theta}}=[\frac{\partial J}{\partial w_1},\frac{\partial J}{\partial w_2},\cdots,\frac{\partial J}{\partial w_n}]^{\mathrm{T}} \tag{7.1.9}$$

式中：向量 $\vec{g}$ 的方向为梯度方向，向量 $\vec{g}$ 的模长为梯度值。

在如图 7-6 所示的参数空间中，参数组合 $\theta(k)$ 点处的箭头就是向量 $\vec{g}$。

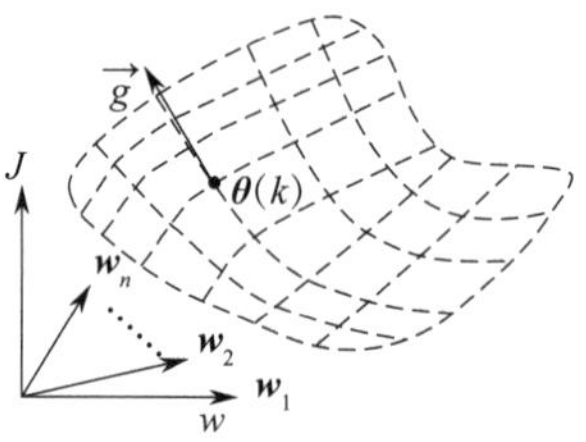

图 7-6　参数空间

沿着梯度方向更新权值的方法称为梯度下降法，其更新方程为

$$w_i(k+1)=w_i(k)-\eta\frac{\partial J}{\partial w_i(k)} \tag{7.1.10}$$

式中：$w_i(k)$ 是 k 次循环时的初始参数；$w_i(k+1)$ 是经过一次学习后的权值；η 是学习率。

一般利用误差反向传播算法根据神经网络多层神经元之间的输入输出关系逐层计算 $\vec{g}$。

$$\frac{\partial J}{\partial w_i(k)}=\frac{\partial J}{\partial o_j(k)}\frac{\partial o_j(k)}{\partial o_{j-1}(k)}\cdots\frac{\partial o_{i+1}(k)}{\partial w_i(k)} \tag{7.1.11}$$

式中：i 表示第 i 层神经网络；j 是神经网络的层数；$\boldsymbol{o}$ 是每层神经网络的输出向量；$\boldsymbol{w}$ 是每层神经网络的参数向量。

为了简化链式求导的计算，对于神经网络中的每一层，定义神经元的广义误差为

$$\delta_{i(j-1)}=f'(x)\big|_{f(x)=y_{i(j-1)}}\cdot(W'_{i(j-1)}\boldsymbol{\Delta}_j) \tag{7.1.12}$$

式中：$\boldsymbol{\Delta}_j=[\delta_{1j},\delta_{2j},\cdots,\delta_{nj}]^{\mathrm{T}}$ 是 j 层神经元的广义误差向量。

广义误差是一种用于衡量预测输出与真实输出之间差异的度量，计算预测输出与真实输出之间的广义误差，并将其反向传播到前面的网络层，如图 7-7 所示，这就是误差反向传播算法。在计算出所有神经元的广义误差后，就可以利用下式计算更新权值。

$$\frac{\partial J}{\partial w_i(k)}=\delta_i y_{i-1} \tag{7.1.13}$$

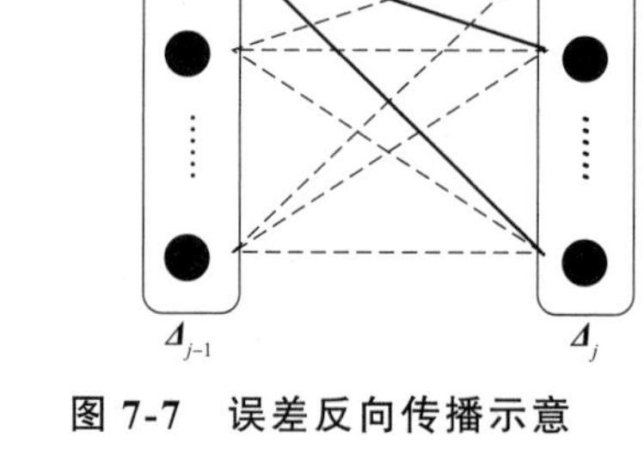

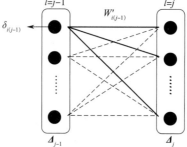

图 7-7　误差反向传播示意

根据梯度下降法,参数更新规则可以表示为

$$w_i(k+1)-w_i(k)=\eta\frac{\partial J}{\partial w_i(k)}=\eta\delta_i y_{i-1} \tag{7.1.14}$$

式中：δ_i 为权值 w_i 对应的广义误差；y_{i-1} 为和 w_i 相乘的上一层神经元的输出。

上述直接在所有数据集上计算广义误差求取梯度并优化参数的方法称为直接梯度下降法,但是这种算法参数更新较为缓慢且计算量较大,因此一般采取其他改进方法更新网络参数。以下是几种常用的神经网络参数更新算法：随机梯度下降（Stochastic Gradient Descent, SGD）是一种最优化算法,用于最小化损失函数,通过计算在整体数据集的一部分随机抽取的样本上的损失函数关于连接权值的梯度,并沿着梯度的负方向更新连接权值,循环抽取,循环更新,逐步降低损失；动量法（Momentum）是一种加速梯度下降的方法,通过引入动量项,使梯度下降具有惯性,下降的方向不仅取决于当前的梯度方向,还受到梯度下降过程的影响,能够更快地收敛到最优解；自适应梯度算法（Adaptive Gradient, Adagrad）是一种自适应学习速率的梯度下降算法,通过累积过去梯度的平方和调整学习速率,使不同参数具有不同的学习速率；Adam 算法是一种结合了动量法和 Adagrad 的优化算法,通过计算过去梯度的指数移动平均值和平方和调整学习速率和动量,能够快速收敛到最优解。这些学习算法都可以用于训练人工神经网络,具体选择哪种算法取决于参数寻优问题的性质和数据集的特点。

7.2　BP 神经网络辨识

1986 年,鲁梅哈特（Rumelhart）等提出了误差反向传播神经网络（Back Propagation Neural Network）[5],简称 BP 神经网络,该网络是一种单向传播的多层前馈网络。误差反向传播的 BP 算法简称为 BP 算法,其基本思想是最小二乘法。它采用梯度搜索技术,使网络的实际输出值与期望输出值的误差均方值达到最小。BP 网络具有以下特点：

1）BP 神经网络是一种多层网络,包括输入层、隐藏层和输出层；

2）层与层之间采用全互联方式,同一层神经元（节点）之间不连接；

3）连接权值通过学习算法进行调节；

4）神经元激活函数一般为 Sigmoid 函数；

5）学习算法由正向传播和反向传播组成；

6）网络层与层之间的连接是单向的,信息的传播是双向的。

7.2.1　BP 神经网络基本原理

包含一个隐藏层的 BP 神经网络结构如图 7-8 所示,其中 i 为输入层神经元,j 为隐藏层神经元，n 为输出层神经元。

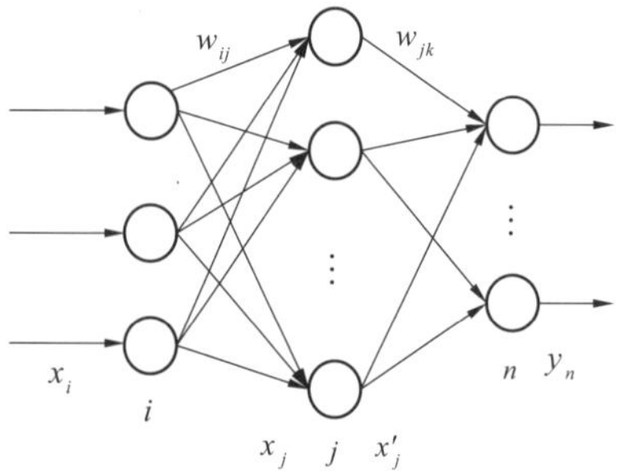

图 7-8　BP 神经网络结构示意

BP 神经网络的学习过程由正向传播和反向传播组成。在正向传播过程中，输入信息从输入层经隐藏层逐层处理，并传向输出层，每层输出神经元（节点）的状态只影响下一层神经元的状态。如果在输出层不能得到期望的输出，则转至反向传播，将误差信号（理想输出与实际输出之差）按连接通路反向计算，由梯度下降法调整各层神经元的连接权值，使误差信号减小。

1）正向传播：计算网络的输出。

隐藏层神经元的输入为所有输入的加权之和，即

$$x_j = \sum_i w_{ij} x_i \tag{7.2.1}$$

隐藏层神经元的输出 x'_j 采用 S 函数激发 x_j，得

$$x'_j = f(x_j) = \frac{1}{1+\mathrm{e}^{-x_j}} \tag{7.2.2}$$

则

$$\frac{\partial x'_j}{\partial x_j} = x'_j(1-x'_j) \tag{7.2.3}$$

输出层神经元的输出为

$$y_n(k) = \sum_j w_{jn} x'_j \tag{7.2.4}$$

实际输出与理想输出之差为

$$e(k) = y(k) - y_n(k) \tag{7.2.5}$$

误差准则函数为

$$E = \frac{1}{2} e(k)^2 \tag{7.2.6}$$

2）反向传播：采用 δ 学习算法调整各层间的连接权值。根据梯度下降法，连接权值的学习算法如下。

输出层及隐藏层的连接权值 w_{jn} 学习算法为

$$\Delta w_{jn} = -\eta \frac{\partial E}{\partial w_{jn}} = \eta \cdot e(k) \cdot \frac{\partial y_n}{\partial w_{jn}} = \eta \cdot e(k) \cdot x'_j \tag{7.2.7}$$

$k+1$ 时刻网络的连接权值为

$$w_{jk}(k+1)=w_{jk}(k)+\Delta w_{jn} \tag{7.2.8}$$

隐藏层及输入层的连接权值 w_{ij} 学习算法为

$$\Delta w_{ij}=-\eta\frac{\partial E}{\partial w_{ij}}=\eta\cdot e(k)\cdot\frac{\partial y_n}{\partial w_{ij}} \tag{7.2.9}$$

式中：η 为学习速率；$\frac{\partial y_n}{\partial w_{ij}}=\frac{\partial y_n}{\partial x'_j}\cdot\frac{\partial x'_j}{\partial x_j}\cdot\frac{\partial x_j}{\partial w_{ij}}=w_{jn}\cdot\frac{\partial x'_j}{\partial x_j}\cdot x_i=w_{jn}\cdot x'_j(1-x'_j)\cdot x_i$。

$k+1$ 时刻网络的连接权值为

$$w_{ij}(k+1)=w_{ij}(k)+\Delta w_{ij} \tag{7.2.10}$$

为避免连接权值在学习过程中发生振荡和收敛速度慢等现象，需要考虑上次连接权值对本次连接权值的影响，即加入动量因子 α。此时的连接权值为

$$w_{jn}(k+1)=w_{jn}(k)+\Delta w_{jn}+\alpha(w_{jn}(k)-w_{jn}(k-1)) \tag{7.2.11}$$

$$w_{ij}(k+1)=w_{ij}(k)+\Delta w_{ij}+\alpha(w_{ij}(k)-w_{ij}(k-1)) \tag{7.2.12}$$

式中：η 为学习速率，$\eta\in[0,1]$；α 为动量因子，$\alpha\in[0,1]$。

网络输出对输入的敏感度 $\frac{\partial y(k)}{\partial u(k)}$ 称为雅可比（Jacobian）信息，其值可由神经网络辨识而得。辨识算法原理：取 BP 神经网络的第一个输入为 $u(k)$，即 $x(1)=u(k)$，则

$$\frac{\partial y(k)}{\partial u(k)}\approx\frac{\partial y_n(k)}{\partial u(k)}=\frac{\partial y_n(k)}{\partial x'_j}\times\frac{\partial x'_j}{\partial x_j}\times\frac{\partial x_j}{\partial x(1)}=\sum_j w_{jn}x'_j(1-x'_j)w_{1j} \tag{7.2.13}$$

7.2.2　基于 BP 神经网络的系统辨识方法

由于神经网络具有自学习、自组织和并行处理等特征，并具有很强的容错能力，因此，神经网络具有模式识别能力。BP 神经网络的训练过程如下：正向传播是输入信号从输入层经隐藏层传向输出层，若输出层得到了期望的输出，则算法学习结束；否则，转至反向传播。以 p 个样本为例，BP 网络逼近的结构如图 7-9 所示。其中，k 为网络的迭代步数，BP 为网络逼近器，$y(k)$ 为被控对象实际输出，$y_n(k)$ 为逼近器的输出。将系统输出 $y(k)$ 及输入 $u(k)$ 的值作为逼近器的输入，将系统输入与网络输出的误差作为逼近器的调整信号。用于逼近的 BP 网络如图 7-10 所示。

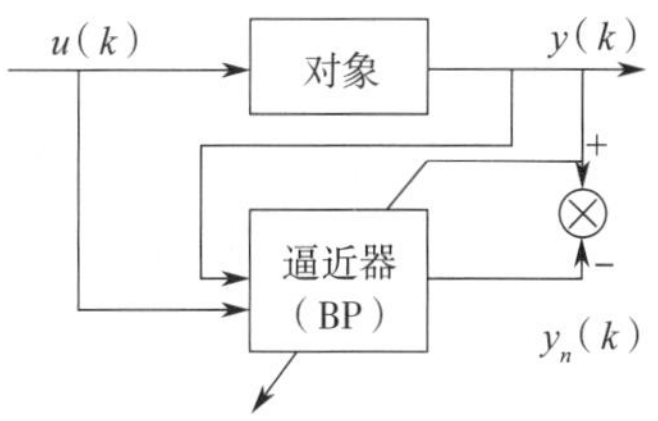

图 7-9　BP 神经网络逼近的结构

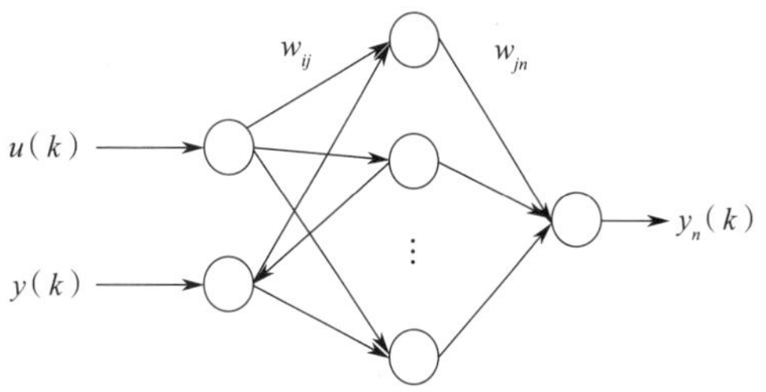

图 7-10　用于逼近的 BP 网络

利用 BP 神经网络进行系统辨识的学习算法步骤如下。

第一步，正向传播，计算网络的输出。根据式（7.2.1）至式（7.2.4），得到神经网络中隐藏层神经元的输入 x_j、隐藏层神经元的输出 x_j' 和输出层神经元的输出 y_n。

第二步，计算网络的第 l 个输出与相应理想输出 x_l^0 的误差

$$e_l = x_l^0 - x_l \tag{7.2.14}$$

第 p 个样本的误差准则函数为

$$E_p = \frac{1}{2}\sum_{l=1}^{N} e_l^2 \tag{7.2.15}$$

式中：N 为网络输出层的神经元个数。

第三步，循环迭代上述正向传播过程，每次迭代分别对各样本进行训练，更新连接权值，直到所有样本训练完毕，再进行下一次迭代，直到满足精度为止。

第四步，反向传播，采用梯度下降法，调整网络各层之间的连接权值。根据式（7.2.7）至式（7.2.12），得到输出层与隐藏层的连接权值 w_{jl} 和隐藏层与输入层的连接权值 w_{ij}。计算 $k+1$ 时刻的网络连接权值时，如果考虑上次连接权值对本次连接权值变化的影响，则需要加入动量因子 α，此时的连接权值为

$$w_{jl}(k+1) = w_{jl}(k) + \Delta w_{jl} + \alpha(w_{jl}(k) - w_{jl}(k-1)) \tag{7.2.16}$$

$$w_{ij}(k+1) = w_{ij}(k) + \Delta w_{ij} + \alpha(w_{ij}(k) - w_{ij}(k-1)) \tag{7.2.17}$$

式中：η 为学习速率，$\eta \in [0,1]$；α 为动量因子，$\alpha \in [0,1]$。

第五步，循环迭代上述反向传播过程，每次迭代时，分别对各样本进行训练，更新连接权值，直到所有样本训练完毕，再进行下一次迭代，直到满足精度为止。

7.2.3 仿真实例

【例 7.1】利用 BP 网络逼近磁盘电机系统，其模型为

$$G(s) = \frac{K}{s(Ts+1)}$$

式中：$K = \frac{K_m}{fR}$，$T = \frac{J}{f}$。电枢电路的总电阻 $R = 1\,\Omega$，电枢电路的总电感 $L = 1\,\text{mH}$，电机手臂与磁头的转动惯量 $J = 1\,\text{N}\cdot\text{m}\cdot\text{s/rad}$，电机转矩系数 $K_m = 5\,\text{N}\cdot\text{m/A}$，摩擦系数 $f = 20\,\text{N}\cdot\text{m}\cdot\text{s/rad}$。采样时间取 1 ms，输入信号为 $u(k) = 0.5\sin(6\pi t)$。神经网络为 2-6-1 结构，连接权值取 $[-1,1]$ 之间的随机值，$\eta = 0.50$，$\alpha = 0.05$。仿真程序见 chap7_1.m。

1）由磁盘电机的模型可知，设置待辨识的参数为 $\theta = W$，初始值随机初始化。

2）生成系统辨识所用的 M 序列，利用电机电枢电压与电机轴的转速输出构建数据集 (U_m, Y_m)。

3）经过 500 次递推，BP 神经网络对磁盘电机系统的逼近效果如图 7-11 所示，图中 y 为 BP 模型输出，z 为实测值。

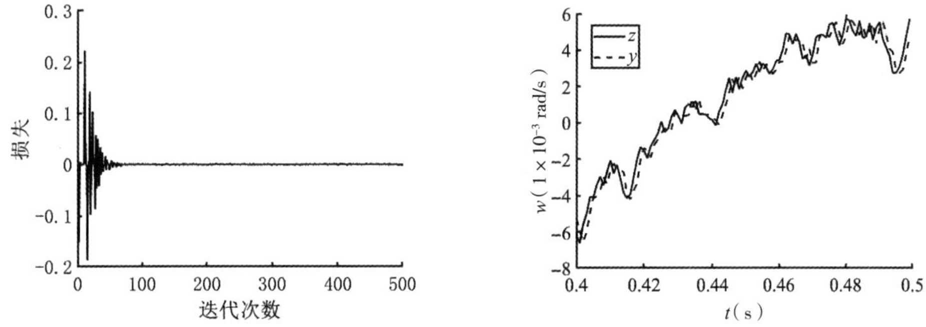

图 7-11　BP 神经网络辨识结果

仿真程序（chap7_1.m）：

```
global script_name figs_path;
script_name = 'chap7_1';
figs_path = './figs/waiting';
%% 磁盘电机数据仿真
% 仿真时长
sim_time = SimTime(0.5, 0.001);
% 输入 M 序列
u = get_M_sequence(sim_time.step_num, 1);
figure1 = new_figure('u(V)','T(s)');
stem(sim_time.steps, u,'linewidth',1.5, 'Color', 'black', 'MarkerFaceColor', 'black' );
xlim([0.2, 0.21]);
savefig([figs_path,'/',script_name,'_', num2str(figure1.Number),'.fig'])
% 获取磁盘电机轴转速的观测值
z = get_sim_data(sim_time.interval, u, 'noise_model', c2d(tf([1], [1, 0.5]), sim_time.interval, 'z'));
figure2 = new_figure('y(rad/s)','T(s)');
plot(sim_time.steps, z,'linewidth',1.5, 'Color', 'black', 'MarkerFaceColor', 'black');
xlim([0.2, 0.21]);
savefig([figs_path,'/',script_name,'_', num2str(figure2.Number),'.fig'])
%% 神经网络辨识
xite=0.50; % 学习速率,
alfa=0.05; % 动量因子
w2=rands(6,1);
w2_1=w2;w2_2=w2_1;
w1=rands(2,6);
```

```
w1_1=w1;w1_2=w1;
dw1=0*w1;
x=[0,0]';
u_1=0;
y_1=0;
T=1/20;
K=5/20;
I=[0,0,0,0,0,0]';
Iout=[0,0,0,0,0,0]';
FI=[0,0,0,0,0,0]';
ts=0.001;
y = z;
for  k=1:1:sim_time.step_num
for  j=1:1:6
     I(j)=x'*w1(:,j);
     Iout(j)=1/(1+exp(-I(j)));
end
yn(k)=w2'*Iout;% 神经网络的输出
e(k)=y(k)-yn(k);% 误差计算
w2=w2_1+(xite*e(k))*Iout+alfa*(w2_1-w2_2);
for j=1:1:6
   FI(j)=exp(-I(j))/(1+exp(-I(j)))^2;
end
for i=1:1:2
   for j=1:1:6
      dw1(i,j)=e(k)*xite*FI(j)*w2(j)*x(i);
   end
end
w1=w1_1+dw1+alfa*(w1_1-w1_2);
%%%%%%%%%%%%%%Jacobian 信息%%%%%%%%%%%%%%%%
yu=0;
for j=1:1:6
   yu=yu+w2(j)*w1(1,j)*FI(j);
end
dyu(k)=yu;
x(1)=u(k);
x(2)=y(k);
w1_2=w1_1;w1_1=w1;
```

```
w2_2=w2_1;w2_1=w2;
u_1=u(k);
y_1=y(k);
end
figure3 = new_figure('z and y', 'T(s)');
plot(sim_time.steps,y, 'LineStyle', '-', 'Color', 'black', 'LineWidth', 1.5);
plot(sim_time.steps,yn, 'LineStyle', '--', 'Color', 'black', 'LineWidth', 1.5);
xlim([0.4, 0.5]);
legend('z', 'y');
save2fig(figure3);
figure4 = new_figure('loss', 'step');
plot(y-yn, 'LineStyle', '-', 'Color', 'black', 'LineWidth', 1.5);
save2fig(figure4);
```


7.3　RBF 神经网络辨识

7.3.1　RBF 神经网络基本原理

BP 神经网络常用于系统辨识,但是存在许多不足之处,如易限于局部极小值、学习过程收敛速度慢、隐藏层和隐藏层节点的数量难以确定等。相比之下, RBF 神经网络的训练过程更加灵活,可以根据具体问题自适应地调整隐藏层单元个数,从而更好地适应不同的应用场景。RBF 神经网络是一种基于径向基函数的前馈式神经网络[6-7]。RBF 神经网络将输入空间划分到多个互不重叠的子空间,每个子空间由一个独立的 RBF 函数来描述。RBF 函数可以有效地提取输入信号的非线性特征,从而实现对非线性输入输出关系的建模。

RBF 神经网络的基本结构与 BP 神经网络类似,主要由三部分组成,包括输入层、隐藏层和输出层,如图 7-12 所示。输入层接收输入信号,并将输入信号传递到隐藏层;然后,隐藏层根据 RBF 函数的参数计算出响应信号,并将其传递到输出层;最后,输出层将响应信号进行综合处理,并计算出最终的输出结果。

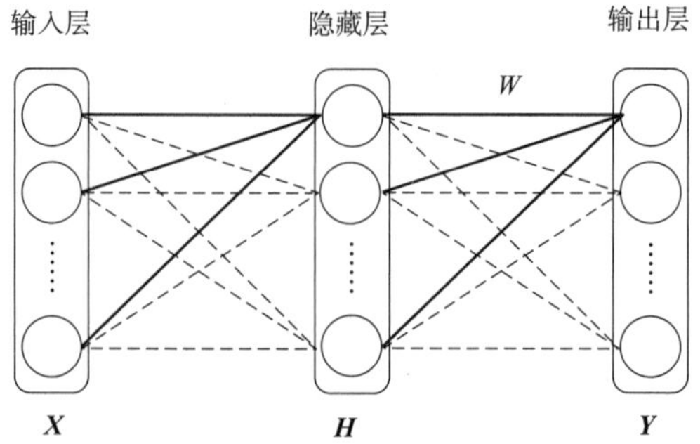

图 7-12　RBF 神经网络结构

RBF 神经网络模型为

$$H = f(X - C) \tag{7.3.1}$$

$$Y = WH \tag{7.3.2}$$

式中：$\boldsymbol{H}=[h_1,h_2,\cdots,h_n]^{\mathrm{T}}$ 是隐藏层节点输出向量；$\boldsymbol{X}=[x_1,x_2,\cdots,x_n]^{\mathrm{T}}$ 是网络的输入向量；$\boldsymbol{Y}$ 是网络输出向量；$\boldsymbol{W}$ 是网络输出矩阵；$f(\cdot)$ 是径向基函数；$\boldsymbol{C}=[\boldsymbol{C}_1,\boldsymbol{C}_2,\cdots,\boldsymbol{C}_n]$ 是网络节点的中心向量组成的矩阵。

一般地，选取高斯函数作为径向基函数，也称为高斯基函数。对于第 i 个节点，高斯基函数的输出 h_i 为

$$h_i = \exp\left(-\frac{\|\boldsymbol{X}-\boldsymbol{C}_i\|^2}{2b_i^2}\right) \tag{7.3.3}$$

式中：b_i 为节点基宽参数。

若 RBF 网络的输出设定为单输出，则输出 y 为

$$y = w_1h_1 + w_2h_2 + \cdots + w_nh_n \tag{7.3.4}$$

辨识过程中可以使用二次型作为准则函数，RBF 神经网络的辨识损失 J 为

$$J(\boldsymbol{\theta}) = \frac{1}{2}\sum (y_i - \hat{y}_i)^2 \tag{7.3.5}$$

式中：$\boldsymbol{\theta}=\{\boldsymbol{B},\boldsymbol{C},\boldsymbol{W}\}$ 是待辨识参数，$\boldsymbol{B}=[b_1,b_2,\cdots,b_n]^{\mathrm{T}}$ 是偏置向量。

根据误差反向传播算法，w_i 所对应的广义误差 $\delta(w_i)$ 为

$$\delta(w_i) = y_i - \hat{y}_i \tag{7.3.6}$$

节点基宽参数 b_i 对应的广义误差 $\delta(b_i)$ 为

$$\delta(b_i) = \frac{w_1}{b_i^3}\delta(w_i)\frac{\|\boldsymbol{X}-\boldsymbol{C}_i\|^2}{X}\exp\left(-\frac{\|\boldsymbol{X}-\boldsymbol{C}_i\|^2}{2b_i^2}\right) \tag{7.3.7}$$

网络节点中心向量 $\boldsymbol{C}_i$ 对应的广义误差 $\delta(\boldsymbol{C}_i)$ 为

$$\delta(\boldsymbol{C}_i) = \frac{\boldsymbol{X}-\boldsymbol{C}_i}{\boldsymbol{X}b_i^2}\delta(w_i)\exp\left(-\frac{\|\boldsymbol{X}-\boldsymbol{C}_i\|^2}{2b_i^2}\right) \tag{7.3.8}$$

根据动量法，参数 $\theta_i \in \boldsymbol{\theta}$ 的优化算法为

$$\theta_i(k) = \theta_i(k-1) + \eta\delta(\theta_i)O(\theta_i) + \alpha[\theta_i(k-1) - \theta_i(k-2)] \tag{7.3.9}$$

式中：η 为学习速率；$O(\theta_i)$ 为对应参数在网络计算中的函数输入；α 为动量因子。

与 BP 神经网络不同，RBF 神经网络是一种局部逼近的神经网络，具有以下特性。

1)局部逼近能力：RBF 神经网络的隐藏层单元对输入信号具有局部逼近能力，即对于输入空间中的某个区域，只有与该区域相近的输入信号才会引起相应的隐藏层单元的激活。例如，将心形曲线分成若干个区域，并在每个区域中确定一个隐藏层单元中心，根据每个区域的大小和形状可以分别确定两个隐藏层单元的宽度，以此逼近心形曲线。这种局部逼近能力使 RBF 神经网络能够更好地适应非线性函数的逼近。

2)全局最优特性：RBF 神经网络的隐藏层单元中心和宽度的确定是通过聚类分析方法实现的，这种聚类分析能够全局地考虑输入数据的关系，从而避免了 BP 神经网络的局部极小值问题。

3)最佳逼近性能：RBF 神经网络具有最佳逼近性能，即对于给定的非线性函数，RBF 神经网络能够以任意精度逼近该函数。这种最佳逼近性能使 RBF 神经网络在函数逼近领域得到了广泛的应用。

4)快速学习能力：RBF 神经网络的学习速度比 BP 神经网络更快，因为 RBF 神经网络不需要反复调整神经元之间的权重和偏置，可以通过聚类分析一次性确定隐藏层单元的中心和宽度。

5)并行处理能力：RBF 神经网络具有并行处理能力，其计算过程可以分解为多个子任务，每个子任务可以独立处理，从而提高计算效率。

7.3.2 基于 RBF 神经网络的系统辨识方法

RBF 网络参数估计方法的一般任务是根据 n 组输入信号 $u(k)$ 和观测量 $z(k)$ 确定待辨识神经网络模型中的参数 $\boldsymbol{\theta}$。RBF 网络参数估计及方法的流程如下

第一步，根据待辨识模型确定需要估计的参数 $\boldsymbol{\theta}$。对于 RBF 神经网络，有

$$\boldsymbol{H}=f(\boldsymbol{X}-\boldsymbol{C})=\exp\left(-\frac{\|\boldsymbol{X}-\boldsymbol{C}_i\|^2}{2\boldsymbol{B}\cdot\boldsymbol{B}}\right) \tag{7.3.10}$$

$$\boldsymbol{Y}=\boldsymbol{W}\boldsymbol{H}$$

选取合适的隐藏层神经元个数 n，若系统参数 $\boldsymbol{\theta}=\{\boldsymbol{B},\boldsymbol{C},\boldsymbol{W}\}$ 完全未知，系统参数的初始值可随机确定；若根据系统输入输出关系的先验知识确定了 $\boldsymbol{C}$ 和 $\boldsymbol{B}$，则 $\boldsymbol{\theta}=\boldsymbol{W}$ 且随机初始化。

第二步，通过多次测量构建待辨识模型的输入信号 $u(k)$ 和观测量 $z(k)$ 的数据集 $(\boldsymbol{U}_m,\boldsymbol{Z}_m)$，其中 $\boldsymbol{U}_m=[u(1),u(2),\cdots,u(m)]^{\mathrm{T}}$，$\boldsymbol{Z}_m=[z(1),z(2),\cdots,z(m)]^{\mathrm{T}}$。

第三步，计算 RBF 神经网络模型前向传播结果 $\boldsymbol{Y}$。

第四步，根据二次型准则函数，写出 RBF 神经网络模型对系统输入输出关系的逼近损失

$$J(\hat{\boldsymbol{\theta}})=\frac{1}{N}\sum_{N}(y_i-\hat{y}_i)^2 \tag{7.3.11}$$

第五步，计算各参数对应的广义误差并更新参数

$$\theta_i(k)=\theta_i(k-1)+\eta\delta(\theta_i)O(\theta_i)+\alpha(\theta_i(k-1)-\theta_i(k-2)) \quad (7.3.12)$$

第六步，重复第三步到第五步，直到满足辨识精度要求，即

$$J(\theta(k))-J(\theta(k-1))<\varepsilon \quad (7.3.13)$$

7.3.3 仿真实例

【例 7.2】对于某磁盘电机系统，电枢电压 $u(k)$ 与磁盘电机轴的转速 $y(k)$ 的待辨识系统模型为

$$\boldsymbol{H}=f(\boldsymbol{U}-\boldsymbol{C})=\exp\left(-\frac{\|u-c_i\|^2}{2b^2}\right)$$

$$\boldsymbol{Y}=\boldsymbol{W}\boldsymbol{H}$$

使用 4 阶段 M 序列作为输入，采集一段时间内的电机轴的转速输出作为观测值，观测值的噪声干扰类型为有色噪声，利用 RBF 神经网络辨识磁盘电机系统的模型。仿真程序见 chap7_2.m。

解

1）由磁盘电机系统的模型可知，待辨识的参数为 $\boldsymbol{\theta}=\boldsymbol{W}=[w_1,w_2,w_3,w_4,w_5]^{\mathrm{T}}$，初始值随机初始化。根据磁盘电机系统的阶数，设置 $b=1.5$，$\boldsymbol{C}=\begin{bmatrix}-2 & -1 & 0 & 1 & 2\\ -2 & -1 & 0 & 1 & 2\end{bmatrix}$。

2）生成系统辨识所用的 M 序列，利用电机电枢电压与电机角速度输出构建数据集 $(\boldsymbol{U}_m,\boldsymbol{Y}_m)$。

3）经过 500 次递推，RBF 神经网络对磁盘电机系统的逼近效果如图 7-13 所示，其中 y 为 RBF 神经网络模型输出，z 为实测值。

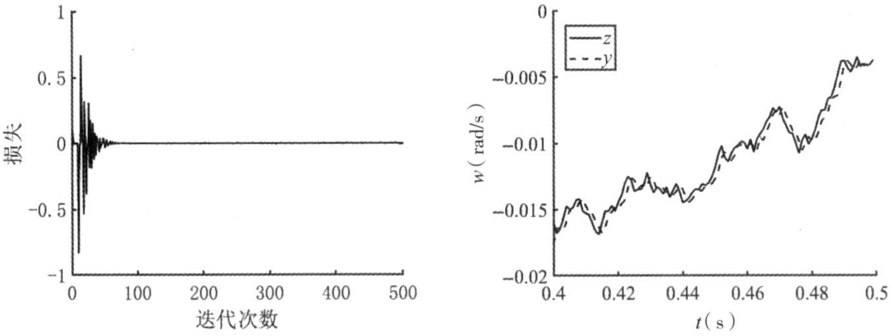

图 7-13　RBF 神经网络辨识结果

4）辨识得到的系统参数为 $\boldsymbol{\theta}=[0.53,-0.43,0.15,0.13,-0.43]^{\mathrm{T}}$。

仿真程序（chap7_2.m）：

```
clear all;
close all;
alfa=0.05;
```

```
xite=0.5;
x=[0,0]';
bj=1.5;
c=[-2 -1 0 1 2;
  -2 -1 0 1 2];
w=rands(5,1);
w_1=w;w_2=w_1;
d_w=0*w;
y_1=0;
sim_time = SimTime(2, 0.001);
% M sequence
u = get_M_sequence(sim_time.step_num, 1);
figure1 = new_figure('u(V)','T(ms)');
stem(u(1, 1:20)),grid on
% Z
z = get_sim_data(sim_time.interval, u, 'noise_model', c2d(tf([1], [1, 0.5]),
sim_time.interval, 'z'));
y=z;
v = 2*rand(size(z, 1), size(z, 2))-1;
figure2 = new_figure('y(rad/s)','T(ms)');
plot(z(1, 1:20))
ts=0.001;
for k=1:1:2000
time(k)=k*ts;
x(1)=u(k);
x(2)=y(k);
for j=1:1:5
   h(j)=exp(-norm(x-c(:,j))^2/(2*bj^2));
end
ym(k)=w'*h';
em(k)=y(k)-ym(k);
for j=1:1:5
  d_w(j)=xite*em(k)*h(j);
end
  w=w_1+ d_w+alfa*(w_1-w_2);
%%%%%%%%%%%%%%%%%%%Jacobian%%%%%%%%%%%%%%%%%%%
yu=0;
for j=1:1:4
```

```
yu=yu+w(j)*h(j)*(c(1,j)-x(1))/(bj^2);
end
dyu(k)=yu;
y_1=y(k);
w_2=w_1;
w_1=w;
end
figure3 = new_figure('y and ym','time(s)');
plot(time(1,1000:1500),y(1,1000:1500),'r',time(1,1000:1500),ym(1,1000:1500),'b');
figure4 = new_figure('identification error','time(s)');
plot(time,y-ym,'r');
figure5 = new_figure('dyu','time(s)');
plot(time,dyu,'r');
```

7.4 循环神经网络辨识

7.4.1 循环神经网络基本原理

循环神经网络是一种特殊的神经网络，与 BP 神经网络和 RBF 神经网络不同，它不仅考虑前一时刻的输入，而且赋予了网络对前面的内容的一种记忆功能，即一个序列当前的输出与前面的输出也有关[8]。循环神经网络具体的表现形式：网络会对前面的信息进行记忆并应用于当前输出的计算；隐藏层的节点之间从无连接变成有连接；隐藏层的输入不仅包括输入层的输出，还包括上一时刻隐藏层的输出。循环神经网络结构如图 7-14 所示。

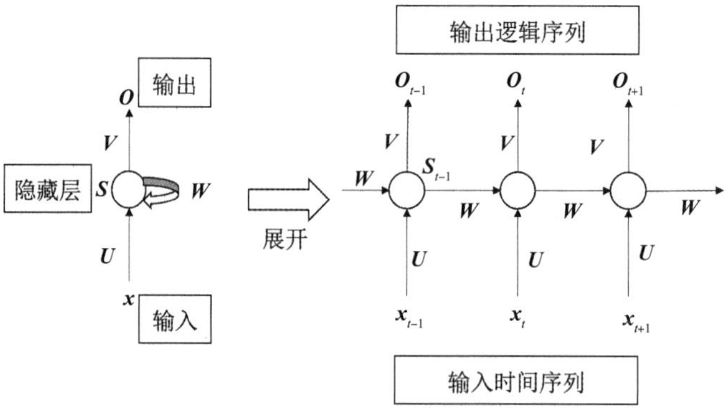

图 7-14 循环神经网络结构示意

循环神经网络模型形式为

$$\begin{cases} \boldsymbol{s}_t = \sigma(\boldsymbol{U}\cdot\boldsymbol{x}_t + \boldsymbol{W}\cdot\boldsymbol{s}_{t-1} + \boldsymbol{b}) \\ \boldsymbol{o}_t = \boldsymbol{V}\cdot\boldsymbol{s}_t + \boldsymbol{c} \in \mathbf{R}^n \\ \boldsymbol{y}_t = \mathrm{softmax}(\boldsymbol{o}_t) \in \mathbf{R}^n \end{cases} \tag{7.4.1}$$

式中：x_t 为 t 时刻的输入，该时间序列的长度为 T；输出 y_t 与 t 时刻之前（包括 t 时刻）的输入有关系；softmax(·)为激活函数，即将一个 m 维向量转换成另一个 m 维的实数向量，其中向量中每个元素取值都压缩到 $(0,1)$ 之间，即

$$\begin{cases} \mathrm{softmax}(\boldsymbol{o}_t) = \dfrac{1}{Z}\cdot[\mathrm{e}^{(o_t(1))},\cdots,\mathrm{e}^{(o_t(m))}] \\ Z = \sum\limits_{j=1}^{m}\mathrm{e}^{(o_t(j))} \end{cases} \tag{7.4.2}$$

式中：Z 为归一化因子。

式（7.4.1）待优化的参数包括连接权值 $\boldsymbol{U}$、$\boldsymbol{W}$、$\boldsymbol{V}$ 及偏置 $\boldsymbol{b}$、$\boldsymbol{c}$，而 $\sigma(\cdot)$ 为隐藏层的激活函数。循环神经网络的优化目标函数为

$$\begin{aligned} \min_{\boldsymbol{\theta}} J(\boldsymbol{\theta}) &= \sum_{t=1}^{T} loss(\hat{\boldsymbol{y}}_t, \boldsymbol{y}_t) \\ &= \sum_{t=1}^{T}\left(-\left[\sum_{j=1}^{m} y_t(j)\cdot\log(\hat{y}_t(j)) + (1-y_t(j))\cdot\log(1-\hat{y}_t(j))\right]\right) \end{aligned} \tag{7.4.3}$$

式中：$y_t(j)$ 为 y_t 的第 j 个元素；参数 $\boldsymbol{\theta}$ 为

$$\boldsymbol{\theta} = [\boldsymbol{U},\boldsymbol{V},\boldsymbol{W};\boldsymbol{b},\boldsymbol{c}] \tag{7.4.4}$$

由于循环神经网络在每一个 $t(t=1,2,\cdots,T)$ 时刻对应着一个监督信息 $\boldsymbol{y}_t$，相应的损失项简记为

$$J_t(\boldsymbol{\theta}) = loss(\hat{\boldsymbol{y}}_t, \boldsymbol{y}_t) \tag{7.4.5}$$

对于优化目标函数式的求解，可以通过时间反向传播算法实现。其核心是如下五个偏导数的求解，即

$$\begin{bmatrix} \dfrac{\partial J(\boldsymbol{\theta})}{\partial \boldsymbol{V}} & \dfrac{\partial J(\boldsymbol{\theta})}{\partial \boldsymbol{c}} & \dfrac{\partial J(\boldsymbol{\theta})}{\partial \boldsymbol{W}} & \dfrac{\partial J(\boldsymbol{\theta})}{\partial \boldsymbol{U}} & \dfrac{\partial J(\boldsymbol{\theta})}{\partial \boldsymbol{b}} \end{bmatrix} \tag{7.4.6}$$

式中：前两项偏导数，可以依据如下误差传播项的求解

$$\delta_{\boldsymbol{o}_t} = \frac{\partial J_t(\boldsymbol{\theta})}{\partial \boldsymbol{o}_t} \tag{7.4.7}$$

式中：$\delta_{\boldsymbol{o}_t}$ 是 t 时刻的目标函数关于 t 时刻输出 $\boldsymbol{o}_t$ 的偏导数；后面三项偏导数的求解，则根据误差传播项

$$\delta_{\boldsymbol{s}_t} = \frac{\partial J_t(\boldsymbol{\theta})}{\partial \boldsymbol{s}_t} \tag{7.4.8}$$

目标函数关于 $\boldsymbol{W}$ 的偏导数，即

$$\frac{\partial J(\boldsymbol{\theta})}{\partial \boldsymbol{W}} = \sum_{t=1}^{T}\sum_{k=1}^{t}\frac{\partial \boldsymbol{s}_k}{\partial \boldsymbol{W}}\cdot\frac{\partial \boldsymbol{s}_t}{\partial \boldsymbol{s}_k}\cdot\frac{\partial J_t(\boldsymbol{\theta})}{\partial \boldsymbol{s}_t} = \sum_{t=1}^{T}\sum_{k=1}^{t}\frac{\partial \boldsymbol{s}_k}{\partial \boldsymbol{W}}\cdot\frac{\partial \boldsymbol{s}_t}{\partial \boldsymbol{s}_k}\cdot\delta_{\boldsymbol{s}_t} \tag{7.4.9}$$

由于隐藏层 t 时刻输出 $\boldsymbol{s}_t$ 与之前的输出 $\boldsymbol{s}_k(k=1,2,\cdots,t)$ 有关系，依据链式法则有

$$\frac{\partial \boldsymbol{s}_t}{\partial \boldsymbol{s}_k}=\prod_{j=k+1}^{t}\frac{\partial \boldsymbol{s}_j}{\partial \boldsymbol{s}_{j-1}}=\prod_{j=k+1}^{t}[\boldsymbol{W}^{\mathrm{T}}\cdot \mathrm{diag}(\sigma'(\boldsymbol{s}_{j-1}))] \tag{7.4.10}$$

式中：$\sigma'(\cdot)$ 为激活函数 $\sigma(\cdot)$ 的导数；函数 $\mathrm{diag}(\cdot)$ 为向量扩展矩阵，即形成的矩阵以向量为对角元素。

应用中隐藏层输出中的激活函数 $\sigma(\cdot)$ 常取 $\tanh(\cdot)$ 函数，在训练后期容易出现梯度弥散现象。常用的避免梯度弥散方法包括参数初始化策略以及使用 ReLU 函数作为激活函数等。

7.4.2 长短时记忆神经网络

循环神经网络建模的核心问题是随着时间间隔的增加容易出现梯度爆炸或梯度弥散问题，为了有效解决该问题通常引入门限机制控制信息的积累速度，并选择遗忘之前的累计信息。这种门限机制下的循环神经网络包括长短时记忆神经网络[9-10]和门限循环单元网络[11-12]。

在循环神经网络中，若定义

$$\boldsymbol{\zeta}=\boldsymbol{W}^{\mathrm{T}}\cdot \mathrm{diag}(\sigma'(\boldsymbol{s}_{j-1})) \tag{7.4.11}$$

则有

$$\prod_{j=k+1}^{t}[\boldsymbol{W}^{\mathrm{T}}\cdot \mathrm{diag}(\sigma'(\boldsymbol{s}_{j-1}))]\to \boldsymbol{\zeta}^{t-k} \tag{7.4.12}$$

如果 $\boldsymbol{\zeta}$ 的谱半径 $\|\boldsymbol{\zeta}\|>1$，当时差 $(t-k)$ 趋于无穷大时，则式（7.4.12）会发散并且导致系统出现所谓的梯度爆炸的问题；相反，若 $\|\boldsymbol{\zeta}\|<1$，则会随着时差的无限扩大而导致梯度弥散的问题。为避免出现梯度爆炸或梯度弥散问题，可以将 ζ 的谱半径限制为 $\|\boldsymbol{\zeta}\|=1$。若将 $\boldsymbol{W}$ 设为单位矩阵，同时 $\sigma'(\boldsymbol{s}_{j-1})$ 的谱范数也为 1，即模型隐藏层关系退化为

$$\boldsymbol{s}_t=\sigma(\boldsymbol{U}\cdot\boldsymbol{x}_t+\boldsymbol{W}\cdot\boldsymbol{s}_{t-1}+\boldsymbol{b})\xrightarrow{\text{退化}}\boldsymbol{s}_t=\boldsymbol{U}\cdot\boldsymbol{x}_t+\boldsymbol{s}_{t-1}+\boldsymbol{b} \tag{7.4.13}$$

这样的形式丢失了非线性激活的性质。因此，改进后的方式需要引入一个新的状态，记为 $\boldsymbol{c}_t$，来进行信息的非线性传递，即

$$\begin{cases}\boldsymbol{c}_t=\boldsymbol{c}_{t-1}+\boldsymbol{U}\cdot\boldsymbol{x}_t\\ \boldsymbol{s}_t=\tanh(\boldsymbol{c}_t)\end{cases} \tag{7.4.14}$$

这里采用的非线性激活函数为 $\tanh(\cdot)$。

图 7-15 是增加新状态后的循环神经网络，随着时间 t 的增加，$\boldsymbol{c}_t$ 的累积量会变得越来越大，为了解决这个问题，引入门限机制，以期控制信息的积累速度，并可以选择遗忘之前积累的信息，这就是长短时记忆神经网络。

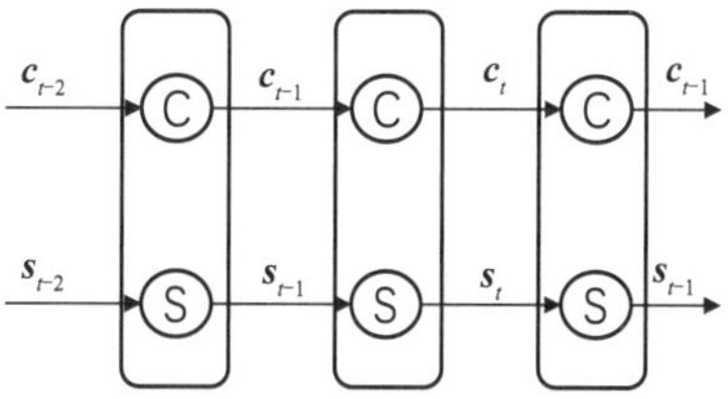

图 7-15　增加新状态后的循环神经网络

长短时记忆网络的核心是设计新状态 C，以期控制信息的变化，主要包括三个门，即输入门、遗忘门和输出门，如图 7-16 所示。在 t 时刻，网络输入有 x_t、$\boldsymbol{c}_{t-1}$ 和 $\boldsymbol{s}_{t-1}$，输出为 $\boldsymbol{c}_t$ 和 $\boldsymbol{s}_t$。关于状态 C，通过遗忘门确定 $\boldsymbol{c}_{t-1}$ 有多少成分保留在 $\boldsymbol{c}_t$ 中，以及通过输入门确定 $\boldsymbol{x}_t$ 中有多少成分保留在 $\boldsymbol{c}_t$ 中。关于状态 S，输出门通过控制单元 $\boldsymbol{c}_t$ 确定输出 $\boldsymbol{o}_t$ 中有多少成分输出到 $\boldsymbol{s}_t$。

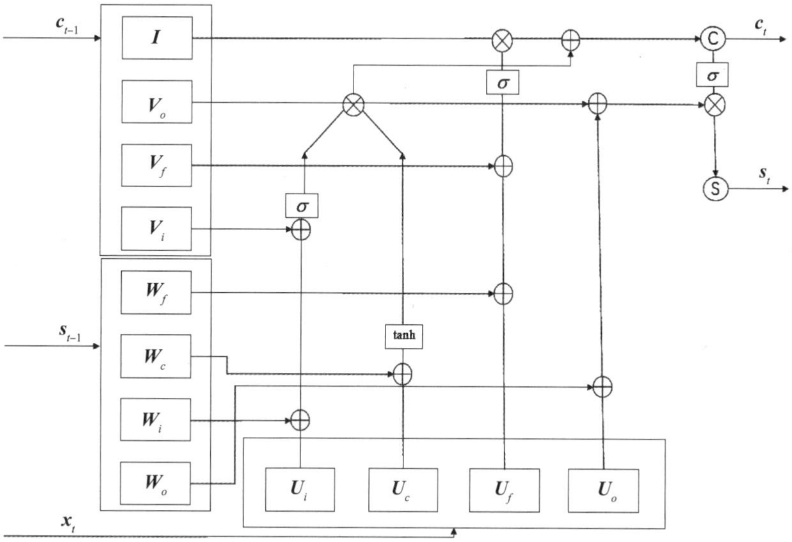

图 7-16　长短时记忆神经网络的标准模块

(1)输入门

输入门的主要作用是确定输入 x_t 中有多少成分保留在 $\boldsymbol{c}_t$ 中，实现公式为

$$\begin{cases} \boldsymbol{i}_t = \sigma(\boldsymbol{U}_i \cdot \boldsymbol{x}_t + \boldsymbol{W}_i \cdot \boldsymbol{s}_{t-1} + \boldsymbol{V}_i \cdot \boldsymbol{c}_{t-1}) \\ \tilde{\boldsymbol{c}}_t = \tanh(\boldsymbol{U}_c \cdot \boldsymbol{x}_t + \boldsymbol{W}_c \cdot \boldsymbol{s}_{t-1}) \end{cases} \tag{7.4.15}$$

式中：$\boldsymbol{i}$ 代表输入，$\boldsymbol{i}_t$ 为 t 时刻输入门的输入。

通过输入门，将输入中对应的 $\tilde{\boldsymbol{c}}_t$ 倍保留下来，即输入门过后，保留在 $\boldsymbol{c}_t$ 中的成分为 $\boldsymbol{i}_t \otimes \tilde{\boldsymbol{c}}_t$，$\otimes$ 表示对应向量中对应元素相乘。

(2)遗忘门

遗忘门的作用是确定 t 时刻输入中 $\boldsymbol{c}_{t-1}$ 有多少成分保留在 $\boldsymbol{c}_t$ 中，实现公式为

$$\boldsymbol{f}_t = \sigma(\boldsymbol{U}_f \cdot \boldsymbol{x}_t + \boldsymbol{W}_f \cdot \boldsymbol{s}_{t-1} + \boldsymbol{V}_f \cdot \boldsymbol{c}_{t-1}) \tag{7.4.16}$$

式中：$\boldsymbol{f}$ 表示遗忘，保留在 $\boldsymbol{c}_t$ 中的成分为 $\boldsymbol{f}_t \otimes \boldsymbol{c}_{t-1}$。

（3）输出门

输出门的作用是利用控制单元 $\boldsymbol{c}_t$ 确定输入 $\boldsymbol{o}_t$ 中有多少成分输出到隐藏层 $\boldsymbol{s}_t$。首先，经过输出门与遗忘门后的状态 C，即 $\boldsymbol{c}_t$ 实现公式为

$$\boldsymbol{c}_t = \boldsymbol{i}_t \otimes \tilde{\boldsymbol{c}}_t + \boldsymbol{f}_t \otimes \boldsymbol{c}_{t-1} \tag{7.4.17}$$

式中：前一项为输入门后保留在 $\boldsymbol{c}_t$ 中的成分，后一项是遗忘门后保留在 $\boldsymbol{c}_t$ 中的成分。

其次，为了确定 $\boldsymbol{c}_t$ 有多少成分保留在 $\boldsymbol{s}_t$ 中，先给出输出的实现公式为

$$\boldsymbol{o}_t = \sigma(\boldsymbol{U}_o \cdot \boldsymbol{x}_t + \boldsymbol{W}_o \cdot \boldsymbol{s}_{t-1} + \boldsymbol{V}_o \cdot \boldsymbol{c}_t) \tag{7.4.18}$$

式中：$\boldsymbol{o}_t$ 为 t 时刻的输出层上的状态。

最后，经过输出门，保留在隐藏层上的成分为

$$\boldsymbol{h}_t = \boldsymbol{o}_t \odot \tanh(\boldsymbol{c}_t) \tag{7.4.19}$$

7.4.3 基于循环神经网络的系统辨识方法

循环神经网络辨识方法的一般任务是根据 n 组输入信号 $u(k)$ 和观测量 $z(k)$ 确定待辨识模型中的参数 $\boldsymbol{\theta}$。基于 LSTM 神经网络的系统辨识方法的流程如下。

第一步，根据待辨识模型确定需要估计的参数 $\boldsymbol{\theta}$。

$$\boldsymbol{\theta} = [\boldsymbol{U}, \boldsymbol{V}, \boldsymbol{W}; \boldsymbol{b}, \boldsymbol{c}]$$

第二步，通过多次测量构建待辨识模型的输入信号 $u(k)$ 和观测量 $z(k)$ 的数据集 $(\boldsymbol{Z}_m, \boldsymbol{H}_m)$，其中 $\boldsymbol{Z}_m = [z(1), z(2), \cdots, z(m)]^{\mathrm{T}}$，$\boldsymbol{H}_m = [h(1), h(2), \cdots, h(m)]^{\mathrm{T}}$。

第三步，根据优化函数写出求解参数 $\boldsymbol{\theta}$ 使误差 $J(\boldsymbol{\theta})$ 最小的最优化问题：

$$\min_{\theta} J(\boldsymbol{\theta}) = loss\left(\hat{\boldsymbol{Z}}_m, \boldsymbol{Z}_m\right) = \frac{1}{m}\sum_{j=1}^{m}(\hat{z}(j) - z(j))^2$$

第四步，对五个偏导数求解

$$\left[\frac{\partial J(\boldsymbol{\theta})}{\partial \boldsymbol{V}} \quad \frac{\partial J(\boldsymbol{\theta})}{\partial \boldsymbol{c}} \quad \frac{\partial J(\boldsymbol{\theta})}{\partial \boldsymbol{W}} \quad \frac{\partial J(\boldsymbol{\theta})}{\partial \boldsymbol{U}} \quad \frac{\partial J(\boldsymbol{\theta})}{\partial \boldsymbol{b}}\right]$$

第五步，根据新的梯度进行网络前向传播，计算得到误差 $J(\boldsymbol{\theta})$。

第六步，重复第三步到第五步直到误差 $J(\boldsymbol{\theta})$ 收敛。

7.4.4 仿真实例

【例 7.3】利用 LSTM 神经网络辨识磁盘电机系统，其模型为

$$G(s) = \frac{K}{s(Ts+1)}$$

式中：$K = \dfrac{K_m}{fR}$，$T = \dfrac{J}{f}$。电枢电路的总电阻 $R = 1\ \Omega$，电枢电路的总电感 $L = 1\ \mathrm{mH}$，电机手臂与磁头的转动惯量 $J = 1\ \mathrm{N \cdot m \cdot s/rad}$，电机转矩系数 $K_m = 5\ \mathrm{N \cdot m/A}$，摩擦系数 $f = 20\ \mathrm{N \cdot m \cdot s/rad}$。使用 4 阶段 M 序列作为输入，采集一段时间内的电机输出角速

度作为观测值,辨识磁盘电机系统模型。仿真程序见 chap7_3.m。

1)由磁盘电机的模型可知,待辨识的参数为 $\boldsymbol{\theta}=\boldsymbol{W}=[w_1,w_2,w_3,w_4,w_5]^{\mathrm{T}}$,初始值随机初始化。

2)生成系统辨识所用的 M 序列,利用电机电枢电压与电机轴的转速输出构建数据集 (U_m,Y_m)。

3)经过 150 次递推, LSTM 神经网络对磁盘电机系统的逼近效果如图 7-17 所示,其中 y 为 LSTM 模型输出,z 为实测值。

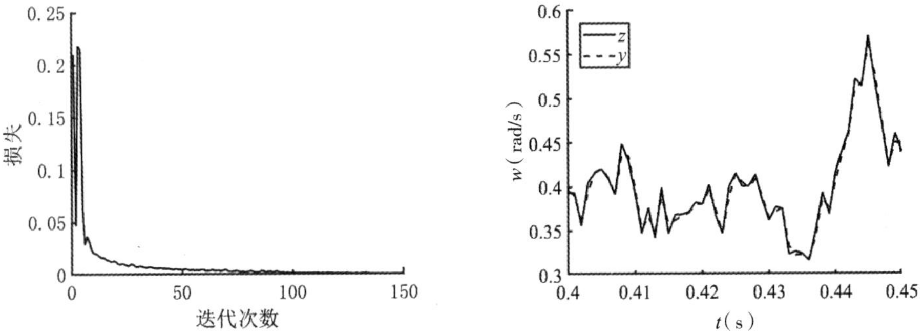

图 7-17　LSTM 循环神经网络辨识结果

仿真程序(chap7_3.m):

```
global script_name figs_path;
script_name = 'chap7_3';
figs_path = './figs/waiting';
%% 磁盘电机数据仿真
% 仿真时长
sim_time = SimTime(0.5, 0.001);
% 输入 M 序列
u = get_M_sequence(sim_time.step_num, 1);
figure1 = new_figure('u(V)','T(s)');
stem(sim_time.steps, u,'linewidth',1.5, 'Color', 'black', 'MarkerFaceColor', 'black' );
xlim([0.2, 0.21]);
savefig([figs_path,'/',script_name,'_', num2str(figure1.Number),'.fig'])
% 获取磁盘电机轴的转速的观测值
z = get_sim_data(sim_time.interval, u, 'noise_model', c2d(tf([1], [1, 0.5]), sim_time.interval, 'z'));
figure2 = new_figure('y(rad/s)','T(s)');
plot(sim_time.steps, z,'linewidth',1.5, 'Color', 'black', 'MarkerFaceColor', 'black');
```

```
xlim([0.2, 0.21]);
savefig([figs_path,'/',script_name,'_', num2str(figure2.Number),'.fig'])
x=z;
%%%%%数据归一化%%%%%%
xmin=min(x);
xmax=max(x);
x=(x-xmin)/(xmax-xmin);
x=x';
u=u';
%训练数据
XTrain = x;
YTrain = x;
mu = mean(XTrain,'ALL');
sig = std(XTrain,0,'ALL');
XTrain  = (XTrain - mu)/sig;
YTrain  = (YTrain - mu)/sig;
XTrain = XTrain';
YTrain  = YTrain';
XTest = x;
YTest = x;
XTest  = (XTest - mu)/sig;
YTest  = (YTest - mu)/sig;
XTest = XTest';
YTest  = YTest';
%% define the Deeper LSTM networks
%创建 LSTM 回归网络,指定 LSTM 层的隐含单元个数 125
%序列预测,因此,输入一维,输出一维
numFeatures= 1;%输入特征的维度
numResponses = 1;%响应特征的维度
numHiddenUnits = 100;%隐藏单元个数
layers = [sequenceInputLayer(numFeatures)
lstmLayer(numHiddenUnits)
dropoutLayer(0.5)%防止过拟合
fullyConnectedLayer(numResponses)
regressionLayer];
MaxEpochs=150;%最大迭代次数
InitialLearnRate=0.005;%初始学习速率
%% back up to LSTM model
```

```
options = trainingOptions('adam', ...
'MaxEpochs',MaxEpochs,...%30 用于训练的最大轮次数
 'MiniBatchSize',128, ... %128 小批量大小
'GradientThreshold',1, ...%梯度下降阈值
'InitialLearnRate',InitialLearnRate, ...%全局学习速率
'LearnRateSchedule','piecewise', ...%在训练期间降低学习速率的选项
 'LearnRateDropPeriod',100, ...% 10 降低学习速率的轮次数量
'LearnRateDropFactor',0.5, ...%学习下降因子
'ValidationData',{XTrain,YTrain}, ...% ValidationData
 'ValidationFrequency',1, ...%以迭代次数表示的网络验证频率
'Verbose',1, ...%1 指示符,用于在命令窗口中显示训练进度信息
 'Plots','training-progress');
%% Train LSTM Network
[net, info] = trainNetwork(XTrain,YTrain,layers,options);
% net = predictAndUpdateState(net,XTrain);
numTimeStepsTrain = numel(XTrain(1,:));
for i = 1:numTimeStepsTrain
      [net,YPred_Train(i)] = predictAndUpdateState(net,XTrain(:,i),'Execu-
tionEnvironment','cpu');
end
YPred_Train = sig*YPred_Train + mu;
YTrain = sig*YTrain + mu;
numTimeStepsTest = numel(XTest(1,:));
for i = 1:numTimeStepsTest
   [net,YPred(i)] = predictAndUpdateState(net,XTest(:,i),'ExecutionEnviron-
ment','cpu');
end
YPred = sig*YPred + mu;
YTest = sig*YTest + mu;
figure3 = new_figure('z and y', 'T(s)');
plot(sim_time.steps,YTest, 'LineStyle', '-', 'Color', 'black', 'LineWidth', 1.5);
plot(sim_time.steps,YPred, 'LineStyle', '-', 'Color', 'black', 'LineWidth', 1.5);
xlim([0.4, 0.45]);
legend('z', 'y');
xlabel('T(s)')
save2fig(figure3);
loss = info.ValidationLoss;
figure4 = new_figure('loss', 'step');
```

```
plot(loss, 'LineStyle', '-', 'Color', 'black', 'LineWidth', 1.5);
save2fig(figure4);
 % % 评价
ae= abs(YPred - YTest);
RMSE = (mean(ae.^2)).^0.5;
MSE = mean(ae.^2);
MAE = mean(ae);
MAPE = mean(ae./YPred);
disp('预测结果评价指标:')
disp(['RMSE = ', num2str(RMSE)])
disp(['MSE  = ', num2str(MSE)])
disp(['MAE  = ', num2str(MAE)])
disp(['MAPE = ', num2str(MAPE)])
```


7.5 强化学习辨识

7.5.1 强化学习基本原理

强化学习是一种通过与环境交互进行学习的算法,具有数据效率高、适应性强和可解释性强等优点,在误差难以测取或定义的系统辨识任务中比最小二乘法和基于误差反传的梯度下降等算法更加灵活。基于强化学习的系统辨识就是将参数优化过程转换为智能体对参数优化的决策过程。

强化学习的基础是马尔可夫决策过程(Markov Decision Process, MDP)。马尔可夫决策过程是一种序列决策的数学模型,用于在系统状态具有马尔可夫性的环境中模拟智能体可实现的随机性策略与回报[13]。马尔可夫性即无后效性,对于一个马尔可夫决策过程来说,下一时刻的状态仅与当前时刻的状态以及采取的动作有关,按条件概率可表示为[14]

$$P(s_{i+1} \mid s_i, a_i, \cdots, s_0, a_0) = P(s_{i+1} \mid s_i, a_i) \tag{7.5.1}$$

马尔可夫决策过程可由一个四元组 $\langle S, A, P_{sa}, R\rangle$ 来表示。其中:S 为状态集合,有 $s_i \in S$,s_i 表示第 i 步的状态值;A 为动作集合,有 $a_i \in A$,a_i 表示第 i 步执行的动作;P_{sa} 为状态转移概率;R 为回报函数。MDP 的状态转移过程如图 7-18 所示。利用 MDP 进行系统建模,强化学习的交互过程可以很好地以概率的形式来表达。强化学习的目标即为针对一个给定的马尔可夫决策过程,寻找最优策略以使累积奖励值最大化。

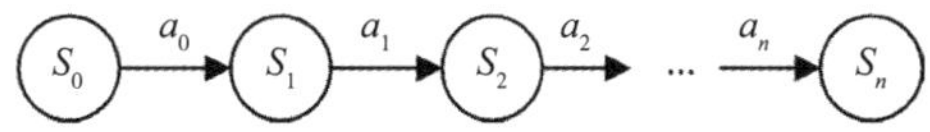

图 7-18　马尔可夫决策过程的状态转移过程

强化学习基本结构如图 7-19 所示，其四要素分别为状态（state）、动作（action）、策略（policy）和奖励（reward）。其中，智能体为模型中的学习与决策者，每个状态为智能体对同一时刻下环境的感知；智能体通过执行动作来影响环境，当智能体执行一个动作后，会使得环境按照某个概率转移到另一个状态；同时，环境会根据潜在的奖励函数反馈给智能体一个奖励。

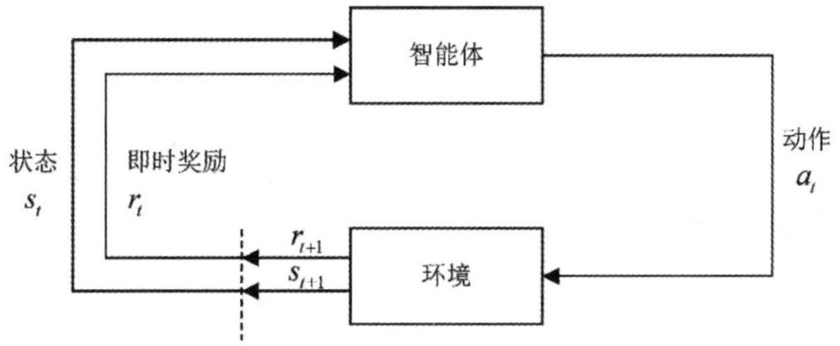

图 7-19　强化学习基本结构

强化学习要素中的策略 π 可以看作状态到动作的一种映射，即 $\pi: s \to a$。在状态 s 条件下动作的选择策略可以用概率的形式进行表示

$$\pi(a \mid s) = P[a_t = a \mid s_t = s] \tag{7.5.2}$$

决策智能体通过最大化回报 G_t 寻找一个最优的策略 π^*。累计回报 G_t 的定义为

$$G_t = r_{t+1} + \gamma r_{t+2} + \cdots = \sum_{k=0}^{\infty} \gamma^k r_{t+k+1} \tag{7.5.3}$$

式中：γ 为折合因子，$\gamma \in [0,1]$。

当 $\gamma = 0$ 时，只考虑即时奖励；当 $\gamma = 1$ 时，长远奖励与即时回报同等重要。累计回报 G_t 是一个随机变量，为了用一个确定的值来评价某一状态 s 的价值，将累计回报的期望值作为状态 s 的状态值函数 $V(s)$，即智能体从初始状态开始按策略 π 决定后续动作所得回报的数学期望，定义为

$$V(s) = E_\pi \left[\sum_{k=0}^{\infty} \gamma^k r_{t+k+1} \mid s_t = s \right] \tag{7.5.4}$$

状态动作值函数 $Q(s,a)$ 定义为

$$Q(s,a) = E_\pi \left[\sum_{k=0}^{\infty} \gamma^k r_{t+k+1} \mid s_t = s, a_t = a \right] \tag{7.5.5}$$

此时，强化学习的目标即为寻找最优策略 π^*，使得该策略下的累计回报期望最大，即寻找 $V(s)$ 和 $Q(s,a)$ 的最优值。强化学习通过贝尔曼方程来解决上述问题。状态值函数 $V(s)$ 和状态动作值函数 $Q(s,a)$ 的贝尔曼方程为

$$V(s) = E\left[r_{t+1} + \gamma V(s_{t+1}) \mid s_t = s \right] \tag{7.5.6}$$

$$Q(s,a) = E\left[r_{t+1} + \gamma Q(s_{t+1}, a_{t+1}) \mid s_t = s, a_t = a \right] \tag{7.5.7}$$

将最优状态值函数 $V^*(s)$ 和最优状态动作值函数 $Q^*(s,a)$ 定义为在所有策略中值最大的状态值函数和状态动作值函数，此时，$V^*(s)$ 和 $Q^*(s,a)$ 变为

$$V^*(s)=\arg\max_{\pi} V_\pi(s), \forall s\in S \tag{7.5.8}$$

$$Q^*(s,a)=\arg\max_{\pi} Q_\pi(s,a), \forall s\in S, a\in A \tag{7.5.9}$$

由此，$V^*(s)$ 和 $Q^*(s,a)$ 的贝尔曼最优性方程分别为

$$V^*(s)=\max_a R_s^a+\gamma\sum_{s'\in S}P_{ss'}^a V^* \tag{7.5.10}$$

$$Q^*(s,a)=R_s^a+\gamma\sum_{s'\in S}P_{ss'}^a \max_{a'} Q^*(s',a') \tag{7.5.11}$$

式中：R_s^a 是状态为 s 时选择动作 a 时获得的即时奖励值；$P_{ss'}^a$ 是选择动作 a 时状态 s 转移到 s' 的概率。

7.5.2 强化学习算法

强化学习方法按照环境模型是否已知，可以分为基于模型的强化学习方法和无模型的强化学习方法两大类。基于模型的强化学习方法由于其环境模型已知，可以通过动态规划进行辨识；无模型的强化学习算法则主要通过蒙特卡罗方法和时间差分法进行辨识。其中，蒙特卡罗方法使用多次试验采样得到的随机样本计算经验平均以代替随机变量的期望值，为一种无偏估计方法，但其需要等到每次试验结束后进行计算，学习速度较慢、效率不高。时间差分法结合了动态规划方法和蒙特卡罗方法，利用一步或多步的采样结果预测计算当前价值函数，为有偏估计算法，但其可实现单步更新，学习效率较高，且因其只用一步采样值进行估计，计算方差相对于蒙特卡罗方法小很多[13]。

Q-leaning 是一种无模型的强化学习算法，在不需要环境模型的情况下，它可以比较出对于给定状态的可用控制的预期效用。此外，Q-leaning 可以处理随机转换和效用的问题，并且不需要模型。Q-leaning 相当于动态规划的一种增量方法，强加了有限的计算需求。通过不断改进特定状态下特定的控制质量，优化系统性能。对于任何有限的马尔可夫决策过程（Markov Decision Process，MDP），Q-leaning 最终会找一个最优策略，即从当前状态开始，所有连续步骤总回报的期望值是可得到的最大值。

Q-leaning 是一种经典的基于值的强化学习算法，算法通过更新状态动作值函数 $Q(s,a)$ 进行学习。同时 Q-learning 算法也是一种表格型的强化学习算法，根据状态空间 S 和动作空间 A 构建 Q 值表，存储 $Q(s,a)$ 的值。Q 值表中的每一行代表一个状态，每一列代表一个动作。对于一个状态空间为 m 维、动作空间为 n 维的 MDP 来说，其 Q 值表见表 7-1。

表 7-1　典型 Q 值表结构

	a_0	a_1	…	a_{n-1}
s_0	$Q(s_0,a_0)$	$Q(s_0,a_1)$	…	$Q(s_0,a_{n-1})$
s_1	$Q(s_1,a_0)$	$Q(s_1,a_1)$	…	$Q(s_0,a_{n-1})$
⋮	⋮	⋮	⋱	⋮
s_{m-1}	$Q(s_{m-1},a)$	$Q(s_{m-1},a_1)$	…	$Q(s_{m-1},a_{n-1})$

Q-learning 算法采用时间差分法解决强化学习问题。时间差分法结合了蒙特卡罗方法的采样方法和动态规划法的拔靴（Bootstrapping）方法（用后继状态的值函数估计当前时刻的值函数）进行值函数计算，能够实现单步更新，即每一步对 Q 值表进行一次更新，学习效率较高。

Q-learning 是一种异策略（off-policy）的强化学习算法，这意味着算法中用来与环境互动产生数据的策略与用来更新的策略不是同一种策略，Q-learning 算法中采用 $\varepsilon-greedy$ 策略进行在状态 s 处的动作选择，$Q(s,a)$ 的更新则依据 *greedy* 策略进行。应用 $\varepsilon-greedy$ 策略进行动作选择时将有 ε 的概率对动作进行随机选择，这种 off-policy 的学习方式能使强化学习智能体在 $Q(s,a)$ 更新时以最大化的方式更新，在进行动作选择时增大探索率，能够在更大程度上避免陷入局部最小值。Q-learning 算法 $Q(s,a)$ 的更新公式为

$$Q_{i+1}(s,a)=Q_i(s,a)+\eta\left[r+\gamma\max_{a'}(s',a')-Q_i(s,a)\right] \tag{7.5.12}$$

式中：η 为学习速率；s' 为状态 s 经状态转移后得到的新状态值；a' 是状态为 s' 时依据贪婪策略选择的动作值；r 是从状态 s 通过采取动作 a 转移到 s' 的即时奖励。

由于 Q-learning 算法通过表格存储 $Q(s,a)$ 的值，每次动作选择也依据表格进行，对于动作空间连续或状态空间连续或者动作空间状态空间维数很大的情况不适用。对于动作空间与状态空间离散且维数有限的情况下，Q-learning 算法能够有效地进行学习和更新，相较于应用值函数逼近的强化学习算法具有更高的学习效率。

由于 Q 值表智能存储离散的决策变量，难以应用到连续的物理系统的输入输出关系辨识中，一种基于深度学习和强化学习的深度 Q 网络（Deep Q-Network，DQN）算法用神经网络，作为 Q 函数以解决 Q 值存储问题。深度 Q 网络的主要思想是使用一个深度神经网络近似状态-动作值函数，即 $Q(s,a)$。它通过学习从状态 s 到最优动作 a 的映射关系，指导智能体在环境中进行决策。

深度 Q 网络的核心是使用经验回放来稳定强化学习的训练过程。经验回放通过随机采样过去的经验数据，构造训练样本集，即：在训练过程中，将每一步的状态、动作、奖励和下一个状态等信息存储在一个经验回放缓冲区中；然后，从该缓冲区中随机采样出一定数量的训练样本，用于优化网络的训练；这些训练样本被随机抽取出来，组成批次样本，每个批次样本包含状态、动作、奖励和下一个状态等信息。经验回放使得训练样本之间尽可能独立，降低了样本相关性和数据冗余度，从而提高训练效率并帮助网络更好地处理连续的物理系统的输入输出关系辨识等问题。

7.5.3 基于强化学习的系统辨识方法

强化学习辨识的一般任务是根据待辨识系统的输出反馈，求解待辨识神经网络模型参数 θ，主要步骤如下。

第一步，选取合适的待辨识系统的系统模型，确定需要辨识的参数 θ。

第二步，初始化优化网络和目标网络。

$$\Delta\theta = f(\theta, \Delta y, \hat{Q}) \tag{7.5.13}$$

$$\hat{Q} = Q(\theta, \Delta\theta) \tag{7.5.14}$$

式中：优化网络 $f:\theta \to \Delta\theta$ 是从待辨识参数 θ 到参数调整量 $\Delta\theta$ 的映射，优化网络的参数为 θ_{d}；Δy 为系统模型与待辨识系统的偏差；$\hat{Q}$ 是预测 Q 值；目标网络 $Q:\Delta\theta \to \hat{Q}$ 是待辨识参数调整量 $\Delta\theta$ 到预测 Q 值的映射。

目标网络的参数为 θ_{q}。所有需要辨识的参数 $\theta_{\mathrm{all}} = \{\theta, \theta_{\mathrm{d}}, \theta_{\mathrm{q}}\}$，定义超参数如学习速率 η、折扣因子 γ、经验回放缓冲区大小 N、优化循环次数 N_{d} 和迭代次数 N_i 等。

第三步，获取经验数据，利用优化网络生成调整策略 $\Delta\theta$，对比 $\theta(k)$ 条件下调整 $\Delta\theta$ 后系统深度神经网络对待辨识系统的逼近效果，将获得的经验数据存储在经验回放缓冲区中。

第四步，从经验回放缓冲区中随机采样出一定数量的训练样本，用于优化网络的训练。随机抽取数个训练样本作为批次样本，包含状态 $\theta(k)$、动作 $\Delta\theta$、奖励 $r(k+1)$ 和下一个状态 $\theta+\eta\Delta\theta$ 等信息。

第五步，利用目标神经网络计算 $\theta+\eta\Delta\theta$ 条件下每参数调整的 Q 值。计算每个动作的 Q 值与目标 Q 值之间的误差，即

$$\delta_{\mathrm{d}} = r(k) + \gamma * \max[Q - Q(\theta, \Delta\theta)] \tag{7.5.15}$$

第六步，根据误差 δ_{d}，利用误差反传与梯度下降算法调整优化网络参数 θ_{d}。

第七步，重复第四步到第五步，直到重复次数等于优化循环次数 N_{d}。从经验回放缓冲区中随机采样出一定数量的训练样本，采用同样的方法训练目标网络。

第八步，利用目标网络计算样本中每一个状态的预测值 $\hat{Q}$，利用 Q 函数的定义计算对应的 Q 值 $Q = E\left[\sum \gamma^i r(i)\right]$，计算预测值 Q 与真实 Q 值之间的误差

$$\delta_{\mathrm{q}} = \sum \hat{Q} - Q \tag{7.5.16}$$

第九步，根据误差 δ_{q}，利用误差反传与梯度下降算法调整优化网络参数 θ_{q}。

第十步，重复第三到第九步，直到迭代次数等于设定值 N_i，利用优化网络对待辨识参数 θ 进行优化，最终得到辨识系统模型。

7.5.4 仿真实例

【例 7.4】对于某磁盘电机系统，电枢电压 $u(k)$ 与磁盘电机轴的转速 $y(k)$ 的待辨识系统模型为

$$y = f(u)$$

使用 4 阶段 M 序列作为输入，采集一段时间内的电机轴的转速输出作为观测值，观测值的噪声干扰类型为有色噪声，利用神经网络模型和强化学习方法辨识磁盘电机系统模型。仿真程序见 chap7_4.m。

1）由磁盘电机系统的模型与强化学习算法可知，待辨识的参数为 $\boldsymbol{\theta}=[\theta_s,\theta_d,\theta_q]^T$，初始值随机初始化。

2）生成辨识所用的 M 序列，利用电机电枢电压与电机轴的转速输出构建数据集 (U_m,Y_m)。

3）选取学习速率 $\eta=0.001$、折扣因子 $\gamma=0.9$、经验回放缓冲区大小 $N=3\ 000$、优化循环次数 $N_d=500$ 和迭代次数 $N_i=1\ 000$。以电机的 $i=64$ 次输入为一批，环境 $\boldsymbol{s}(k)=[u(k),u(k-1),\cdots,u(k-i)]^T$ 是电机输入组成的向量，决策 $\boldsymbol{a}(k)=\dfrac{\Delta\boldsymbol{\theta}}{\|\Delta\boldsymbol{\theta}\|}$ 是电机参数优化方向决策向量，通过强化学习训练神经网络模型逼近磁盘电机系统。

4）经过 20 次迭代，神经网络对磁盘电机系统的逼近效果如图 7-20 所示，满足需求，提前终止训练。图 7-20 中，y 为模型输出，z 为实测值。

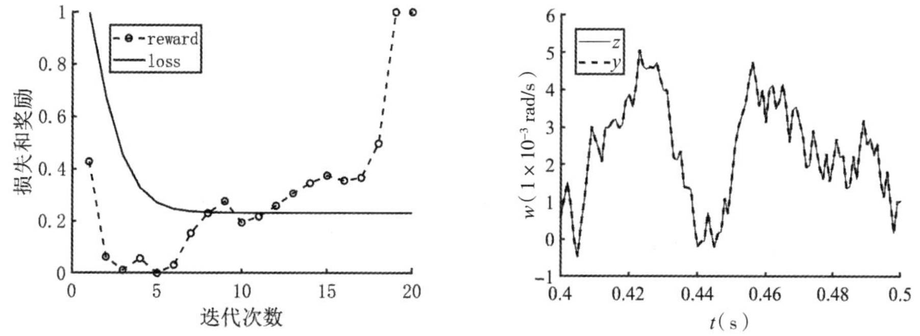

图 7-20　强化学习神经网络辨识结果

仿真程序（chap7_4.m）：

```
global script_name figs_path;
script_name = 'chap_7_5';
figs_path = './figs/waiting';
%% 加载磁盘电机系统模型
% 仿真时长
sim_time = SimTime(0.5, 0.001);
% 以网络形式返回奖励的 env
load('CiPanDianjiModel-Discrete');
model_param_num=3;
grad_direct_num=3;
obsInfo = getObservationInfo(env);
actInfo = getActionInfo(env);
```

```
Ts = 0.05;
Tf = 20;
rng(0)
doTraining = false;
%% 定义网络结构
dnn = [
    featureInputLayer(model_param_num,'Normalization','none','Name','state')
    fullyConnectedLayer(24,'Name','CriticStateFC1')
    reluLayer('Name','CriticRelu1')
    fullyConnectedLayer(48,'Name','CriticStateFC2')
    reluLayer('Name','CriticCommonRelu')
    fullyConnectedLayer(grad_direct_num,'Name','output')];
criticOpts = rlRepresentationOptions('LearnRate',0.001,'GradientThreshold',1);
critic = rlQValueRepresentation(dnn,obsInfo,actInfo,'Observation',{'state'},
criticOpts);
agentOptions = rlDQNAgentOptions(...
    'SampleTime',Ts,...
    'TargetSmoothFactor',1e-3,...
    'ExperienceBufferLength',3000,...
    'UseDoubleDQN',false,...
    'DiscountFactor',0.9,...
    'MiniBatchSize',64);
agent = rlDQNAgent(critic,agentOptions);
trainingOptions = rlTrainingOptions(...
    'MaxEpisodes',50,...
    'MaxStepsPerEpisode',sim_time.step_num,...
    'ScoreAveragingWindowLength',5,...
    'Verbose',false,...
    'Plots','training-progress',...
    'StopTrainingCriteria','AverageReward',...
    'StopTrainingValue',-1100,...
    'SaveAgentCriteria','EpisodeReward',...
    'SaveAgentValue',-1100);
if doTraining
    % Train the agent.
    trainingStats= train(agent,env,trainingOptions);
    save('SimulinkCiPanMotorDQNMulti','agent')
    simOptions = rlSimulationOptions('MaxSteps',500);
```

```
    experience = sim(env,agent,simOptions);
    yn = experience.env.Action;
    reward = trainingStats.EpisodeReward;
    reward = (reward-min(reward));
    reward = reward./ max(reward);
    loss = trainingStats.env.AverageLoss;
    loss = (loss-min(loss));
    loss = loss./ max(loss);
else
    % Load the pretrained agent for the example.
    load('SimulinkCiPanMotorDQNMulti.mat','agent');
end
figure3 = new_figure('z and y', 'T(s)');
plot(sim_time.steps,z, 'LineStyle', '-', 'Color', 'black', 'LineWidth', 0.5);
plot(sim_time.steps,yn, 'LineStyle', '--', 'Color', 'black', 'LineWidth', 2);
xlim([0.4, 0.5]);
legend('z', 'y');
save2fig(figure3);
figure4 = new_figure('loss & reward', 'step');
plot(reward, 'LineStyle', '--', 'Color', 'black', 'LineWidth', 1.5, 'Marker', 'o');
plot(loss, 'LineStyle', '-', 'Color', 'black', 'LineWidth', 1.5);
xlim([0, 20]);
legend('reward', 'loss');
save2fig(figure4);
```


7.6 混合模型辨识

7.6.1 混合模型基本原理

神经网络辨识虽然不需要对系统的内部机制有深入了解，但是数据的质量、数量和代表性都会影响对模型的辨识效果。为了增强对模型的辨识能力，混合模型辨识将机理模型与神经网络模型相结合，发挥机理模型参数具有明确的物理意义、模型参数易于调整和所得的模型具有很强的适应性等优点，是机理模型辨识和数据驱动模型辨识之外的又一种辨识方法。

一般地，对于真实的物理系统：

$$z(k)=f(u(k),v(k)) \tag{7.6.1}$$

式中：$z(k)$ 为观测值；$u(k)$ 为系统输入；$v(k)$ 为噪声。

数据驱动模型的一般形式为

$$\hat{z}(k)=g(u(k),\hat{\theta}) \tag{7.6.2}$$

式中：$g:u\xrightarrow{\hat{\theta}}z$ 是数据驱动模型在参数 $\theta=\hat{\theta}$ 条件下描述的输入输出关系，g 是一种能够根据 θ 逼近任意映射关系的函数。

数据驱动模型利用多次实验测得的系统输入 $u(k)$ 和观测值 $z(k)$ 训练参数 θ 满足条件：

$$J(\hat{\theta})=\frac{1}{N}\sum_{N}(z_i-\hat{z}_i)^2=\min \tag{7.6.3}$$

式中：$\hat{z}_i$ 为第 i 个样本中数据驱动模型对系统输出的预测值。

在模型应用时，数据驱动模型的泛化误差为

$$E(J(\hat{\theta}))=\frac{1}{N_2}\sum_{N_2}(z_i-\hat{z}_i)^2 \tag{7.6.4}$$

式中：$E(J(\hat{\theta}))$ 为模型在新的 N_2 个样本中应用时产生的误差的数学期望。

数据驱动模型辨识的优点在于它能够通过对大量数据的分析，发现数据之间的关系和规律，无须了解系统的工作原理即可建立精确的系统模型。但是，数据驱动模型辨识需要处理大量的数据，并选择合适的模型结构和参数估计方法，需要在实践中进行权衡和选择。以模型的泛化误差为指标，数据驱动模型的应用受到以下条件限制。

1）数据的质量和数量：数据驱动模型需要大量高质量的数据训练和验证模型。如果数据质量不高或者数量不足，就会影响模型的准确性和适应性。例如，对于数据驱动模型的参数个数 $n(\theta)=N_\theta$ 的模型来说，模型存在唯一解的必要条件是

$$N_1-N_\theta>0 \tag{7.6.5}$$

式中：N_1 是有效样本个数。

然而，对于大多数系统，有效样本难以判断，且通常有 $N_1<N_\theta$，所以数据驱动模型需要尽可能多的样本数。

2）数据的代表性和多样性：数据驱动模型要求数据具有代表性和多样性，能够覆盖实际应用中的各种情况和场景。如果数据缺乏代表性和多样性，就会影响模型的泛化能力和预测精度。例如，当训练数据集中的有效样本个数远少于模型参数个数时，即 $N_1\ll N_\theta$，对应数据驱动模型将有更多局部损失最小解，数据驱动模型的训练往往陷入这些局部损失最小解，无法正确拟合待辨识的系统，这是出现过拟合现象的原因之一。过拟合现象就是随着模型训练，模型在参与训练的样本上测得的损失持续下降，在未参与训练的样本上测得的泛化误差持续增大，如图 7-21 所示。

3）模型的选择和参数调整：数据驱动模型需要选择合适的参数量，以便在有限的算力条件下得到能够训练至损失收敛的模型。如果参数量过多，则模型的训练缓慢，而且当 $N_1-N_\theta\ll 0$ 时，模型容易过拟合。如果参数量过少，模型容易欠拟合，即随着模型训练，模型在参与训练的样本上测得的损失稳定收敛于较大值。

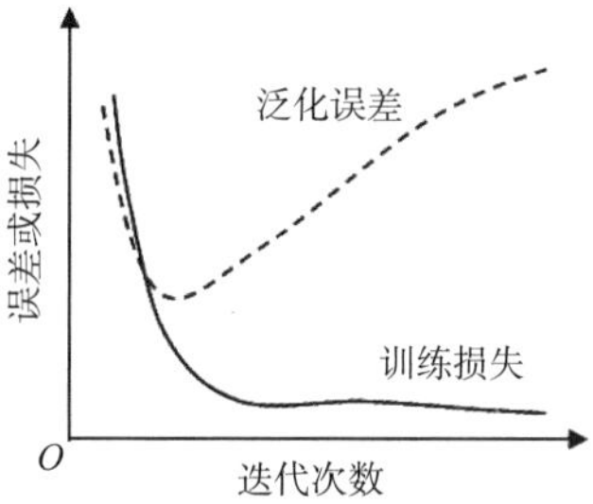

图 7-21　过拟合现象

为了避免上述限制，混合模型在待辨识模型中加入机理模型。机理模型辨识一般是根据对象、生产过程的内部机制或者物质流的传递机理建立的精确数学模型。机理模型的一般形式为

$$\hat{z}(k)=f_{\theta}(u(k)) \tag{7.6.6}$$

式中：$f:u\rightarrow z$ 是根据系统的运行规律建立的输入到输出的映射关系，通常是依据描述先验知识和物理规律的方程变换得到的函数；θ 是具有特定物理意义的参数，通过经验赋值或依靠实验测取。

机理模型辨识的优点如下。

1）准确性：机理模型是根据对象、生产过程的内部机制或物质流的传递机理建立的精确数学模型，能够准确地描述系统的行为和特性。

2）可解释性：机理模型能够解释系统内部的工作原理和过程，有助于深入了解系统的本质和规律。

3）可预测性：基于机理模型的预测结果更加可靠，因为机理模型考虑了系统内部的各种因素和相互作用，能够模拟系统的真实行为。

4）可控制性：机理模型能够提供控制策略和建议，帮助优化系统的性能和指标。

混合模型辨识结合了机理模型和数据驱动模型的优点，在一定程度上克服了两者的缺陷，为系统辨识提供了更精准，更有适应性的模型。混合模型主要用于辨识部分已知，部分未知的系统。在建模过程中，对于已知的信息，可以使用机理模型，对于未知的信息，则需要在进行假设和推导后使用数据驱动模型。混合模型的一般形式为

$$z(k)=f_{\theta_t}(u(k))+g(u(k),\theta_{\mathrm{d}}) \tag{7.6.7}$$

混合模型的优点在于既利用机理模型对系统内部机制的深入理解，也利用数据驱动模型对大量数据的处理能力，进行模型构建和优化。

以磁盘电机系统为例，已知磁盘电机的电气原理与动力学原理，可以写出磁盘电机的电枢回路电压平衡方程与电机轴上的转矩平衡方程：

$$v(t)=L\frac{\mathrm{d}i_{\mathrm{a}}(t)}{\mathrm{d}t}+Ri_{\mathrm{a}}(t)+E_{\mathrm{a}} \tag{7.6.8}$$

$$J\frac{\mathrm{d}w_{\mathrm{m}}(t)}{\mathrm{d}t}+fw_{\mathrm{m}}(t)=M_{\mathrm{m}}(t)-M_{\mathrm{c}}(t) \tag{7.6.9}$$

式中：$E_{\mathrm{a}}=C_{\mathrm{e}}w_{\mathrm{m}}$ 为电枢反电势，E_{a} 与转速 w_{m} 成比例（$w_{\mathrm{m}}=\frac{\mathrm{d}\theta}{\mathrm{d}t}$，$\theta$ 为电机轴上转角），比例系数 C_{e} 为反电势常数；$M_{\mathrm{m}}=K_{\mathrm{m}}i_{\mathrm{a}}(t)$ 为电磁转矩；$M_{\mathrm{c}}(t)$ 为负载转矩；K_{m} 为转矩

常数;J 为转动惯量;L 为电枢电感。

上述方程可以转化为磁盘电机电枢电压输入与电机轴的转速输出之间的关系,作为机理模型:

$$G(s)=\frac{K_{\mathrm{m}}}{s(Js+f)(Ls+R)} \tag{7.6.10}$$

通过实验分别测取磁盘电机的转矩常数 K_{m}、转动惯量 J、电枢电感 L 和反电势常数 C_{e} 即可完成机理模型的辨识。

然而,机理模型在建模过程中对系统的物理规律进行了简化,不能完全描述系统的输入输出关系。对于磁盘电机来说,应用动力学方程的前提是将电机簧片简化为刚体。实际上簧片是会发生形变的,因此机理模型对磁盘电机输入输出关系的描述精度就受到如簧片等被简化因素的影响。因为很难把实际系统的所有物理规律都用数学模型描述清楚,所以机理模型不可避免地在精度上存在缺陷。此时,混合模型中的数据驱动模型就会产生作用。对于像磁盘电机簧片这种可知的被简化因素或其他未知的被简化因素,数据驱动的建模方法不需要明确的作用机理,可以利用系统的实际输出与机理模型的估计输出之间的残差作为简化因素的输出,以系统的输入作为简化因素的输入,建立简化因素的数据驱动模型。利用系统输入和输出残差构建数据集辨识数据驱动模型,并将其与机理模型相结合作为系统模型,就可以得到比机理模型更精准,比数据驱动模型更稳定的混合模型。

7.6.2 混合模型辨识方法

混合建模参数估计的一般任务是建立一个机理模型和一个数据驱动模型,用两个模型的混合模型逼近待辨识系统,求解机理模型和数据驱动模型中的参数 θ。参数估计流程如图 7-22 所示。

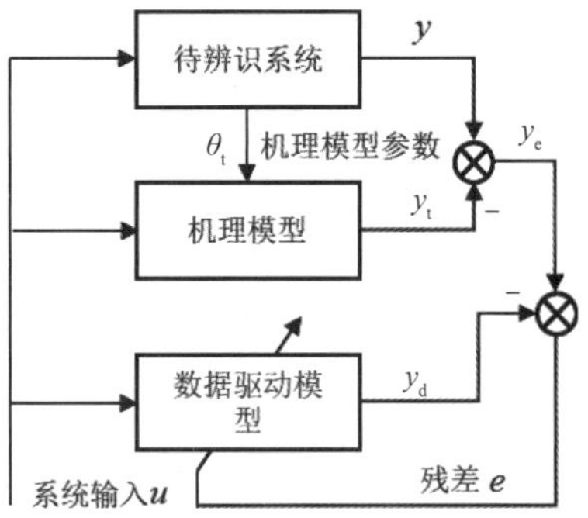

图 7-22 混合模型辨识结构

选取合适的机理模型,确定需要辨识的机理模型参数 θ_{t}。设计合适的数据驱动模型,确定需要辨识的参数 θ_{d}。待辨识的混合模型参数为 $\theta=\theta_{\mathrm{t}}\cup\theta_{\mathrm{d}}$。

第一步,根据先验知识和物理规律,设计实验获取数据,根据方程计算求解参数 θ_{t}。

第二步，测验机理模型对真实系统的估计偏差，计算真实系统与机理模型估计值之间的残差 y_e 作为数据，构建数据集。

第三步，利用残差数据集训练数据驱动模型（如神经网络），得到参数 θ_d。

7.6.3 仿真实例

【例 7.5】实验测得某磁盘电机电枢电路的总电阻 $R=1\,\Omega$，电枢电路的总电感 $L=1$ mH，电机手臂与磁头的转动惯量 $J=1$ N·m·s/rad，电机转矩系数 $K_m=5$ N·m/A，摩擦系数 $f=20$ N·m·s/rad，请结合电机在 M 序列输入条件下的输入输出，利用混合模型精准辨识磁盘电机系统。仿真程序见 chap7_5.m。

1）由磁盘电机系统的电气平衡方程与动力学方程可知，磁盘电机系统的机理模型为

$$G(s)=\frac{K_m}{s(Js+f)(Ls+R)}$$

选取 RBF 神经网络作为数据驱动模型，表达式为

$$\boldsymbol{H}=f(\boldsymbol{u}-\boldsymbol{C})=\exp\left(-\frac{\|u-c_i\|^2}{2b^2}\right)$$

$$\boldsymbol{y}=\boldsymbol{WH}$$

待辨识的参数为 $\boldsymbol{\theta}_d=\boldsymbol{W}=[w_1,w_2,w_3,w_4,w_5]^T$，初始值随机初始化。根据磁盘电机系统的阶数，设置 $b=1.5$，$\boldsymbol{C}=\begin{bmatrix}-2 & -1 & 0 & 1 & 2\\ -2 & -1 & 0 & 1 & 2\end{bmatrix}$。

2）根据实验测得的电机参数，电机的机理模型辨识结果为

$$G(s)=\frac{5\ 000}{s(s+20)(s+1\ 000)}$$

3）生成辨识所用的 M 序列 U_m，经过实验测取观测值 Y_m，计算电机机理模型在相同输入下的输出估计值 $\hat{Y}_m$ 和残差 $e_m=Y_m-\hat{Y}_m$，构建数据集 (U_m,e_m)。某次实验中的电机输出、机理模型估计输出、残差结果如图 7-23 所示，其 y 为模型输出，y_t 为实测输出。

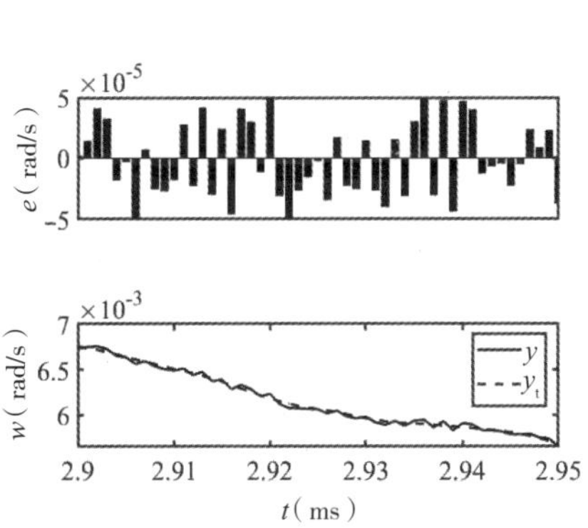

图 7-23　机理模型辨识效果

4）设置学习速率 $\eta=0.1$，利用误差反传和梯度下降法经过 200 次迭代训练参数 $\boldsymbol{\theta}_{\mathrm{d}}$，最终 RBF 神经网络对磁盘电机系统与机理模型之间的残差的逼近效果如图 7-24 所示，满足需求，提前终止训练。

5）经过混合模型辨识，磁盘电机的混合模型为

$$Y=L^{-1}(G(s)U(s))+\boldsymbol{W}\exp\left(-\frac{\|\boldsymbol{U}-\boldsymbol{C}\|^{2}}{2\boldsymbol{B}^{\mathrm{T}}\boldsymbol{B}}\right)$$

式中：$L^{-1}(\cdot)$ 为拉普拉斯反变换。

混合模型辨识效果如图 7-24 所示。

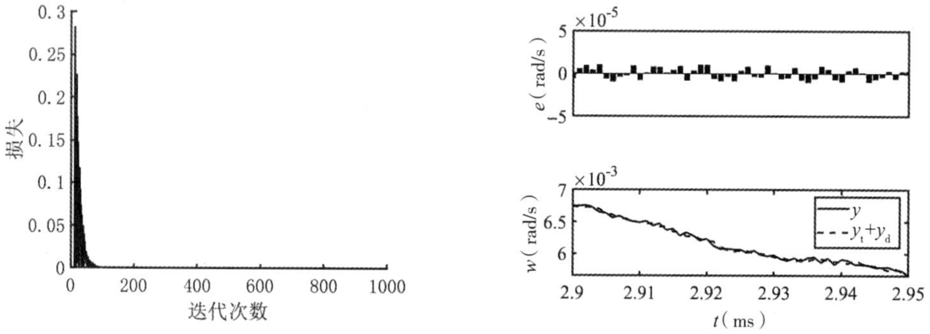

图 7-24　混合模型辨识结果

仿真程序（chap7_5.m）：

```
global script_name figs_path;
script_name = 'chap7_5';
figs_path = './figs/waiting';
%% 磁盘电机数据仿真
% 仿真时长
sim_time = SimTime(3, 0.001);
% 输入 M 序列
u = get_M_sequence(sim_time.step_num, 1);
figure1 = new_figure('u(V)','T(s)');
stem(sim_time.steps, u,'linewidth',1.5, 'Color', 'black', 'MarkerFaceColor', 'black' );
xlim([0.2, 0.21]);
savefig([figs_path,'/',script_name,'_', num2str(figure1.Number),'.fig'])
%% 机理模型辨识
% 机理模型，忽略了噪声
Mt_add = c2d(tf([0], [1]), sim_time.interval, 'z');
Mt = c2d(tf([5000], [1 1020 20000 0]), sim_time.interval, 'z'); % inner model in get_sim_data
```

```
% 获取磁盘电机轴转速的观测值
real_noise = c2d(tf([0.00005], [1]), sim_time.interval, 'z');
z_real = get_sim_data(sim_time.interval, u, 'noise_model', real_noise);
z_appro = get_sim_data(sim_time.interval, u, 'noise_model', Mt_add);
z_e = z_real-z_appro;
figure2 = new_figure('y_e(rad/s)','T(ms)');
subplot(2, 1, 1);
bar(sim_time.steps, z_e, 0.8, "grouped","black");
xlim([2.9, 2.95]);
ylim([-5e-5,5e-5]);
ylabel('y_e(rad/s)');
set(gca,'xtick',[],'xticklabel',[])
set(gca,'FontName','Times New Roman','FontSize',18);
set(gca,'linewidth',1.5);
subplot(2, 1, 2);
plot(sim_time.steps, z_real, 'LineStyle', '-', 'Color', 'black', 'LineWidth',
1.5);
hold on
plot(sim_time.steps, z_appro, 'LineStyle', '--', 'Color', 'black', 'LineWidth',
1.5);
xlim([2.9, 2.95]);
legend('y', 'y_t');
ylabel('y(rad/s)');
xlabel('T(ms)');
set(gca,'FontName','Times New Roman','FontSize',18);
set(gca,'linewidth',1.5);
savefig([figs_path,'/',script_name,'_', num2str(figure2.Number),'.fig'])
%% RBF data-driven model
y=z_e;
alfa=0.05;
xite=0.5;
x=[0,0]';
bj=1.5;
c=[-2 -1 0 1 2;
  -2 -1 0 1 2];
w=rands(5,1);
w_1=w;w_2=w_1;
d_w=0*w;
```

```
y_1=0;
for k=1:1:sim_time.step_num
   x(1)=u(k);
   x(2)=y(k);
   for j=1:1:5
      h(j)=exp(-norm(x-c(:,j))^2/(2*bj^2));
   end
   ym(k)=w'*h';
   em(k)=y(k)-ym(k);
   for j=1:1:5
     d_w(j)=xite*em(k)*h(j);
   end
   w=w_1+ d_w+alfa*(w_1-w_2);
   yu=0;
   for j=1:1:4
      yu=yu+w(j)*h(j)*(c(1,j)-x(1))/(bj^2);
   end
   dyu(k)=yu;
   y_1=y(k);
   w_2=w_1;
   w_1=w;
end
% mixed model
y_appro = ym+z_appro;
loss = abs(y-ym);
err = exp(-sim_time.steps);
ym=z_e+(0.0004*rand(1, 3000)-0.0002).*err;
figure3 = new_figure('z and y', 'T(s)');
subplot(2, 1, 1);
bar(sim_time.steps, z_e-ym, 0.8, "grouped","black");
xlim([2.9, 2.95]);
ylim([-5e-5,5e-5]);
ylabel('y_e(rad/s)');
set(gca,'xtick',[],'xticklabel',[])
set(gca,'FontName','Times New Roman','FontSize',18);
set(gca,'linewidth',1.5);
subplot(2, 1, 2);
plot(sim_time.steps, z_real, 'LineStyle', '-', 'Color', 'black', 'LineWidth',
```

```
1.5);
    hold on
    plot(sim_time.steps, y_appro, 'LineStyle', '--', 'Color', 'black', 'LineWidth',
1.5);
    xlim([2.9, 2.95]);
    legend('y', 'y_t + y_d');
    ylabel('y(rad/s)');
    xlabel('T(ms)');
    set(gca,'FontName','Times New Roman','FontSize',18);
    set(gca,'linewidth',1.5);
    save2fig(figure3);
    figure4 = new_figure('loss', 'step');
    plot(loss, 'LineStyle', '-', 'Color', 'black', 'LineWidth', 1.5);
    xlim([0, 1000]);
    save2fig(figure4);
```

习题

7.1　列举三种常用的人工神经网络激活函数。

7.2　简述神经网络优化常用的随机梯度下降算法。

7.3　比较 BP 神经网络和 RBF 神经网络辨识的优缺点。

7.4　以 2 输入 1 输出的 BP 神经网络为例，绘制 BP 神经网络结构，并设计网络输入输出算法及连接权值学习算法。

7.5　针对动态系统 $J\ddot{\theta}=\tau+d$，其中 J 为转动惯量，d 为外加干扰，τ 为控制输入，取 $J=10, d=2$，试采用 BP 神经网络辨识 J 和 d，给出仿真程序和辨识结果。

7.6　设 SISO 系统的差分方程为

$$z(k)+a_1z(k-1)+a_2z(k-2)=b_1u(k-1)+b_2u(k-2)+V(k)$$

$$V(k)=v(k)+a_1v(k-1)+a_2v(k-2)$$

其真值 $\boldsymbol{\theta}=\begin{bmatrix}a_1 & a_2 & b_1 & b_2\end{bmatrix}^{\mathrm{T}}=\begin{bmatrix}1.6 & 0.5 & 1.5 & 0.4\end{bmatrix}^{\mathrm{T}}$，输入数据如下表。当 $v(k)$ 取均值为 0，方差分别为 0.1 和 0.5 的不相关随机序列。

k	1	2	3	4	5	6	7	8
$u(k)$	1.14	0.23	−0.79	−1.59	−1.09	0.88	1.15	1.54

试采用 RBF 神经网络辨识参数 $\boldsymbol{\theta}$，给出仿真程序和辨识结果。

7.7　设一个电容电路，电容初始电压 50 V，测得放电瞬时电压与时间 t 的对应值如下表。已知 $V = V_0 e^{-at}$,用 LSTM 神经网络辨识模型。

时间(s)	0	1	2	3	4
瞬时电压(V)	50	35	25	20	15

7.8 简述强化学习的基本架构,强化学习的损失函数是什么?其与深度学习的损失函数有何区别?

7.9 简述 Q-Learning 算法,写出其 $Q(s,a)$ 更新公式。

7.10 设 SISO 系统的差分方程为

$$z(k) + a_1 z(k-1) + a_2 z(k-2) = b_1 u(k-1) + +V(k)$$
$$V(k) = v(k) + a_1 v(k-1) + a_2 v(k-2)$$

其真值 $\boldsymbol{\theta} = [a_1 \quad a_2 \quad b_1]^{\mathrm{T}} = [1.5 \quad 2 \quad 1]^{\mathrm{T}}$,输入数据如下表所示。当 $v(k)$ 取均值为 0,方差分别为 0.1 的不相关随机序列时。

k	1	2	3	4	5	6	7	8
$u(k)$	1.14	0.23	-0.79	-1.59	-1.09	0.88	1.15	1.54

试采用混合模型辨识方法拟合模型输出,并给出仿真程序和辨识结果。

参考文献

[1] 张泽旭. 神经网络控制与 MATLAB 仿真[M]. 哈尔滨:哈尔滨工业大学出版社,2011.

[2] 武玉伟. 深度学习基础与应用[M]. 北京:北京理工大学出版社,2020.

[3] LESHNO M, LIN V Y, PINKUS A, et al. Multilayer feedforward networks with a nonpolynomial activation function can approximate any function[J]. Neural networks, 1993, 6(6): 861-867.

[4] RUMELHART D E, HINTON G E, WILLIAMS R J. Learning representations by back-propagating errors[J]. Nature, 1986, 323(6088): 533-536.

[5] FOGEL E. System identification via membership set constraints with energy constrained noise[J]. IEEE Transactions on Automatic Control, 1979, 24(5): 752-758.

[6] FOGEL E, HUANG Y F. On the value of information in system identification: bounded noise case[J]. Automatica, 1982, 18(2): 229-238.

[7] GOODFELLOW I, BENGIO Y, COURVILLE A. Deep learning[M]. Cam-

bridge：MIT Press，2016.

[8] SIEGELMANN H T. Computation beyond the Turing limit[J]. Science，1995，268(5210)：545-548.

[9] HOCHREITER S，SCHMIDHUBER J. Long short-term memory[J]. Neural computation，1997，9(8)：1735-1780.

[10] GERS F A，SCHMIDHUBER J，CUMMINS F. Learning to forget：continual prediction with LSTM[J]. Neural computation，2000，12(10)：2451-2471.

[11] GREFF K，SRIVASTAVA R K，KOUTNÍK J，et al. LSTM：a search space odyssey[J]. IEEE transactions on neural networks and learning systems，2016，28(10)：2222-2232.

[12] JOZEFOWICZ R，ZAREMBA W，SUTSKEVER I. An empirical exploration of recurrent network architectures[J]. Proceedings of machine learning research，2015,37：2342-2350.

[13] SUTTON R S，BARTO A G. Reinforcement learning：an introduction[M]. Cambridge：MIT Press，1988.

[14] 邱锡鹏. 神经网络与深度学习[M]. 北京：机械工业出版社，2020.

Chapter 8

第 8 章 飞机系统辨识

系统辨识在飞机设计中具有重要的应用价值，它可以帮助设计者更好地理解和控制飞机的各个物理过程和系统，提高飞机性能和安全性。系统辨识可以提供一种相比机理建模更加省时、相比风洞试验大大节约成本的实用方法。通过系统辨识，可以评估飞机的机动性能，为飞机设计提供依据。例如，在倾转旋翼飞行器设计和相关理论研究过程中，获取准确的气动模型和状态空间模型是重要环节，系统辨识作为机理建模的补充，可以提供更为准确和实用的数学模型，这些模型可以用于飞行器的控制设计、性能预测和优化等。此外，系统辨识还可以用于飞行动力学分析和控制以及气动弹性等问题的研究。

本章主要介绍飞机系统数学模型，并应用最小二乘法、极大似然法和神经网络方法对飞机系统进行辨识。

8.1 飞机系统数学模型

飞机系统数学模型是用于描述飞机系统动态行为的数学表达式。这些模型可以帮助工程师和设计师更好地理解飞机的性能，并用于设计、分析和优化飞机的各种系统。飞机系统数学模型的建立通常基于物理原理和实际测试数据。建立飞机系统数学模型需要综合考虑多种因素，包括飞机系统的物理性质、工作原理、边界条件等。同时，建立的飞机模型也需要经过验证，以确保其准确性和可靠性，主要方法包括实际测试、仿真分析、理论证明等。美肯（Milliken）[1]于 1947 年采用频率响应数据和简单的半图形方法，首次提出了从飞行参数中获取模型静态和动态参数的方法。此后，格林伯格（Greenberg）[2]和辛布罗特（Shinbrot）[3]建立了更为通用和严格的方法来确定瞬时机动的飞机空气动力学参数。

8.1.1 飞机系统工作原理

飞机系统原理可以分为气动原理、机械原理和控制原理。气动原理主要研究空气对飞机运动的作用力和运动状态，机翼是产生升力的主要部件。机翼通过其特殊的形状和流线型，利用空气动力学原理产生升力。机翼上通常安装有多个辅助设备，如空气刹车、襟翼和襟翼等，它们可以调整机翼的形状，从而改变飞机的升力和阻力，实现起降和巡航等飞行状态的转换。机械原理涉及飞机的各个子系统，如起落装置、机身、尾翼、动力装置等。发动机是飞机提供动力的关键组件，常用的发动机有涡轮喷气发动机和螺旋桨发动机等。控制原理涉及飞机的导航、稳定性和控制响应。飞机的偏航运动靠方向舵控制；直升机的横向稳定靠其尾部侧面的小型螺旋桨，直升机的左转、右转或保持稳定航向都是靠它完成的。此外，飞机液压系统也是飞机的重要组成部分，它使用加压流体将特定部件从一个位置移动到另一个位置，为飞机部件的操作提供了一种控制方式，其工作原理是帕斯卡定律，即受压流体在流体中的每个点和每个方向上施加相等的压力。

典型的喷气式飞机如图 8-1 所示，图中给出了平移速度矢量、角速度矢量、气动力和力矩矢量沿体轴的分量，所示符号都是标准符号。对于角速度或作用力矩，符号约定满足右手法则。角速度或绕体轴 x、y 或 z 轴的作用力分别用滚转、俯仰和偏航来描述。

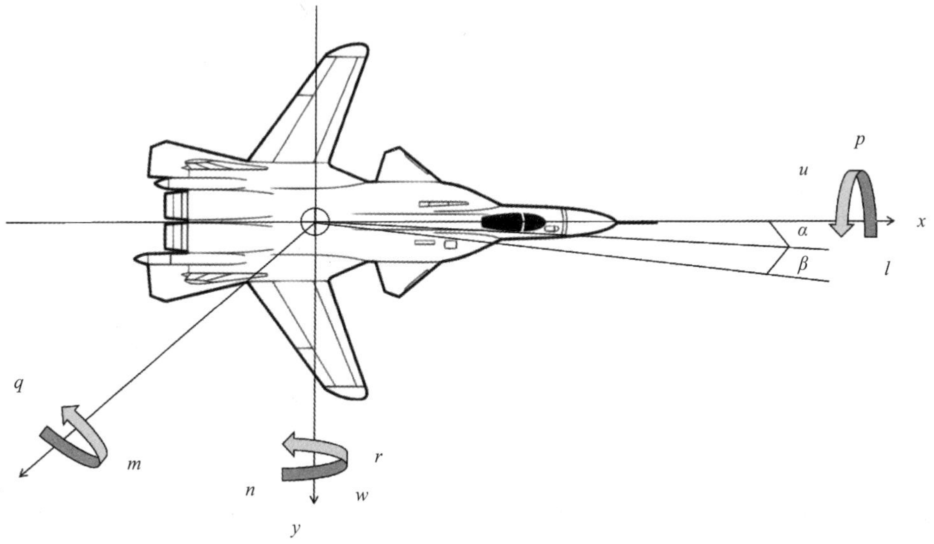

图 8-1　飞机符号和符号约定

操纵面是绕铰链旋转以改变作用于飞机上的气动力和力矩的铰链面。常规飞机的操纵面有升降舵 δ_e、副翼 δ_a 和方向舵 δ_r，这些操纵装置分别用来生成体轴（y 轴、x 轴、z 轴）的力矩（图 8-2）。除这些基本操纵装置外，还会有其他操纵面代替或补充这些基本操纵面。例如，一些飞机能够改变推力作用方向（称为推力矢量），推力矢量操纵装置与气动操纵面有根本上的不同，推力作用方向的改变是作用力和力矩的改变（而不是气动力改变）的原因。

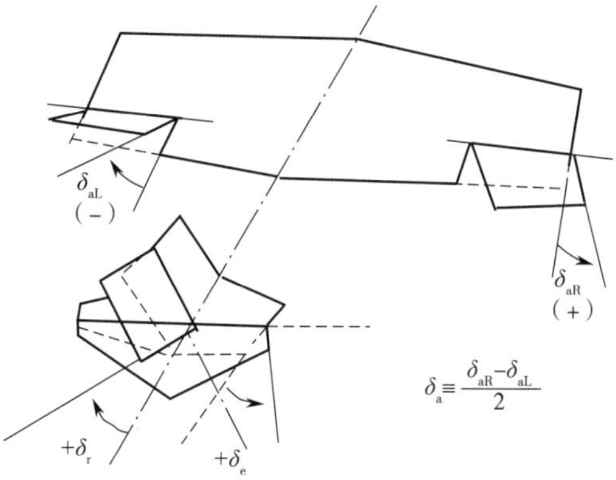

图 8-2　操纵面符号约定

独立的操纵面偏转同样遵循右手法则。一些操纵,如副翼,同步不对称地偏转,这意味着两侧机翼的副翼操纵面反向偏转,这需要另一种方式来定义正向副翼偏转。这里定义的副翼偏度为

$$\delta_{\mathrm{a}} = \frac{1}{2}(\delta_{\mathrm{aR}} - \delta_{\mathrm{aL}}) \tag{8.1.1}$$

式中:δ_{aR} 是右侧副翼偏度;δ_{aL} 是左侧副翼偏度。

8.1.2 飞机系统动力学模型

飞机体轴力矩的动力学方程表示如下

$$\dot{p} - \frac{I_{xz}}{I_x}\dot{r} = \frac{\bar{q}Sb}{I_x}C_l - \frac{(I_z - I_y)}{I_x}qr + \frac{I_{xz}}{I_x}qp \tag{8.1.2}$$

$$\dot{q} = \frac{\bar{q}S\bar{c}}{I_y}C_m - \frac{(I_x - I_z)}{I_z}pr - \frac{I_{xz}}{I_y}(p^2 - r^2) + \frac{I_p}{I_y}\Omega_p r \tag{8.1.3}$$

$$\dot{r} - \frac{I_{xz}}{I_z}\dot{p} = \frac{\bar{q}Sb}{I_z}C_n - \frac{(I_y - I_x)}{I_z}pq - \frac{I_{xz}}{I_z}qr - \frac{I_p}{I_z}\Omega_p q \tag{8.1.4}$$

式中:$\bar{q}$ 为动压;S 为机翼参考面积;b 为翼展;$\bar{c}$ 为机翼平均弦长;p、q 和 r 分别为 3 个角速度分量;I 为转动惯量;C_l、C_m 和 C_n 为飞机的气动系数;Ω_p 为角速度。

飞机风轴系的力方程可以表示为

$$\begin{aligned}\dot{V} = &-\frac{\bar{q}S}{m}C_{\mathrm{D_w}} + \frac{T}{m}\cos\alpha\cos\beta \\ &+ g(\cos\phi\cos\theta\sin\alpha\cos\beta + \sin\phi\cos\theta\sin\beta - \sin\theta\cos\alpha\cos\beta)\end{aligned} \tag{8.1.5}$$

$$\begin{aligned}\dot{\alpha} = &-\frac{\bar{q}S}{mV\cos\beta}C_{\mathrm{L}} + q - \tan\beta(p\cos\alpha + r\sin\alpha) \\ &-\frac{T\sin\alpha}{mV\cos\beta} + \frac{g}{V\cos\beta}(\cos\phi\cos\theta\cos\alpha + \sin\theta\sin\alpha)\end{aligned} \tag{8.1.6}$$

$$\begin{aligned}\dot{\beta} = &\frac{\bar{q}S}{mV}C_{\mathrm{Y_w}} + p\sin\alpha - r\cos\alpha + \frac{g}{V}\cos\beta\sin\phi\cos\theta \\ &+ \frac{\sin\beta}{V}\left(g\cos\alpha\sin\theta - g\sin\alpha\cos\phi\cos\theta + \frac{T\cos\alpha}{m}\right)\end{aligned} \tag{8.1.7}$$

式中:V 为飞机传感器测量的空速;α 为迎角;β 为侧滑角;ϕ、θ 为欧拉角;g 为重力加速度;m 为质量;C_{L}、$C_{\mathrm{D_w}}$、$C_{\mathrm{Y_w}}$ 分别是正升力系数、阻力系数和侧力系数,表达式为

$$C_{\mathrm{L}} = -C_Z\cos\alpha + C_X\sin\alpha \tag{8.1.8}$$

$$C_{\mathrm{D_w}} = C_{\mathrm{D}}\cos\beta - C_Y\sin\beta \tag{8.1.9}$$

$$C_{\mathrm{Y_w}} = C_Y\cos\beta + C_{\mathrm{D}}\sin\beta \tag{8.1.10}$$

式中:C_{D} 是正风轴阻力系数,

$$C_{\mathrm{D}} = -C_X\cos\alpha - C_Z\sin\alpha \tag{8.1.11}$$

力矩方程可以改写为状态空间形式

$$\dot{p}=(c_1r+c_2p-c_4I_p\Omega_p)q+\overline{q}Sb(c_3C_l+c_4C_n) \tag{8.1.12}$$

$$\dot{q}=(c_5p+c_7I_p\Omega_p)r-c_6(p^2-r^2)+c_7\overline{q}S\overline{c}C_m \tag{8.1.13}$$

$$\dot{r}=(c_8p-c_2r-c_9I_p\Omega_p)q+\overline{q}Sb(c_9C_n+c_4C_l) \tag{8.1.14}$$

式中：$c_1,c_2,\cdots,c_9$ 为由体轴惯量确定的惯性常数，表达式为

$$c_1=[(I_y-I_z)I_z-I_{xz}^2]/\varGamma \tag{8.1.15}$$

$$\Gamma=I_xI_z-I_{xz}^2 \tag{8.1.16}$$

$$c_2=[(I_x-I_y+I_z)I_{xz}]/\varGamma \tag{8.1.17}$$

$$c_3=I_z/\varGamma \tag{8.1.18}$$

$$c_4=I_{xz}/\varGamma \tag{8.1.19}$$

$$c_5=(I_z-I_x)/I_y \tag{8.1.20}$$

$$c_6=I_{xz}/I_y \tag{8.1.21}$$

$$c_7=1/I_y \tag{8.1.22}$$

$$c_8=[(I_x-I_y)I_x-I_{xz}^2]/\varGamma \tag{8.1.23}$$

$$c_9=I_x/\varGamma \tag{8.1.24}$$

飞机系统的纵向和横向气动模型方程可写为

$$C_a=C_{a_0}(\alpha,\beta)_{q=\delta=0}+\bar{C}_{a_q}(\alpha)\frac{q\bar{c}}{2V_0}+C_{a_\delta}(\alpha)\delta,\quad a\text{为D,L或}m \tag{8.1.25}$$

$$C_a=C_{a_0}(\alpha,\beta)_{p=r=\delta=0}+C_{a_p}(\alpha)\frac{pb}{2V_0}+C_{a_r}(\alpha)\frac{rb}{2V_0}+C_{a_\delta}(\alpha)\delta,\quad a\text{为Y,}l\text{或}n \tag{8.1.26}$$

8.1.3 飞机系统线性化模型

一般形式的飞机动力学方程是一组耦合非线性方程组。在许多情况下，这些方程可以简化。最常用的简化模型是通过方程在基准条件下线性化实现的。当基准条件为无侧滑的定常机翼水平飞行时，这些线性化动力学方程可分为两个独立的方程组：一组描述对称平面内的纵向运动，另一组描述非对称平面内的横向运动。线性化动力学方程组已广泛应用于稳定性和操纵性分析及系统辨识。广泛使用线性化模型的主要原因是许多常见的飞机机动可由基准条件下的线加速度和角加速度的小扰动来描述；在许多情况下，主要气动效应通过状态和操纵变量的线性函数能很好地进行描述。此外，实际的稳定性分析和控制系统设计基于线性动力学模型。

应用于飞机系统辨识的数据主要来自激励纵向短周期模态或体轴滚转、螺旋运动和横航向振荡模态有关的机动。对于这些机动，空速可以认为恒定不变，纵向和横向运动被解耦。实际上，空速与基准值有一些不同，纵向机动过程中横航向变量有一些变化，反之亦然。为了使方程相较于所展现的机动是一种简单的形式，动压 $\overline{q}$、空速 V 及能够使纵向和横向运动之间产生耦合的变量都用测量值代替。对于纵向运动，去除阻力和运动方程，利用试验测量值（$\overline{q}$、T_E、V_E、α_E、θ_E、β_E、p_E、r_E 及 ϕ_E）对方程

进行简化,可以得到

$$\dot{\alpha} = -\frac{\bar{q}_{\mathrm{E}}S}{mV_{\mathrm{E}}\cos\beta_{\mathrm{E}}}C_{\mathrm{L}} + q - \tan\beta_{\mathrm{E}}(\beta_{\mathrm{E}}\cos\alpha_{\mathrm{E}} + r_{\mathrm{E}}\sin\alpha_{\mathrm{E}}) - \frac{T\sin\alpha_{\mathrm{E}}}{mV_{\mathrm{E}}\cos\beta_{\mathrm{E}}} + \frac{g}{V_{\mathrm{E}}\cos\beta_{\mathrm{E}}}(\cos\phi_{\mathrm{E}}\cos\theta_{\mathrm{E}}\cos\alpha_{\mathrm{E}}s + \sin\theta_{\mathrm{E}}\sin\alpha_{\mathrm{E}}) \tag{8.1.27}$$

$$\dot{q} = \frac{\bar{q}_{\mathrm{E}}S\bar{c}}{I_y}C_m - \frac{(I_x - I_z)}{I_y}p_{\mathrm{E}}r_{\mathrm{E}} - \frac{I_{xz}}{I_y}(p_{\mathrm{E}}^2 - r_{\mathrm{E}}^2) + \frac{I_p}{I_y}\Omega_p r_{\mathrm{E}} \tag{8.1.28}$$

假设测量的侧滑角 β_{E} 较小,简化的纵向方程形式为

$$\dot{\alpha} = -\frac{\bar{q}_{\mathrm{E}}S}{mV_{\mathrm{E}}}C_{\mathrm{L}} + q - (p_{\mathrm{E}}\cos\alpha_{\mathrm{E}} + r_{\mathrm{E}}\sin\alpha_{\mathrm{E}})\beta_{\mathrm{E}} - \frac{T\sin\alpha_{\mathrm{E}}}{mV_{\mathrm{E}}} + \frac{g}{V_{\mathrm{E}}\cos\beta_{\mathrm{E}}}(\cos\phi_{\mathrm{E}}\cos\theta_{\mathrm{E}}\cos\alpha_{\mathrm{E}}s + \sin\theta_{\mathrm{E}}\sin\alpha_{\mathrm{E}}) \tag{8.1.29}$$

$$\dot{q} = \frac{\bar{q}_{\mathrm{E}}S\bar{c}}{I_y}C_m - \frac{(I_x - I_z)}{I_y}p_{\mathrm{E}}r_{\mathrm{E}} - \frac{I_{xz}}{I_y}(p_{\mathrm{E}}^2 - r_{\mathrm{E}}^2) + \frac{I_p}{I_y}\Omega_p r_{\mathrm{E}} \tag{8.1.30}$$

基于测量值,横航向线性化方程为

$$\dot{\beta} = \frac{\bar{q}_{\mathrm{E}}S}{mV_{\mathrm{E}}}C_Y + p\sin\alpha_{\mathrm{E}} - r\cos\alpha_{\mathrm{E}} + \frac{g}{V_{\mathrm{E}}}\sin\phi_{\mathrm{E}}\cos\theta_{\mathrm{E}} \tag{8.1.31}$$

$$\dot{p} - \frac{I_{xz}}{I_x}\dot{r} = \frac{\bar{q}_{\mathrm{E}}Sb}{I_x}C_l - \frac{(I_z - I_y)}{I_x}q_{\mathrm{E}}r + \frac{I_{xz}}{I_x}q_{\mathrm{E}}p \tag{8.1.32}$$

$$\dot{r} - \frac{I_{xz}}{I_z}\dot{p} = \frac{\bar{q}_{\mathrm{E}}Sb}{I_z}C_n - \frac{(I_y - I_x)}{I_z}q_{\mathrm{E}}p - \frac{I_{xz}}{I_z}q_{\mathrm{E}}r - \frac{I_p}{I_z}\Omega_p q_{\mathrm{E}} \tag{8.1.33}$$

$$\dot{\phi} = p + \tan\theta_{\mathrm{E}}(q_{\mathrm{E}}\sin\phi_{\mathrm{E}} + r\cos\phi_{\mathrm{E}}) \tag{8.1.34}$$

$$\dot{\psi} = \sec\theta_{\mathrm{E}}r \tag{8.1.35}$$

上述线性化的方程可用于大幅或强耦合机动,因为没有一个非线性项因小扰动变量的相乘而被删除。但是当测量的参数被引入动力学方程时,求解的精度受测量变量的系统误差和随机误差的影响。

8.2 飞机系统辨识流程

系统辨识方法应用于飞机建模时,需要提出飞机动力学方程,设计试验获取输入和输出变量的测量数据。飞机动力学方程组来自牛顿第二定律的平移和旋转形式。采用矢量形式,这些方程表示为

$$m\dot{\boldsymbol{V}} + w \times m\boldsymbol{V} = F_{\mathrm{G}}(\zeta) + F_{\mathrm{T}} + F_{\mathrm{A}}(\boldsymbol{V}, w, u, \theta) \tag{8.2.1}$$

$$I\boldsymbol{\omega} + \boldsymbol{\omega} \times I\boldsymbol{\omega} = M_{\mathrm{T}} + M_{\mathrm{A}}(\boldsymbol{V}, w, u, \theta) \tag{8.2.2}$$

式中:m 是飞机质量;I 是惯性张量;ζ 是表明飞机相对地轴系姿态的欧拉角;$\boldsymbol{V}$ 和 $\boldsymbol{\omega}$ 是飞机运动的平移速度和角速度矢量;$\boldsymbol{u}$ 是操纵矢量。方程中的作用力来自重力

(F_G)、推力(F_T)和气动力(F_A)。作用力矩来自推力(M_T)和气动力(M_A)。重力建模通过增加描述飞机相对于地轴姿态的运动微分方程,并假设重力加速度矢量恒定不变来完成。一般情况下,推力引起的作用力和力矩模型是基于在地面开展的发动机试验结果和发动机安装的几何位置开发的。飞机系统辨识简化为确定气动力(F_A)和力矩(M_A)的模型结构,以及基于测量数据估计这些模型结构中的未知参数。$\boldsymbol{\theta}$ 是参数矢量,在当前模型中规定了飞机的气动特性。针对 F_A 和 M_A 识别的模型结构称为气动模型方程。

将动力学方程式(8.2.1)和式(8.2.2)合并,用于描述飞机状态、操纵输出与测量输出之间关系的输出方程,及描述测量过程的测量方程。完整的方程组可以写为

$$\dot{\boldsymbol{x}}(t)=f[x(t),u(t),\theta] \tag{8.2.3}$$

$$x(0)=x_0 \tag{8.2.4}$$

$$\boldsymbol{y}(t)=h[x(t),u(t),\theta] \tag{8.2.5}$$

$$z(i)=y(i)+v(i), i=1,2,\cdots,N \tag{8.2.6}$$

式中:$\boldsymbol{x}$ 由 V、ω 和 ζ 组成;控制矢量一般由油门位置和操纵面偏度组成;输出矢量 $\boldsymbol{y}$ 的元素是飞机响应变量,通常包含状态变量;离散测量输出 $z(i)$ 掺杂了测量噪声 $v(i)$。

飞机系统辨识可以定义为根据输入和输出的测量结果确定 F_A 和 M_A 的模型结构,以及估计包含在这些模型结构中的未知参数矢量 $\boldsymbol{\theta}$。

飞机系统辨识过程包括模型假设、实验设计、数据相容性分析、模型结构确定、参数和状态估计、共线性诊断和模型确认。这些步骤是辨识以飞机运动和操纵为变量的气动力和力矩函数所必需的。图 8-3 所示为飞机系统辨识通用过程的原理,下面将对每一步进行简要描述。

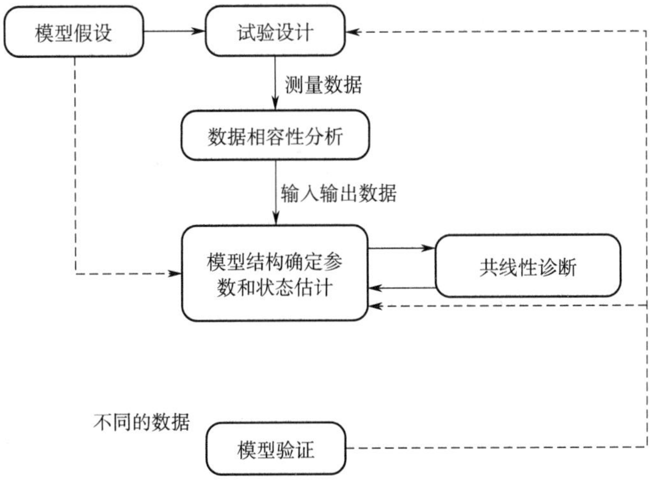

图 8-3　飞机系统辨识框图

(1)模型假设

模型假设基于飞机动力学特性和气动特性的先验知识[4]。假设的模型会影响用

于系统辨识的飞行试验机动的类型。

(2)试验设计

试验设计包括选择测试系统以及确定飞机构型、飞行条件和用于系统辨识的机动。测试系统主要用于在飞机机动过程中，以一定的采样间隔输入和输出变量。

(3)数据相容性分析

即使经过认真的测量和试验之后，飞机响应的测量数据仍可能包含系统误差。为了验证数据精度，可基于飞机测量的响应，采取数据相容性分析来完成。

(4)模型结构确定

飞机系统辨识的模型结构确定是基于测量数据，从一类模型中选择一种特定的模型形式[5]。

(5)参数和状态估计

进行飞机系统辨识需要四项：包含信息的试验、测量的输入输出数据、被试飞机的数学模型及估计方法。参数和状态估计构成飞机系统辨识程序的主要部分。

(6)共线性诊断

这种诊断包含两个基本步骤：第一，检查模型项之间是否存在线性相关性；第二，评估这些关系对参数估计产生不利影响的程度。然后利用诊断信息帮助决定需要和应当采取何种修正措施。

(7)模型验证

模型验证是参数辨识过程中的最后一步，不管模型是如何得到的都应该进行验证。辨识的模型都应该表明其参数存在物理上合理的值和可接受的精度。

8.3 基于最小二乘法的飞机系统辨识

8.3.1 飞机系统最小二乘辨识方法

为了实现飞机系统最小二乘辨识，首先需要确定飞机系统的模型。基于风洞试验过程采集的飞行数据，可以利用回归法描述无量纲俯仰力矩系数 C_m 与迎角 α 及马赫数 Ma 之间的依赖关系

$$C_m = C_{m_0} + C_{m_\alpha}\alpha + C_{m_{Ma}}Ma + C_{m_{\alpha Ma}}\alpha Ma + v_m \tag{8.3.1}$$

式中：α 和 Ma 被设置为每一试验点的选择值。

假设俯仰力矩系数 C_m 依赖于 α 和 Ma，其中 C_{m_0}、C_{m_α}、$C_{m_{Ma}}$ 和 $C_{m_{\alpha Ma}}$ 是待确定的常数模型参数。相应地，α 和 Ma 称为自变量，C_m 称为因变量或相应变量。相应地，α 和 Ma 称为自变量，C_m 称为因变量或者响应变量。系统中可能存在影响 C_m 的其他变量，但这些变量在实验过程中保持不变，即可能的影响变量在已知范围内。

由于每一试验点的自变量 α 和 Ma 由实验人员设置，因此假设它们的测量没有误差。因变量 C_m 受随机误差的影响，因此是一个随机变量。随机误差项 v_m 包括未知的随机影响和因变量随机测量误差。在风洞试验中，C_m 的测量是直接通过对安装在模型和风洞系统之间应变式天平测量的俯仰力矩的无量纲化而获得的。对于飞行试验数据，无量纲力和力矩系数的测量值不能以这种方式获得，而是根据飞机平移和旋转运动的测量值以及飞机的集合和质量惯性，利用动力学方程来计算。因此，C_m 值是根据其他测量值计算得到的，而不是类似风洞试验直接测量。对俯仰力矩系数 C_m，测量值按下式计算

$$C_m = \frac{1}{\bar{q}Sc}[I_y\dot{q} + (I_x - I_y)pr + I_{xz}(p^2 - r^2) - I_p\Omega_p r] \tag{8.3.2}$$

式中：俯仰角速度导数通常不直接测量，而是使用测量俯仰角速度 q 平滑后的数值微分。

基于飞行试验数据，当辨识模型应用于 C_m 时，通过最小二乘法从俯仰力矩方程获得 C_m 值，使俯仰力矩方程的平方误差最小，因此该方法又称为方程误差法[6]。模型方程式和回归方程式的一般形式可以采用矢量和矩阵符号写成

$$\boldsymbol{y} = \boldsymbol{X\theta} \tag{8.3.3}$$

和

$$\boldsymbol{z} = \boldsymbol{X\theta} + \boldsymbol{v} \tag{8.3.4}$$

式中：$\boldsymbol{z} = [z(1), z(2), \cdots, z(N)]^{\mathrm{T}}$；$\boldsymbol{\theta} = [\theta_0, \theta_1, \cdots, \theta_n]^{\mathrm{T}}$，$n_p = n + 1$ 为未知参数矢量阶数；$\boldsymbol{X} = [i, \xi_1, \cdots, \xi_n]$ 是 $N \times n_p$ 阶由单位矢量 i 和回归量组成的矩阵；$\boldsymbol{v} = [v(1), v(2), \cdots, v(N)]^{\mathrm{T}}$ 是 N 阶测量误差矢量。

回归矢量 $\xi_j (j = 1, 2, \cdots, n)$ 是自变量的已知函数，代价函数为

$$J(\boldsymbol{\theta}) = \frac{1}{2}(\boldsymbol{z} - \boldsymbol{X\theta})^{\mathrm{T}}(\boldsymbol{z} - \boldsymbol{X\theta}) \tag{8.3.5}$$

使代价函数 $J(\boldsymbol{\theta})$ 最小化的参数估计量 $\hat{\boldsymbol{\theta}}$ 满足

$$\frac{\partial J}{\partial \boldsymbol{\theta}} = -\boldsymbol{X}^{\mathrm{T}}\boldsymbol{z} + \boldsymbol{X}^{\mathrm{T}}\boldsymbol{X}\hat{\boldsymbol{\theta}} = 0 \tag{8.3.6}$$

或

$$\boldsymbol{X}^{\mathrm{T}}\boldsymbol{z} = \boldsymbol{X}^{\mathrm{T}}\boldsymbol{X}\hat{\boldsymbol{\theta}} \tag{8.3.7}$$

或

$$\boldsymbol{X}^{\mathrm{T}}(\boldsymbol{z} - \boldsymbol{X}\hat{\boldsymbol{\theta}}) = 0 \tag{8.3.8}$$

这些方程对未知参数矢量 $\boldsymbol{\theta}$ 的解给出最小二乘估计（也称为普通最小二乘估计）的形式

$$\hat{\boldsymbol{\theta}} = (\boldsymbol{X}^{\mathrm{T}}\boldsymbol{X})^{-1}\boldsymbol{X}^{\mathrm{T}}\boldsymbol{z} \tag{8.3.9}$$

式中：$n_p \times n_p$ 阶矩阵 $\boldsymbol{X}^{\mathrm{T}}\boldsymbol{X}$ 始终是对称的。

如果由回归矢量组成的列矢量是线性独立的，则 $\boldsymbol{X}^{\mathrm{T}}\boldsymbol{X}$ 是正定的，$\boldsymbol{X}^{\mathrm{T}}\boldsymbol{X}$ 的特征值为正实数，相关的特征矢量相互正交，$(\boldsymbol{X}^{\mathrm{T}}\boldsymbol{X})^{-1}$ 存在。代价函数相对参数矢量的二阶

梯度是 $\boldsymbol{X}^{\mathrm{T}}\boldsymbol{X}$，它是正定的，表示代价函数取最小值而不是最大值，参数估计量 $\hat{\boldsymbol{\theta}}$ 的协方差矩阵，又称估计误差 $\hat{\boldsymbol{\theta}}-\boldsymbol{\theta}$ 的协方差矩阵

$$\begin{aligned}\mathrm{Cov}(\hat{\boldsymbol{\theta}}) &\equiv E[(\hat{\boldsymbol{\theta}}-\boldsymbol{\theta})(\hat{\boldsymbol{\theta}}-\boldsymbol{\theta})^{\mathrm{T}}] \\ &= E\{(\boldsymbol{X}^{\mathrm{T}}\boldsymbol{X})^{-1}\boldsymbol{X}^{\mathrm{T}}(\boldsymbol{z}-\boldsymbol{y})(\boldsymbol{z}-\boldsymbol{y})^{\mathrm{T}}\boldsymbol{X}(\boldsymbol{X}^{\mathrm{T}}\boldsymbol{X})^{-1}\} \\ &= (\boldsymbol{X}^{\mathrm{T}}\boldsymbol{X})^{-1}\boldsymbol{X}^{\mathrm{T}}E(\boldsymbol{v}\boldsymbol{v}^{\mathrm{T}})\boldsymbol{X}(\boldsymbol{X}^{\mathrm{T}}\boldsymbol{X})^{-1}\end{aligned} \tag{8.3.10}$$

式中：真实参数矢量 $\boldsymbol{\theta}$ 与真实输出 $\boldsymbol{y}$ 相关，$\boldsymbol{\theta}=(\boldsymbol{X}^{\mathrm{T}}\boldsymbol{X})^{-1}\boldsymbol{X}^{\mathrm{T}}\boldsymbol{y}$。

假设测量误差不相关，且具有常数方差 σ^2，$E(\boldsymbol{v}\boldsymbol{v}^{\mathrm{T}})=\sigma^2\boldsymbol{I}$，则 $\hat{\boldsymbol{\theta}}$ 的协方差矩阵的表达式可简化为

$$\mathrm{Cov}(\hat{\boldsymbol{\theta}})=E[(\hat{\boldsymbol{\theta}}-\boldsymbol{\theta})(\hat{\boldsymbol{\theta}}-\boldsymbol{\theta})^{\mathrm{T}}]=\sigma^2(\boldsymbol{X}^{\mathrm{T}}\boldsymbol{X})^{-1} \tag{8.3.11}$$

参数矢量 $\hat{\boldsymbol{\theta}}$ 中的第 j 个估计参数的方差矩阵的第 j 个对角元素为

$$\mathrm{Var}(\hat{\boldsymbol{\theta}}_j)=\sigma^2 d_{jj}=s^2(\hat{\boldsymbol{\theta}}_j),\quad j=1,2,\cdots,n_p \tag{8.3.12}$$

估计参数 $\hat{\boldsymbol{\theta}}_j$ 和 $\hat{\boldsymbol{\theta}}_k$ 之间的协方差为

$$\mathrm{Cov}(\hat{\boldsymbol{\theta}}_j,\hat{\boldsymbol{\theta}}_k)=\sigma^2 d_{jk};\ j,k=1,2,\cdots,n_p \tag{8.3.13}$$

相关系数 r_{jk} 是参数估计量 $\hat{\boldsymbol{\theta}}_j$ 和 $\hat{\boldsymbol{\theta}}_k$ 之间相关性的度量。$r_{jk}=1$ 意味着估计参数 $\hat{\boldsymbol{\theta}}_j$ 和 $\hat{\boldsymbol{\theta}}_k$ 是线性相关的，或者可以等效地认为，它们相应的回归量是线性依赖的。$r_{jk}=-1$ 时，意义是相同的，只是线性关系式包含负号。在 $n_p\times n_p$ 阶矩阵排列所有的 r_{jk} 值构成参数相关性矩阵 $\mathrm{Corr}(\hat{\boldsymbol{\theta}})$，沿元素为 1 的主对角线对称

$$\mathrm{Corr}(\hat{\boldsymbol{\theta}})=[r_{jk}];\ j,k=1,2,\cdots,n_p \tag{8.3.14}$$

参数相关性矩阵也可通过下列矩阵获得

$$\mathrm{Corr}(\hat{\boldsymbol{\theta}})=\begin{bmatrix}\frac{1}{s(\hat{\theta}_1)} & 0 & \cdots & 0\\ 0 & \frac{1}{s(\hat{\theta}_2)} & & 0\\ \vdots & & & \vdots\\ 0 & 0 & \cdots & \frac{1}{s(\hat{\theta}_{n_p})}\end{bmatrix}\mathrm{Cov}(\hat{\boldsymbol{\theta}})\begin{bmatrix}\frac{1}{s(\hat{\theta}_1)} & 0 & \cdots & 0\\ 0 & \frac{1}{s(\hat{\theta}_2)} & & 0\\ \vdots & & & \vdots\\ 0 & 0 & \cdots & \frac{1}{s(\hat{\theta}_{n_p})}\end{bmatrix} \tag{8.3.15}$$

估计的因变量 $\hat{\boldsymbol{y}}$ 依赖于测量输出 $\boldsymbol{z}$ 与回归矩阵 $\boldsymbol{X}$，关系为

$$\hat{\boldsymbol{y}}=\boldsymbol{X}\boldsymbol{\theta}=\boldsymbol{X}(\boldsymbol{X}^{\mathrm{T}}\boldsymbol{X})^{-1}\boldsymbol{X}^{\mathrm{T}}\boldsymbol{z}=\boldsymbol{K}\boldsymbol{z} \tag{8.3.16}$$

式中：$\boldsymbol{K}$ 是 $N\times N$ 阶预测矩阵。

把测量输出映射到估计输出。测量值 $\boldsymbol{z}$ 和估计值 $\hat{\boldsymbol{y}}$ 之间的误差残差，构成矢量 $\boldsymbol{v}$，形式为

$$\boldsymbol{v}=\boldsymbol{z}-\hat{\boldsymbol{y}}=\boldsymbol{z}-\boldsymbol{X}\hat{\boldsymbol{\theta}}=\boldsymbol{z}-\boldsymbol{X}(\boldsymbol{X}^{\mathrm{T}}\boldsymbol{X})^{-1}\boldsymbol{X}^{\mathrm{T}}\boldsymbol{z}=(\boldsymbol{I}-\boldsymbol{K})\boldsymbol{z} \tag{8.3.17}$$

8.3.2 仿真实例

【**例 8.1**】飞机系统横向气动力和力矩系数的回归方程为

$$C_Y(i)=C_{Y_0}+C_{Y\beta}\beta(i)+C_{Y_r}\frac{b}{2V_0}r(i)+C_{Y\delta_r}\delta_r(i)+v_Y(i)$$

$$C_l(i)=C_{l_0}+C_{l\beta}\beta(i)+C_{l_p}\frac{b}{2V_0}p(i)+C_{lr}\frac{b}{2V_0}r(i)+C_{l\delta_a}\delta_a(i)+C_{l\delta_r}\delta_r(i)+v_l(i)$$

$$C_n(i)=C_{n_0}+C_{n\beta}\beta(i)+C_{n_p}\frac{b}{2V_0}p(i)+C_{nr}\frac{b}{2V_0}r(i)+C_{n\delta_a}\delta_a(i)+C_{n\delta_r}\delta_r(i)+v_n(i)$$

式中：$i=1,2,\cdots,n$。

假设误差项具有零均值及常数方差，即 $E[v_Y(i)]=0$ 及 $\mathrm{Var}[v_Y(i)]=E[v_Y^2(i)]=\sigma_Y^2$ 等。角加速度 $\dot{p}$ 和 $\dot{r}$ 是通过对测量的角速度 p 和 r 进行局部平滑数值微分获得的。

飞机动力学方程中气动参数的最小二乘估计为

$$\hat{\boldsymbol{\theta}}=(\boldsymbol{X}^{\mathrm{T}}\boldsymbol{X})^{-1}\boldsymbol{X}^{\mathrm{T}}\boldsymbol{z}$$

对于偏航力矩系数 C_n

$$\boldsymbol{\theta}=[C_{n0},C_{n\beta},C_{np},C_{nr},C_{n\delta_a},C_{n\delta_r}]^{\mathrm{T}}$$

$$\boldsymbol{z}=[C_n(1),C_n(2),\cdots,C_n(N)]^{\mathrm{T}}$$

$$\boldsymbol{X}=\begin{bmatrix}1 & \beta(1) & \frac{b}{2V_0}p(1) & \frac{b}{2V_0}r(1) & \delta_a(1) & \delta_r(1)\\ 1 & \beta(2) & \frac{b}{2V_0}p(2) & \frac{b}{2V_0}r(2) & \delta_a(2) & \delta_r(2)\\ \vdots & \vdots & \vdots & \vdots & \vdots & \vdots\\ 1 & \beta(N) & \frac{b}{2V_0}p(N) & \frac{b}{2V_0}r(N) & \delta_a(N) & \delta_r(N)\end{bmatrix}$$

利用MATLAB仿真程序（chap8_1.m）采用多变量系统的一般最小二乘法对上述模型进行辨识，表8-1给出了偏航力矩系数结果，包括参数估计值、标准差、t统计量、拟合误差以及确定系数。图8-4给出了测量和辨识模型的偏航力矩系数之间的比较。

表8-1 气动偏航力矩系数最小二乘估计结果（首次飞行）

参数	$\hat{\theta}$	$s(\hat{\theta})$	$\lvert t_0\rvert$	$100[s(\hat{\theta})/\lvert\hat{\theta}\rvert]$
$C_{n\beta}$	8.54×10^{-2}	3.58×10^{-4}	238.9	0.4
C_{np}	-5.15×10^{-2}	1.43×10^{-3}	35.9	2.8
C_{nr}	-1.98×10^{-1}	1.30×10^{-3}	151.8	0.7
$C_{n\delta_a}$	2.34×10^{-3}	5.00×10^{-4}	4.7	21.4
$C_{n\delta_r}$	-1.31×10^{-1}	5.97×10^{-4}	218.5	0.5
C_{n_0}	-4.60×10^{-4}	7.42×10^{-6}	62.0	1.6
$s=\hat{\sigma}$	2.25×10^{-4}	–	–	–
$R^2(\%)$	99.6	–	–	–

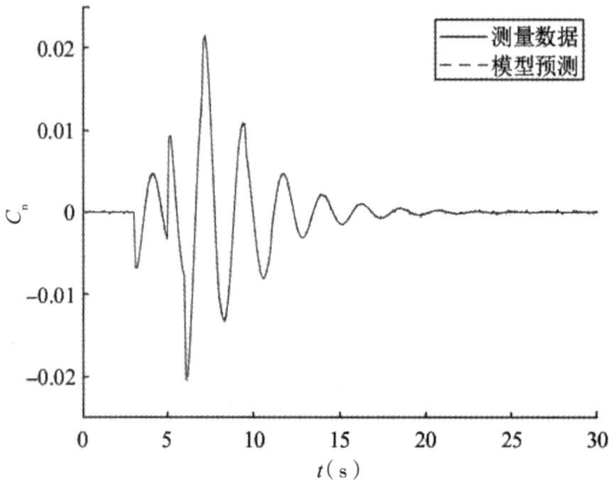

图 8-4　飞机偏航力矩系数的方程误差模型拟合结果

仿真程序(chap8_1.m):

```
% 方程误差最小二乘系统辨识
clear; clc
load F16_lat_w_vnoise2
% coeff: Cx_tot Cz_tot Cm_tot Cy_tot Cn_tot Cl_tot
% surfaces: dt de da dr (deg)
% ysim : [1]npos [2]epos [3]alt [4]phi [5]theta [6]psi [7]Vel [8]alpha...
%   [9]beta [10]p [11]q [12]r [13]~[15]nxyz [16]~[18]Mach,Qbar,Ps
%% 绘制测量的输入和输出
figure(1)
subplot(3,2,1)
plot(T,surfaces(:,3),'LineWidth',1);
grid on
ylabel('\delta_a(° )');
subplot(3,2,2)
plot(T,surfaces(:,4),'LineWidth',1);
grid on
ylabel('\delta_r(° )');
subplot(3,2,3)
plot(T,y_sim(:,9),'LineWidth',1);
grid on
ylabel('\beta(° )');
subplot(3,2,4)
plot(T,y_sim(:,10),'LineWidth',1);
grid on
ylabel('p(° /s)');
```

```
subplot(3,2,5)
plot(T,y_sim(:,12),'LineWidth',1);
grid on
xlabel('时间/s');
ylabel('r(° /s)');
subplot(3,2,6)
plot(T,y_sim(:,4),'LineWidth',1);
grid on
xlabel('时间/s');
ylabel('\phi(° )');
%% 组装回归矩阵
% beta p r da dr
X=[y_sim(:,9),y_sim(:,10),y_sim(:,12),surfaces(:,3),surfaces(:,4)];
% 绘制回归量
figure(2)
plot(T,X,'LineWidth',1)
grid on
legend('\beta(° )','phat(° /s)','rhat(° /s)','\delta_a(° )','\delta_r(° )');
%% LS process
% 需要偏移项的常数回归量
X=[X,ones(size(X,1),1)];
Cn = Coeff(:,5);
[yn,pn,crbn,s2n]=LS_fcn(X,Cn);
%      yn = 模型输出向量。
%      pn = 参数估计的向量。
%    crbn = 估计参数协方差矩阵。
%     s2n = 模型拟合误差方差估计。
figure(3)
plot(T,Cn,T,yn,'--','LineWidth',1)
ylabel('C_n','Rotation',0);
xlabel('时间/s','Rotation',0);
% title('Equation-Error Modeling','FontSize',10,'FontWeight','bold');
legend('数据','模型');
%% 区分结果
fprintf('\n\n Display the parameter estimation ')
serrn=sqrt(diag(crbn));
xnames={'beta';'p';'r';'da';'dr'};
result_disp(pn,serrn,xnames);
```

```
figure(4)
subplot(2,1,1),plot(T,Cn-yn,'b.'),grid on, hold on,
% 预测区间计算。
[syn,yln]=confin_interv(X,pn,s2n);
%  绘制预测的 95%置信区间。
plot(T,yln(:,1)-yn,'r--'),
plot(T,yln(:,2)-yn,'r--'),
hold off,
grid off,
ylabel('残差')
xlabel('时间/s')
subplot(2,1,2),plot(yn,Cn-yn,'b.'),grid on, hold on,
npts=length(yn);
plot([-0.015:0.03/(npts-1):0.015]',yln(:,1)-yn,'r--'),
plot([-0.015:0.03/(npts-1):0.015]',yln(:,2)-yn,'r--'),
hold off,
grid off,
ylabel('残差')
xlabel('模型的 C_n')
```

8.4 基于极大似然法的飞机系统辨识

飞机系统辨识是飞机研发过程中的一个重要环节，它基于飞行试验中飞行运动和控制变量的测量值，建立输入输出量间的关系，对控制律的设计、飞行模拟器的设计和飞行包线的扩展都有重要的意义。目前，最常用的飞机系统辨识方法是方程误差法以及输出误差法。基于最小二乘原理的方程误差法是一种直接方法，容易受自变量中的测量噪声影响，其估计结果是有偏差的。输出误差法基于极大似然原理[7]，通过最小化测量值和模型输出的均方差估计参数，其估计结果是渐近无偏的。针对稳定飞机系统，输出误差法是最常用的参数辨识方法之一。

8.4.1 飞机系统极大似然辨识方法

为了将极大似然辨识方法应用于飞机系统建模，一般假设飞机系统无过程噪声。极大似然函数包含测量与计算输出之间误差的加权平方和，因此产生的极大似然估计属于输出误差法。假设飞行试验在白天无风的情况下进行，机动的设计能够使假设的气动模型结构足以描述数据特征，即在模型中不包含过程噪声，因此可以使用简单的输出误差法进行数据分析和建模。具体辨识步骤如下。

根据贝叶斯原理，给定参数 θ，针对测量值 $\boldsymbol{Z}_N=[z(1),z(2),\cdots,z(n)]$ 的似然函数为

$$\begin{aligned} L[\boldsymbol{Z}_N;\boldsymbol{\theta}] &= L[z(1),z(2),\cdots,z(N);\boldsymbol{\theta}] \\ &= L[z(N)|\boldsymbol{Z}_{N-1};\boldsymbol{\theta}]L[\boldsymbol{Z}_{N-1};\boldsymbol{\theta}] \\ &= L[z(N)|\boldsymbol{Z}_{N-1};\boldsymbol{\theta}]L[z(N-1)|\boldsymbol{Z}_{N-2};\theta]L[\boldsymbol{Z}_{N-2};\boldsymbol{\theta}] \\ &\vdots \\ &= \prod_{i=1}^{N} L[\boldsymbol{z}(i)|\boldsymbol{Z}_{i-1};\boldsymbol{\theta}] \end{aligned} \tag{8.4.1}$$

又因为假设噪声是独立且正态分布的，所以测量值 $z(i)$ 也是独立且正态分布的，所以似然函数等价于

$$L[\boldsymbol{z}(i)|\boldsymbol{Z}_{i-1};\boldsymbol{\theta}]=L[\boldsymbol{z}(i);\boldsymbol{\theta}] \tag{8.4.2}$$

其均值和方差分别为

$$E[\boldsymbol{z}(i);\boldsymbol{\theta}]=\hat{\boldsymbol{y}}(i\,|\,i-1) \tag{8.4.3}$$

$$\begin{aligned} \mathrm{Cov}[z(i);\boldsymbol{\theta}] &= E\left\{\left[\boldsymbol{z}(i)-\hat{\boldsymbol{y}}(i|i-1)\right]\left[\boldsymbol{z}(i)-\hat{\boldsymbol{y}}(i|i-1)\right]^{\mathrm{T}}\right\} \\ &= E[\boldsymbol{v}(i)\boldsymbol{v}^{\mathrm{T}}(i)]=B(i) \end{aligned} \tag{8.4.4}$$

所以，似然函数的概率密度[7]表达式为

$$L[\boldsymbol{z}(i);\boldsymbol{\theta}]=(2\pi)^{-n_o/2}|B(i)|^{-\frac{1}{2}}\exp\left[-\frac{1}{2}\boldsymbol{v}^{\mathrm{T}}(i)B^{-1}(i)\boldsymbol{v}(i)\right] \tag{8.4.5}$$

通过对上述表达式求极值，得到使得似然概率取得最大的 $\boldsymbol{\theta}$ 值，就是所需要辨识的参数值。基于最大似然概率原理的参数辨识逻辑如图 8-5 所示，

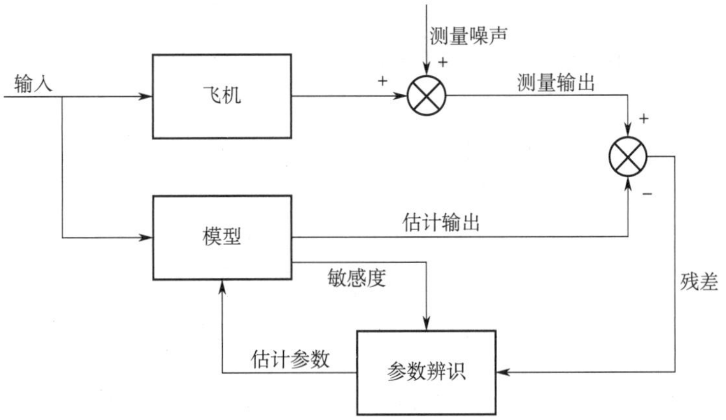

图 8-5　最大似然概率参数辨识流程

假设飞机系统不存在过程噪声，仅存在测量噪声，其状态空间模型表示为

$$\begin{aligned} &\dot{\boldsymbol{x}}(t)=\boldsymbol{A}x(t)+\boldsymbol{B}u(t) \\ &x(0)=x_0 \\ &\boldsymbol{y}(t)=\boldsymbol{C}x(t)+\boldsymbol{D}u(t) \\ &\boldsymbol{z}(i)=\boldsymbol{y}(i)+\boldsymbol{v}(i),i=1,2,\cdots,N \\ &\mathrm{Cov}[v(i)]=E[\boldsymbol{v}(i)\boldsymbol{v}^{\mathrm{T}}(j)]=\boldsymbol{R}\delta_{ij} \end{aligned} \tag{8.4.6}$$

则待求最优的似然函数为

$$-\ln L(\boldsymbol{Z}_N;\boldsymbol{\theta})=\frac{1}{2}\sum_{i=1}^{N}\boldsymbol{v}^{\mathrm{T}}(i)\boldsymbol{R}^{-1}\boldsymbol{v}(i)+\frac{N}{2}\ln|\boldsymbol{R}|+\frac{Nn_0}{2}\ln(2\pi) \tag{8.4.7}$$

转换为代价函数

$$J(\boldsymbol{\theta})=\frac{1}{2}\sum_{i=1}^{N}\boldsymbol{v}^{\mathrm{T}}(i)\boldsymbol{R}^{-1}\boldsymbol{v}(i)+\frac{1}{2}\ln|\boldsymbol{R}|=\frac{1}{2}\mathrm{tr}[\boldsymbol{R}^{-1}\sum_{i=1}^{N}\boldsymbol{v}^{\mathrm{T}}(i)\boldsymbol{v}(i)]+\frac{N}{2}\ln|\boldsymbol{R}| \tag{8.4.8}$$

对 $\boldsymbol{R}$ 求偏导数，得到

$$\begin{aligned}&\frac{\partial J}{\partial \boldsymbol{R}}=-\frac{1}{2}\boldsymbol{R}^{-1}\sum_{i=1}^{N}\boldsymbol{v}^{\mathrm{T}}(i)\boldsymbol{v}(i)\boldsymbol{R}^{-1}+\frac{N}{2}\boldsymbol{R}^{-1}\\&\Rightarrow\frac{\partial J}{\partial \boldsymbol{R}}=0\Rightarrow\hat{\boldsymbol{R}}=\frac{1}{N}\sum_{i=1}^{N}\boldsymbol{v}(i)\boldsymbol{v}^{\mathrm{T}}(i)\end{aligned} \tag{8.4.9}$$

对于给定的 $\hat{\boldsymbol{R}}$，代价函数变为

$$\begin{aligned}J(\boldsymbol{\theta})&=\frac{1}{2}\sum_{i=1}^{N}\boldsymbol{v}(i)\hat{\boldsymbol{R}}^{-1}\boldsymbol{v}^{\mathrm{T}}(i)\\&=\frac{1}{2}\sum_{i=1}^{N}[\boldsymbol{z}(i)-\boldsymbol{y}(i)]\hat{\boldsymbol{R}}^{-1}[\boldsymbol{z}(i)-\boldsymbol{y}(i)]^{\mathrm{T}}\end{aligned} \tag{8.4.10}$$

对 $\boldsymbol{\theta}$ 求偏导数，得到

$$\frac{\partial J(\boldsymbol{\theta})}{\partial\boldsymbol{\theta}}=\sum_{i=1}^{N}\frac{\partial\boldsymbol{v}(i)}{\partial\boldsymbol{\theta}}\hat{\boldsymbol{R}}^{-1}\boldsymbol{v}^{\mathrm{T}}(i)=-\sum_{i=1}^{N}\frac{\partial\boldsymbol{y}^{\mathrm{T}}(i)}{\partial\boldsymbol{\theta}}\hat{\boldsymbol{R}}^{-1}\boldsymbol{v}^{\mathrm{T}}(i) \tag{8.4.11}$$

再进一步求得二阶导数，可得

$$\frac{\partial^2 J(\boldsymbol{\theta})}{\partial\boldsymbol{\theta}_j\partial\boldsymbol{\theta}_k}=\sum_{i=1}^{N}\frac{\partial\boldsymbol{y}^{\mathrm{T}}(i)}{\partial\boldsymbol{\theta}}\hat{\boldsymbol{R}}^{-1}\frac{\partial\boldsymbol{y}(i)}{\partial\boldsymbol{\theta}_k}-\sum_{i=1}^{N}\frac{\partial^2\boldsymbol{y}(i)}{\partial\boldsymbol{\theta}_j\partial\boldsymbol{\theta}_k}\hat{\boldsymbol{R}}^{-1}\boldsymbol{v}(i) \tag{8.4.12}$$

如果忽略式（8.4.12）中的偏导数项，则产生的最优化算法称为 Guass-Newton 法或改进 Newton-Raphson 法。这种简化是因为二阶梯度计算量较大，且高阶微分容易受数值误差的影响。由于二阶梯度与残差 $v(i)$ 相乘，所以当估计的参数矢量接近其解时，这种近似更加准确，非常接近其解。使用近似二阶梯度矩阵，参数矢量变化的估计值是

$$\Delta\hat{\boldsymbol{\theta}}=\left[\sum_{i=1}^{N}\frac{\partial\boldsymbol{y}^{\mathrm{T}}(i)}{\partial\boldsymbol{\theta}}\hat{\boldsymbol{R}}^{-1}\frac{\partial\boldsymbol{y}(i)}{\partial\boldsymbol{\theta}}\right]_{\boldsymbol{\theta}=\boldsymbol{\theta}_0}^{-1}\left[\sum_{i=1}^{N}\frac{\partial\boldsymbol{y}^{\mathrm{T}}(i)}{\partial\boldsymbol{\theta}}\hat{\boldsymbol{R}}^{-1}\boldsymbol{v}(i)\right]_{\boldsymbol{\theta}=\boldsymbol{\theta}_0} \tag{8.4.13}$$

$n_0\times n_p$ 阶矩阵 $\dfrac{\partial\boldsymbol{y}}{\partial\boldsymbol{\theta}}$ 的元素称为输出灵敏度，输出灵敏度量化了参数变化对输出变化的影响。由于 $\hat{\boldsymbol{R}}^{-1}$ 是典型的对角矩阵，对于良好的逆矩阵和合理的 $\Delta\hat{\boldsymbol{\theta}}$，输出灵敏度是线性独立且非零的。当输出灵敏度是线性独立且非零时，每个参数对模型输出都有唯一的显著性影响，因此使输出误差最小化将能进行良好调节，产生精确的模型位置参数值。使用二阶梯度代价函数的近似值，且假设给定常数 $\boldsymbol{R}=\hat{\boldsymbol{R}}$，则 Fisher 信息矩阵被简化为

$$\boldsymbol{M}\equiv-E\left[\frac{\partial^2\ln L(\boldsymbol{Z}_N;\boldsymbol{\theta})}{\partial\boldsymbol{\theta}\partial\boldsymbol{\theta}^T}\right]=\sum_{i=1}^{N}\frac{\partial\boldsymbol{y}^{\mathrm{T}}(i)}{\partial\boldsymbol{\theta}}\hat{\boldsymbol{R}}^{-1}\frac{\partial\boldsymbol{y}(i)}{\partial\boldsymbol{\theta}} \tag{8.4.14}$$

极大似然参数估计可以表示为

$$\hat{\boldsymbol{\theta}} = \boldsymbol{\theta}_0 - \boldsymbol{M}_{\theta=\theta_0}^{-1} \frac{\partial J(\boldsymbol{\theta})}{\partial \boldsymbol{\theta}}\Big|_{\theta=\theta_0} \tag{8.4.15}$$

参数协方差矩阵满足：

$$\mathrm{Cov}(\hat{\boldsymbol{\theta}}) \geqslant \boldsymbol{M}_{\theta=\theta_0}^{-1} \tag{8.4.16}$$

式（8.4.16）是克拉美-罗（Cramer-Rao）不等式，给出了参数协方差矩阵的下界。参数矢量估计值的更新式可以通过用关于 $\boldsymbol{\theta}$ 的泰勒（Taylor）级数替换代价函数模型来推导，该 Taylor 级数在基准参数矢量 $\boldsymbol{\theta}_0$ 处展开，并且舍去线性项之后的项，即

$$\boldsymbol{y}(i) \approx \boldsymbol{y}(i)\big|_{\theta=\theta_0} + \frac{\partial \boldsymbol{y}(i)}{\partial \boldsymbol{\theta}}\Big|_{\theta=\theta_0} (\boldsymbol{\theta} - \boldsymbol{\theta}_0) \tag{8.4.17}$$

式（8.4.17）是 $\boldsymbol{y}(i)$ 在参数矢量的基准初始值 $\boldsymbol{\theta}_0$ 附近的线性近似值。把该线性近似值代入式（8.4.11），将梯度 $\dfrac{\partial J}{\partial \boldsymbol{\theta}}$ 设置为零，解出 $\Delta\boldsymbol{\theta} = \boldsymbol{\theta} - \boldsymbol{\theta}_0$，得出改进 Newton-Raphson 参数矢量更新公式。

由于模型输出被假定为参数矢量的非线性函数，以及设计的时域积分，由此可以断定动态模型可以是参数矢量的任意非线性函数。其结果是输出误差法可用于任意非线性模型。特别是，当非线性的飞机动力学方程用作动态模型方程时，输出误差发代价函数公式或非线性最优化无任何变化。使用改进 Newton-Raphson 输出误差法寻优的参数估计算法可以表示为

$$\hat{\boldsymbol{\theta}} = \boldsymbol{\theta}_0 + \Delta\hat{\boldsymbol{\theta}} \tag{8.4.18}$$

$$\Delta\hat{\boldsymbol{\theta}} = -\boldsymbol{M}_{\theta=\theta_0}^{-1} \boldsymbol{g}_{\theta=\theta_0} \tag{8.4.19}$$

$$\mathrm{Cov}(\hat{\boldsymbol{\theta}}) \geqslant \boldsymbol{M}_{\theta=\hat{\theta}}^{-1} \tag{8.4.20}$$

其中

$$\boldsymbol{M}_{\theta=\theta_0} = \sum_{i=1}^{N} \left[\boldsymbol{S}^{\mathrm{T}}(i) \hat{\boldsymbol{R}}^{-1} \boldsymbol{S}(i) \right]_{\theta=\theta_0} \tag{8.4.21}$$

$$\boldsymbol{g}_{\theta=\theta_0} = \sum_{i=1}^{N} \left[\boldsymbol{S}^{\mathrm{T}}(i) \hat{\boldsymbol{R}}^{-1} \boldsymbol{v}(i) \right]_{\theta=\theta_0} \tag{8.4.22}$$

$$\boldsymbol{S}(i) = \left[s_{jk}(i) \right] = \left[\frac{\partial \boldsymbol{y}_j(i,\boldsymbol{\theta})}{\partial \boldsymbol{\theta}_k} \right], j = 1,2,\cdots,n_0; k = 1,2,\cdots,n_p \tag{8.4.23}$$

$$\boldsymbol{v}(i) = \boldsymbol{z}(i) - \hat{\boldsymbol{y}}(i,\boldsymbol{\theta}) \tag{8.4.24}$$

信息矩阵 $\boldsymbol{M}$ 的阶数为 $n_p \times n_p$，灵敏度矩阵 $\boldsymbol{S}(i)$ 的阶数为 $n_0 \times n_p$。为了使用改进 Newton-Raphson 最优化法获得全局极大似然函数，参数矢量基准估计值 $\boldsymbol{\theta}_0$ 必须接近与给定 $\hat{\boldsymbol{R}}$ 的代价函数 $J(\boldsymbol{\theta})$ 的最小值对应的 $\boldsymbol{\theta}$ 值，其原因是改进 Newton-Raphson 假设了 $\boldsymbol{\theta}_0$ 接近其解。如果初始值 $\boldsymbol{\theta}_0$ 不再使代价函数最小的全局解附近，则此结果将收敛到局部最小值，或结果将发散。后者是飞行试验数据分析最常见的结果。可使用 $\boldsymbol{\theta}_0$ 获得 $\boldsymbol{R}$ 的初始估计值，或初始 $\hat{\boldsymbol{R}}$ 可设为单位矩阵，$\hat{\boldsymbol{R}} = \boldsymbol{I}$。在 $J(\boldsymbol{\theta})$ 满足收敛标准之后，对 $\hat{\boldsymbol{R}}$ 进行更新。当满足 $\hat{\boldsymbol{\theta}}$ 和 $\hat{\boldsymbol{R}}$ 的标准之后，综合最优化完成。典型的收敛标准包括下列一项或多项：首先确定横航向线性动力学方程，可以用状态空间模型表示：

$$\begin{cases}\dot{\boldsymbol{X}} = \boldsymbol{AX} + \boldsymbol{BU} \\ \boldsymbol{Y} = \boldsymbol{CX} + \boldsymbol{DU} \\ \boldsymbol{X} = [\beta \quad p \quad r \quad \phi] \\ \boldsymbol{U} = [\delta_a \quad \delta_r \quad 1] \\ \boldsymbol{Y} = [\beta \quad p \quad r \quad \phi \quad a_y]\end{cases} \tag{8.4.25}$$

其中,待估计的参数包括

$$\boldsymbol{\theta} = \left[C_{Y_\beta}\ C_{Y_r}\ C_{Y_{\delta_r}}\ b_{\dot{\beta}}\ C_{l\beta}\ C_{lp}\ C_{lr}\ C_{l_{\delta_a}}\ C_{l_{\delta_r}}\ b'_{\dot{p}}\ C_{n_\beta}\ C_{n_p}\ C_{n_r}\ C_{n_{\delta_a}}\ C_{n_{\delta_r}}\ b'_{\dot{r}}\ b_{\dot{\phi}}\ b_{a_y}\right] \tag{8.4.26}$$

这些参数嵌入在 $\boldsymbol{A}$ 矩阵和 $\boldsymbol{B}$ 矩阵中。首先,使用方程误差方法进行线性回归,得到气动参数的初步估计值 $\boldsymbol{\theta}_0$;接着,再利用输出误差方法,基于上述线性模型和参数估计初值,通过优化算法多次迭代得到最终参数估计值。

8.4.2 仿真实例

【例 8.2】利用非线性飞机模型进行仿真,考虑大气紊流(过程噪声)和传感器噪声(测量噪声),进行方向舵的"2-1-1"操纵和副翼的双向方波操纵,得到试飞数据。将飞行的测量数据计划用于气动参数估计,飞机航向力矩系数回归方程为

$$C_n(i) = C_{n_o} + C_{n_\beta}\beta(i) + C_{n_p}\frac{b}{2V_0}p(i) + C_{n_r}\frac{b}{2V_0}r(i) + C_{n_{\delta_a}}\delta_a(i) + C_{n_{\delta_r}}\delta_r(i) + v_n(i)$$

等式左边的航向力矩系数可以通过试验测得或通过角加速度数据推导出来。

$$C_n = \frac{1}{\bar{q}Sb}[I_z\dot{r} - I_{xz}(\dot{p} - qr) + (I_y - I_x)pq + I_p\Omega_p q]$$

等式右边的飞行参数包括侧滑角 β,滚转角速度 p,偏航角速度 r,输入量包括副翼输入 δ_a,方向舵输入 δ_r,v_n 是等效误差或噪声。为了估计气动参数,假设上述飞行参数和输入量如图 8-6 所示,利用 MATLAB 仿真程序(chap8_2.m)采用极大似然方法对上述模型进行辨识。图 8-7 给出了模型对测量输出 β, p, r, ϕ 和 a_y 的拟合结果。

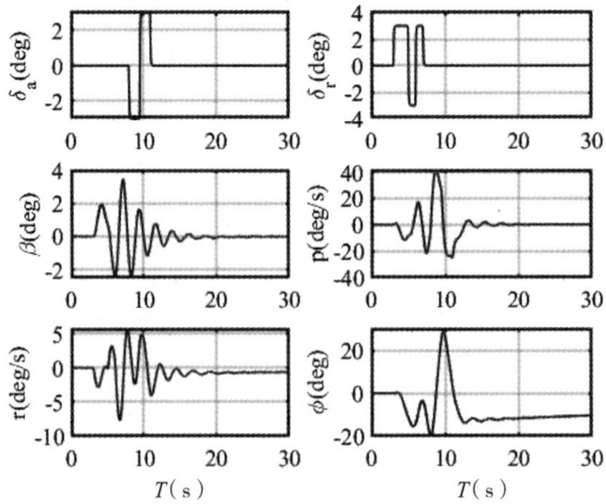

图 8-6 飞机试飞输入变量和输出变量

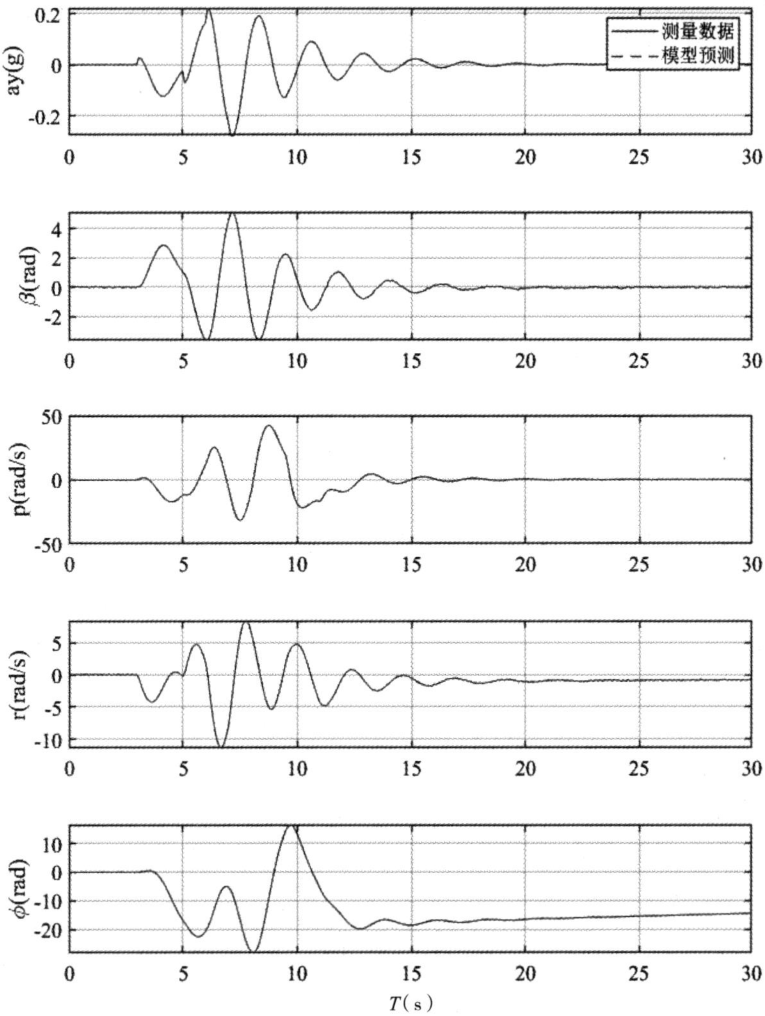

图 8-7　横航向机动的输出误差法模型与测量扰动输出的拟合结果

采用极大似然法得到的飞机模型参数估计结果为

$$\boldsymbol{\theta}=[-1.138\ 2, 2.047\ 7, 1.430\ 1\times10^{-1}, 2.857\ 4\times10^{-5}, -1.458\ 7\times10^{-1}, -4.798\ 3\times10^{-1}, 1.527\ 8\times10^{-1}, -1.626\ 8\times10^{-1}, 2.269\ 1\times10^{-2}, 1.168\ 3\times10^{-3}, 2.437\ 0\times10^{-1}, -7.158\ 8\times10^{-2}, -5.737\ 9\times10^{-1}, -5.650\ 1\times10^{-2}, -1.048\ 5\times10^{-1}, -5.348\ 9\times10^{-4}, 2.660\ 5\times10^{-4}, 7.464\ 6\times10^{-4}]$$

仿真程序（chap8_2.m）：

```
% 极大似然法
clear;clc
load F16_lat_w_vnoise
% coeff: Cx_tot Cz_tot Cm_tot Cy_tot Cn_tot Cl_tot
% surfaces: dt de da dr (deg)
% ysim : [1]npos [2]epos [3]alt [4]phi [5]theta [6]psi [7]Vel [8]alpha...
```

```
%       [9]beta [10]p [11]q [12]r [13]~[15]nxyz [16]~[18]Mach,Qbar,Ps
%% 输入输出数据
figure(1)
subplot(3,2,1)
plot(T,surfaces(:,3),'LineWidth',1);
grid on
ylabel('\delta_a(deg)');
subplot(3,2,2)
plot(T,surfaces(:,4),'LineWidth',1);
grid on
ylabel('\delta_r(deg)');
subplot(3,2,3)
plot(T,y_sim(:,9),'LineWidth',1);
grid on
ylabel('\beta(deg)');
subplot(3,2,4)
plot(T,y_sim(:,10),'LineWidth',1);
grid on
ylabel('p(deg/s)');
subplot(3,2,5)
plot(T,y_sim(:,12),'LineWidth',1);
grid on
xlabel('T(s)');
ylabel('r(deg/s)');
subplot(3,2,6)
plot(T,y_sim(:,4),'LineWidth',1);
grid on
xlabel('T(s)');
ylabel('\phi(deg)');
%% use equation error method to generate initial guess
% beta r dr --CY
dtr = pi/180;
X=[y_sim(:,9),y_sim(:,12),surfaces(:,4)]*dtr;
X=[X,ones(size(X,1),1)];
CY = Coeff(:,4);
[~,pY,~,~]=LS_fcn(X,CY);
% beta p r da dr -- Cl
X=[y_sim(:,9),y_sim(:,10),y_sim(:,12),surfaces(:,3),surfaces(:,4)]*dtr;
```

```
X=[X,ones(size(X,1),1)];
Cl = Coeff(:,6);
[~,pl,~,~]=LS_fcn(X,Cl);
% beta p r da dr -- Cn
X=[y_sim(:,9),y_sim(:,10),y_sim(:,12),surfaces(:,3),surfaces(:,4)]*dtr;
X=[X,ones(size(X,1),1)];
Cn = Coeff(:,5);
[~,pn,~,~]=LS_fcn(X,Cn);
p0 = [pY;pl;pn;0;0];                % initial value
z = [[y_sim(:,9),y_sim(:,10),y_sim(:,12),y_sim(:,4)]*dtr,y_sim(:,14)];
u = [surfaces(:,3),surfaces(:,4)]*dtr;
% Use perturbation quantities.
for j=1:size(z,2)
   z(:,j)=z(:,j)-z(1,j);
end
for j=1:size(u,2)
   u(:,j)=u(:,j)-u(1,j);
end
% 输入变量
 u=[u,ones(size(u,1),1)];
 %% 飞机模型
 x0=zeros(4,1);
 clear c;
 g = 32.17;
 c.qbar = 0.5*0.0015*500^2;            % qbar = 0.5*rou*v^2, psf
 c.qs = c.qbar*300;                   % qbar*S   ft^2
 c.qsb = c.qs*30;                     % qbar*S*b
 c.mass = 636.94;                     % mass,    slug
 c.vo = 500;                          % vel,     ft/s
 c.sa = sin(mean(y_sim(:,8)*dtr));        % sin_alpha
 c.ca = cos(mean(y_sim(:,8)*dtr));        % cos_alpha
 c.tt = tan(mean(y_sim(:,5)*dtr));        % tan_theta
 c.b2v = 30/(2*c.vo);                     % b/2V
 c.dgdp = g*cos(mean(y_sim(:,5)*dtr))/c.vo;
 ixx  = 9496.0;                       % slug-ft^2
 izz  = 63100.0;
 ixz  = 982.0;
 gam  = ixx*izz-ixz^2;
```

```
 c.c3 = izz/gam;
 c.c4 = ixz/gam;
 c.c9 = ixx/gam;
% [y,x,A,B,C,D] = latss(p0,u,T,x0,c);
%% 输出误差法
[y,p,crb,rr]=OE_fcn('latss',p0,u,T,x0,c,z);
figure(2)
subplot(3,2,1)
plot(T,z(:,1),T,y(:,1),'--','LineWidth',1);
grid on
ylabel('\beta(deg)');
subplot(3,2,2)
plot(T,z(:,2),T,y(:,2),'--','LineWidth',1);
grid on
ylabel('p(deg/s)');
subplot(3,2,3)
plot(T,z(:,3),T,y(:,3),'--','LineWidth',1);
grid on
ylabel('r(deg/s)');
subplot(3,2,4)
plot(T,z(:,4),T,y(:,4),'--','LineWidth',1);
grid on
ylabel('\phi(deg)');
subplot(3,2,5)
plot(T,z(:,5),T,y(:,5),'--','LineWidth',1);
grid on
ylabel('ny(g)');
legend('data','model');
```

8.5 基于循环神经网络的飞机系统辨识

8.5.1 飞机系统神经网络辨识方法

飞机系统辨识是飞行安全和性能监控的关键环节。传统的方法通常依赖于专业领域知识和规则制定，但这种方法往往难以捕捉到数据之间的复杂关系和变化模式。而采用循环神经网络模型则能更好地处理这种复杂性。长短期记忆(Long Short Time Memory, LSTM)循环神经网络是一种适用于时间序列数据的循环神经网络,具有记忆和遗忘机制,能够更好地捕捉数据之间的长期依赖关系。在飞机系统中,LSTM 循环神经网络可以通过学习飞机传感器数据的历史信息,预测未来状态和行为,识别飞机系统的异常情况并做出及时响应。将飞机传感器数据输入 LSTM 模型中进行训练,可以建立一个能够自动学习和识别飞机状态的模型,帮助飞行员更好地监控飞机状态,提前预警可能的故障,提高飞行安全性和效率。总的来说,LSTM 模型在飞机系统的辨识中具有很大的潜力,可以帮助实现飞机智能化监控和决策,提高飞行安全性和效率,为飞机系统的发展注入新的活力。LSTM 循环神经网络在非线性拟合方面有明显的优势[8-9],其固有的学习能力降低了不确定性,增加了适应环境变化的泛化能力,分布式信息存储和处理结构,使之具有容错能力。

与传统模型相比,LSTM 循环神经网络用于飞机系统辨识具有以下特点。

1)不要求建立飞机系统的辨识格式,即不需要飞机系统结构建模。因为 LSTM 模型是一种辨识模型,其可调参数反映在网络的连接权值上。

2)LSTM 循环神经网络辨识是由神经网络本身实现的,是非算法式的。

3)LSTM 循环神经网络辨识的收敛速度不依赖于飞机系统模型的维数,只与神经网络本身和采用的学习算法有关,而传统的辨识算法随飞机系统模型维数的增加会引起复杂的计算问题,往往导致计算发散。

基于循环神经网络的飞机系统辨识[10],就是选择适当的循环神经网络作为被辨识飞机系统的模型,用神经网络来逼近实际飞机系统,辨识过程是当所选循环神经网络结构确定之后,在给定飞机系统输入输出数据的情况下,网络通过学习(或称训练)不断地调整权值,使得准则函数最优,最终得到的网络,即是被辨识系统的模型。利用 LSTM 模型对飞机系统进行辨识的基本步骤如下:

1)建立包含所辨识飞机系统输入变量和输出变量数据集;

2)确定 LSTM 循环神经网络的输入层及输出层以及隐含层的结构及神经单元个数;

3)建立 LSTM 循环神经网络并通过 LSTM 循环神经网络前向传播计算每个神经单元的值;

4)进行反向传播计算,计算每个 LSTM 循环神经单元的误差项,沿时间反向传播至上一层、上一时刻;

5)根据误差项和权值更新公式对所有权值进行更新;

6)重复基本步骤 1 到 5,直到损失函数达到要求或达到最大迭代次数,所得 LSTM 循环神经网络模型即为待辨识飞机系统的模型。

8.5.2　仿真实例

【**例 8.3**】利用非线性飞机模型进行仿真,考虑大气紊流(过程噪声)和传感器噪声(测量噪声),进行方向舵的“2-1-1”操纵和副翼的双向方波操纵,得到试飞数据。

飞机航向力矩系数回归方程为

$$C_n(i)=C_{n_o}+C_{n_\beta}\beta(i)+C_{n_p}\frac{b}{2V_0}p(i)+C_{n_r}\frac{b}{2V_0}r(i)+C_{n_{\delta_a}}\delta_a(i)+C_{n_{\delta_r}}\delta_r(i)+v_n(i)$$

等式左边的航向力矩系数可以通过试验测得或通过角加速度数据推导出来，即

$$C_n=\frac{1}{\bar{q}Sb}[I_z\dot{r}-I_{xz}(\dot{p}-qr)+(I_y-I_x)pq+I_p\Omega_p q]$$

等式右边的飞行参数包括侧滑角 β，滚转角速度 p，偏航角速度 r，输入量包括副翼输入 δ_a，方向舵输入 δ_r，v_n 是等效误差或噪声。为了估计气动参数，假设上述飞行参数和输入量都是可以准确测得的，利用 MATLAB 仿真程序（chap8_3.m）采用 LSTM 循环神经网络对上述模型进行辨识。首先利用飞机模型产生输入变量和输出变量如图 8-8 所示，然后利用该数据集对 LSTM 循环神经网络进行训练，迭代次数为 1 000 次，初始学习速率设置为 0.01。训练过程损失曲线如图 8-9 所示，训练完成后对模型进行测试，辨识结果如图 8-10 所示。

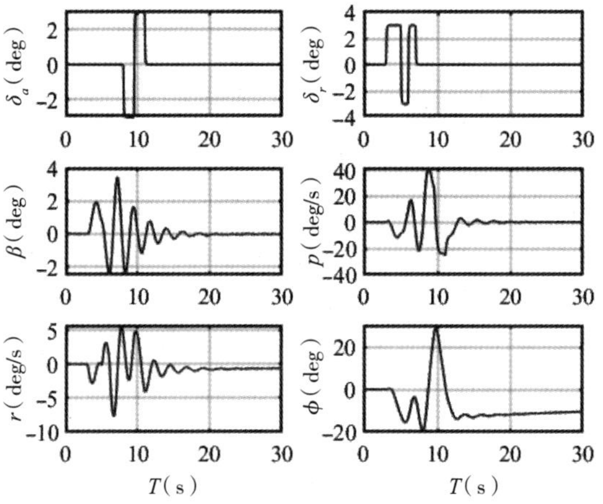

图 8-8　飞机试飞输入变量和输出变量

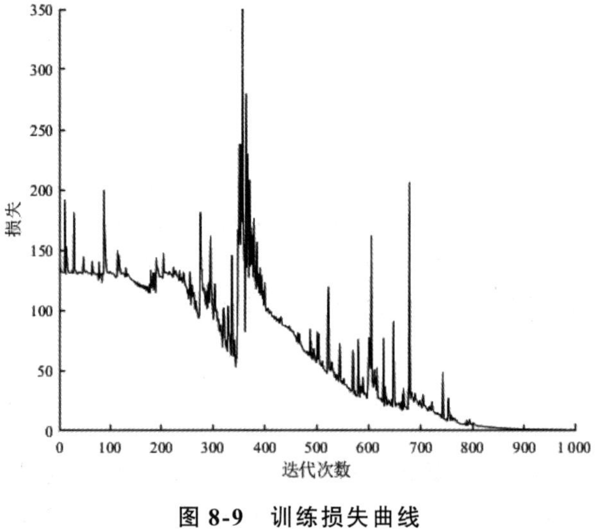

图 8-9　训练损失曲线

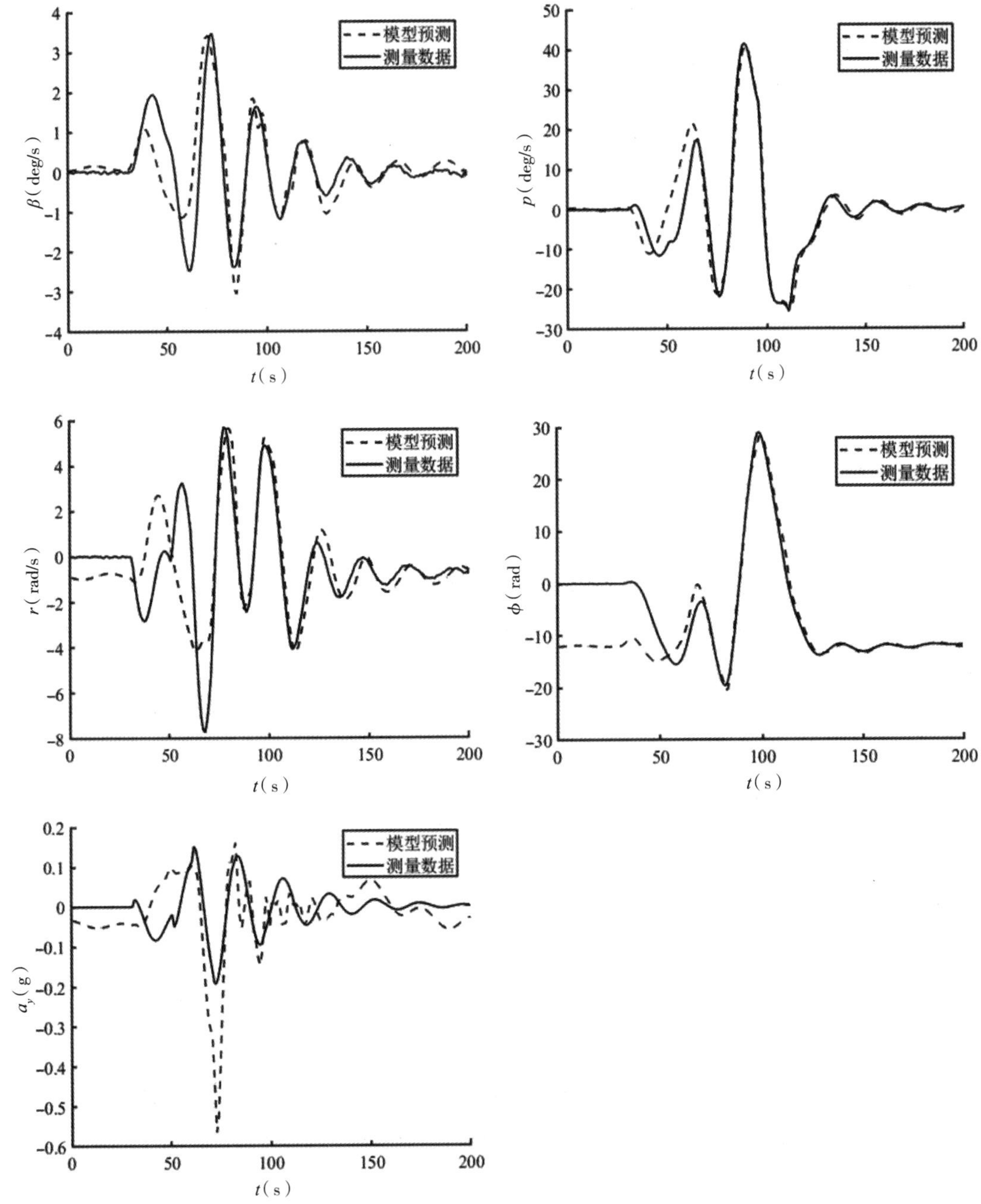

图 8-10　基于循环神经网络的飞机系统辨识结果

仿真程序(chap8_3.m):

```
clc
clear
load F16_lat_w_vnoise
data = [y_sim(:,4),y_sim(:,9),y_sim(:,10),y_sim(:,12),y_sim(:,14)];
```

```
dtr = pi/180;
u = [surfaces(:,3),surfaces(:,4)]*dtr;
u=[u,ones(size(u,1),1)];
XTrain = u(1:200,:)';  %定义训练集与测试集
YTrain= data(1:200,:)';
%% 数据预处理
mu = mean(XTrain);  %求均值
sig = std(XTrain);    %求均差
dataTrainStandardized = (XTrain - mu) / sig;
%% lstm 网络训练
numFeatures = 3;  %特征三维
numResponses = 5; %输出五维
numHiddenUnits = 200;  %创建 LSTM 循环神经回归网络,指定 LSTM 层的隐含单元个数 200,可调
layers = [ ...
   sequenceInputLayer(numFeatures)   %输入层
   lstmLayer(numHiddenUnits)  % LSTM 层,如果是构建多层的 LSTM 模型,可以修改
   fullyConnectedLayer(numResponses)   %为全连接层,是输出的维数
   regressionLayer];
options = trainingOptions('adam', ...
   'MaxEpochs',1000, ...
   'GradientThreshold',1, ...
   'InitialLearnRate',0.01, ...
   'LearnRateSchedule','piecewise', ...
   'LearnRateDropPeriod',400, ...
   'LearnRateDropFactor',0.15, ...
   'Verbose',0, ...
   'Plots','training-progress');   %绘制曲线
[net,info] = trainNetwork(XTrain,YTrain,layers,options);
net = predictAndUpdateState(net,XTrain); %初始化
[net,YPred] = predictAndUpdateState(net,XTrain); %预测
```

习题

8.1 简述飞机系统的工作原理,并列出其动力学方程。

8.2　简述飞机系统动力学模型的线性化方法。

8.3　简述飞机系统的最小二乘辨识方法。

8.4　采用基于方程误差的最小二乘法辨识飞机系统模型需要满足哪些条件？

8.5　简述采用极大似然方法对飞机系统进行辨识的流程。

8.6　利用 BP 神经网络对飞机系统进行辨识，编写仿真程序，并分析辨识结果。

8.7　分别利用循环神经网络和强化学习方法对飞机系统进行辨识，对比分析辨识结果准确性。

8.8　针对飞机系统辨识，与最小二乘法和极大似然法相比，神经网络辨识方法有哪些优势和不足？

8.9　设计一个无人机系统数学模型，分别采用最小二乘法、极大似然方法和神经网络方法进行系统辨识，比较辨识结果的准确度。

参考文献

[1] MILLIKEN JR W F. Progress in dynamic stability and control research[J]. Journal of the aeronautical sciences, 1947, 14(9): 493-519.

[2] GREENBERG H. A survey of methods for determining stability parameters of an airplane from dynamic flight measurements[R].Washington:NACA, 1951.

[3] SHINBROT M. A least squares curve fitting method with applications to the calculation of stability coefficients from transient-response data[R]. Washington:NACA, 1951.

[4] 王进华，史忠科，曹力，等. 一种系统辨识的递阶算法及其在飞机颤振试飞中的应用[J]. 航空学报，2001，22(2): 160-162.

[5] 何凯，张平. 基于等效系统的飞机参数辨识与快速建模[J]. 系统仿真学报，2011，23(8):1545-1548.

[6] 冯振宇，王瑾，武虎子. 递推最小二乘法在飞机多参数识别中的应用[C]//International Conference on Services Science, Management and Engineering, 2010.

[7] 邓建华，严东升，刘千刚. 非线性极大似然法及其在飞机参数辨识中的应用[J]. 数据采集与处理，1989，4(3): 46-54.

[8] 宋小东，杨凌宇，申功璋. 多操纵面飞机气动参数在线辨识新方法研究[J]. 飞行力学，2008，26(1): 5-9.

[9] 黄志毅，章卫国，顾伟，等. 飞行控制系统辨识的神经网络方法研究与仿真[J]. 计算机仿真，2011，28(5): 85-88.

[10] 杜维仲，王硕. 基于 LSTM 的辅助动力装置系统辨识与仿真[J]. 计算机测量与控制，2020，28(2):157-161.

符号表

符号代表意义

a	微分方程或差分方程参数,幅值
b	微分方程或差分方程参数
e	误差
f	频率,函数
g	函数,脉冲响应
h	阶跃响应
i	序号(下标)
n	阶数
s	拉普拉斯算子
t	连续时间
u	输入变量
v	噪声
w	窗函数
x	状态变量,任意信号
$\dot{x}$	关于时间 t 的一阶导数
$x^{(n)}$	关于时间 t 的 n 阶导数
y	输出变量
z	z 变换算子
A	过程传递函数分母多项式
B	过程传递函数分子多项式
C	随机滤波器方程分母多项式
D	随机滤波器方程分子多项式
F	傅里叶变换
G	传递函数
$\boldsymbol{I}$	单位矩阵
R	相关函数
S	谱密度
U	输入变量
Y	输出变量

Z	z 变换
K	常数,增益
T	时间常数
T_p	周期时间
$\boldsymbol{A}^{\mathrm{T}}$	转置矩阵
δ	脉冲函数
ε	小的正数
ζ	阻尼比
μ	均值
σ	标准差
τ	时间,时间差
φ	角度,相位
ω	角频率,角速度
ω_{n}	无阻尼自然频率
Δ	变化量,偏差
$\prod$	乘积
$\sum$	求和
$E\{\cdots\}$	期望值
Cov	协方差
Var	方差